# 财富管理360度

## 家庭财富管理综合筹划指南

泰康人寿总公司投顾团队
◎
编著

中信出版集团 | 北京

图书在版编目（CIP）数据

财富管理 360 度：家庭财富管理综合筹划指南 / 泰康人寿总公司投顾团队编著 . -- 北京：中信出版社，2022.10

ISBN 978-7-5217-4622-8

Ⅰ. ①财… Ⅱ. ①泰… Ⅲ. ①家庭财产－财务管理 Ⅳ. ① TS976.15

中国版本图书馆 CIP 数据核字（2022）第 139322 号

财富管理 360 度：家庭财富管理综合筹划指南
编著：　泰康人寿总公司投顾团队
出版发行：中信出版集团股份有限公司
（北京市朝阳区惠新东街甲 4 号富盛大厦 2 座　邮编　100029）
承印者：　唐山楠萍印务有限公司

开本：787mm×1092mm 1/16　　印张：23.75　　字数：320 千字
版次：2022 年 10 月第 1 版　　印次：2022 年 10 月第 1 次印刷
书号：ISBN 978-7-5217-4622-8
定价：72.00 元

# 目 录

# 推荐序

随着法律制度的不断完善、人均寿命的不断延长，私人财富积累同样面临严峻挑战——如何抵御不确定性带来的各类风险？何种财富规划能够满足未来的养老需求，满足子女的教育开支？含辛茹苦积累的财富如何安全地传承到下一代手中，而不至于“要么财富毁了后代，要么后代毁了财富”？

泰康人寿结合丰富的实践经验，围绕这些客户切实遇到的棘手问题，以“案例 + 问答”的形式一一进行了详细解答，从术、法、道三个层次向读者揭示了财富管理的底层逻辑，告诉我们在当下的变局关键期，处处矛盾中同样隐藏着种种机遇。

何为术？财富管理既需要风险意识，又需要底线思维，该书结合资产配置经验和法律税务知识，为读者解析了 360 度的财富自我诊断与风险识别要素，并围绕养老规划和财富传承给出了详细的制度框架、专业工具和针对性建议。

何为法？该书为读者建立了择势、择市、择时的三维财富管理模型，宏观上顺应经济社会的发展大势而进行投资管理；中观上区别优质资产与不良资产，识别并积极应对变化中的市场风险；微观上根据经济周期和资产需求选择合适的大类资产配置，寻求恰当的投资时机。

何为道？该书回归财富管理的本质，从全生命周期的高度俯瞰高净值客户的财富创造、保护、传承各个阶段，围绕人（家庭）、事业、财富，以人为本，呼吁创富一代在共同富裕的背景下重视商业的社会价值，引导个人与财富向上向善；关注家族精神与文化的传承，向内凝聚家族共识与力量，向外成就家族的社会价值。

与现有财富管理类著作相比，《财富管理 360 度：家庭财富管理综合筹划指南》最大的特点在于其财富管理全生命周期的视角和全方位的客户痛点分析与建议，既有真正以客户需求为核心的认知高度，又有细分领域的专业深度。同时，该书以抽象案例的形式细致剖析客户遇到的困惑和潜在风险，贴合实际又生动易懂，极易引起读者共鸣。

贯穿全书始终的，是我们该如何完善对财富管理的认知：财富管理永远是手段，其最终目的仍是财富的合理运用。只有积极应对不确定性，主动管理财富风险，提早谋划家族传承，才能最终实现家族的健康发展与基业长青，这对高净值客户、专业机构从业者和其他对财富管理话题感兴趣的读者而言，都将具有一定的启发意义。

陈凌

浙江大学管理学院家族企业与企业史教授、

博士生导师、企业家学院院长

# 01 概论编

本编作者：齐　巍[①]

① 齐巍，武汉大学会计硕士，RFP（美国注册财务策划师）持证人，现任泰康人寿投顾专家，“百万王牌”大额保单销售训练项目主理人，华中片区授权投顾团队负责人，多家银行及机构受邀嘉宾讲师。

过去两年，这个世界历经了一场试炼。

我们目睹了普通人在面对突发灾难时的脆弱，更理解了这个世界时刻充满着不确定性。不确定性才是生活的常态，而财富管理则是以博弈的思维主动适应人生的变数。

不可否认的是，在后疫情时代，世界变得更为复杂。这场百年不遇的新冠肺炎疫情发生后，全球步入的是存量博弈的“内卷时代”，传统能源与新能源齐飞，复古思潮与赛博朋克交织，旧国际秩序与新时代体系并行，以及全球化和逆全球化共存。

看似矛盾，实则合理。

说到底，我们可能正处在人类近一个世纪以来最伟大的历史拐点，同时这也是全球财富底层逻辑重塑的分水岭。

时代之下，我们无法控制这场疫情的时间长短、对生活的改变程度以及影响范围。因为无论从哪一个维度来看，新冠肺炎疫情的影响力均远超当年的 SARS（严重急性呼吸综合征）。但唯一可控的是，我们每一个人对待风险与机遇的态度。

在《陈东升：2021 年，我的思考——从长寿时代到商业向善》

一文中，泰康保险集团创始人、董事长兼首席执行官陈东升提到，“‘双碳＋科技’‘健康＋消费’成为推动未来经济增长的两大两辅赛道”。这是新中国 70 多年历史、三个经济时期、六大经济板块构造的经济实体和经济史的发展脉络。[①]

可以这么说，新冠肺炎疫情发生后，这个世界处处有矛盾，但也处处有机会。诚如英国作家狄更斯在《双城记》中写道的那样：“那是最好的时代，那是最坏的时代，那是智慧的时期，那是愚昧的时期，那是信仰的世纪，那是怀疑的世纪，那是光明的时段，那是黑暗的时段，那是希望的春天，那是绝望的冬天，我们拥有了一切，我们的面前又一无所有……”[②]

对于家庭财富管理而言，更是如此，我们亟须重建一个全新的财富管理安全观。

在中国人民银行 2021 年底发布的《金融从业规范 财富管理》中，对财富管理的内涵是这么定义的：“贯穿于人的整个生命周期，在财富的创造、保有和传承过程中，通过一系列金融与非金融的规划与服务，构建个人、家庭、家族与企业的系统性安排，实现财富创造、保护、传承、再创造的良性循环。”

如果说过去 30 年，国人关注更多的是创造财富，那么未来 30 年考虑更多的则是如何更安全、更完整地实现家族物质与精神财富的代际传承。

根据中国信托登记有限责任公司的数据，2022 年 1 月信托行业新增家族信托规模 128.99 亿元，较上月增长 33.54%，创近一年内新高。家族信托设立潮的到来，反映的是这一代高净值人群在需求维度

---

① 引自《陈东升：2021 年，我的思考——从长寿时代到商业向善》，陈东升，“嘉泰先生”公众号，2022 年 2 月 6 日。

② 引自《双城记》，查尔斯·狄更斯，中信出版社，2019 年 10 月。

上的变化。

同样，在2022年资管新规（《关于规范金融机构资产管理业务的指导意见》）过渡期正式结束后，银行理财的“保本时代”已经成为过去时，产品净值化的普及对财富管理机构提出了更严格的要求，财富配置需要考虑的不仅是单一维度，而是需要从资产配置、法律合规、养老规划、税收筹划以及信托隔离等方面做更全面、更细致的设计。

作为一家头部寿险公司的专家顾问团队，我们希望充分立足于客户的现实需求，试图从投资、法律、税务、养老、信托五个方面，结合实际生活中可能遇到的一系列问题，用场景化、故事化的方式来帮助读者朋友更好地理解当下财富管理的风险与特征。

在资产配置编，我们会聚焦各类资产的功能、定位及其内在关系，帮助读者学会如何更好地搭建符合自身需要的投资组合。

在法律编，我们通过学习家庭财富管理中常见的基础法律知识，了解一些法律的底层逻辑，为防范家族财富流失的潜在法律风险提供必要的底线保障。

在税务编，我们剖析了在全球税务透明的大背景下常见的涉税问题，并寻找合法合规的应对方法。

在养老编，我们又回到人生的终极命题，关注百岁人生的美好未来，解读如何在长寿时代更好地解决人生后半场养老资金和养老规划的问题。

在信托编，我们详细介绍了家族信托的起源、功能及应用场景，帮助大家了解信托在共同富裕背景下的价值。

在每一编，我们都会使用“案例+问题解析”的方式，你既可以将本书作为枕边的读物，亦可以将其作为日常工作中的工具书使用。“日拱一卒，功不唐捐”，我们相信如果你每天学习一点财富管理知识，小的积累坚持下去也会带来质的飞跃。

## 寻找科学综合的财富配置解决模型

如果用一句话去总结你的现况，你会用到什么词呢？

可能会想到一个字——卷。国内著名的商业咨询顾问刘润，在最近的一次演讲中用到一个组合词，叫“卷？卷！卷。”[①]，从问号，到感叹号，再到句号。“内卷”这个词会火，可能是因为它恰恰表达了后疫情时代普罗大众内心深处的真实感受。

“内卷”之下，无论是个人还是企业，或是国家都感受到了一点，由于原有需求发生结构性变化，所以竞争压力与日俱增。

在 2022 年的《政府工作报告》中，将经济增长的预期目标设定为 5.5%，要知道在新冠肺炎疫情暴发前的 2019 年经济实际增长了 6.1%。从某种角度来讲，从来就没有所谓的“内卷”，无非是现阶段经济不断减速的“代名词”而已。但是，增速的放缓并不意味着增长的放缓，事实上中国经济在 2020 年便已迈入 100 万亿元大关，因此就算是 1% 的增速，对其他国家而言，也是一个非常巨大的数字。

一方面，经济增速放缓的背后是人均 GDP 的跃升，2019 年中国人均 GDP 就突破了 1 万美元。2021 年 10 月，中国银行行长刘金在“2021 上海全球资产管理高峰论坛”上说，“在中国现在的个人资产当中，只有 20% 左右的资产是金融资产。随着人均 GDP 超过 1 万美

---

① 引自《卷？卷！卷。》，刘润，“刘润”公众号，2022 年 3 月 3 日。

元，我们将迎来个人资产从实物资产向金融资产转变的高峰”[①]。

然而，实际情况是，当前国内居民的大部分资产依然被牢牢锁死在房地产上，随着“房住不炒”政策的不断深入，不动产这项资产的配置缺点——变现周期长、换手成本高——也开始显现，这会逐步改变人们的资产配置认知。

另一方面，新冠病毒属于单链 RNA（核糖核酸）病毒，而 RNA 病毒又号称“变异之王”。香港大学的一项研究就表明，新冠病毒变异毒株奥密克戎的复制速度是德尔塔和原始毒株的 70 倍。病毒变异的层出不穷和欧美国家几乎“躺平式”的抗疫方式，导致疫情在全球范围内的动态清零短期内已近乎不可能。

俄乌之战也仿佛开启了潘多拉魔盒，彻底改变了全球资本的风险偏好。2022 年第一季度美元指数拉升，同时人民币兑非美元货币开启了强势升值，这势必让人们重新审视资产的“国别风险溢价”，慢慢从单一配置转向综合分散的配置习惯。

这轮疫情加速的不仅是财富配置风格的分化，更是家庭现金流甚至企业现金流的分化。近些年，我们团队在全国陪访大量客户时发现一个现象，那就是这场旷日持久的疫情深刻地改变了客户的现金流状况，一类是化危为机，比如从事医用防疫设备相关行业的企业，由于全社会的抗疫需求，业绩井喷；另一类则是因疫情阻隔而深陷困境的企业，如旅游业、航空业及餐饮业，频发的疫情使线下需求锐减。对于很多民营企业主而言，三个月便是现金流的生死线。

因此，对于我们普通人而言，为了更好地应对疫情发生后不断加速的百年未有之大变局，在当下国内的财富管理市场中亟须呼唤的是

---

① 引自《中国银行行长刘金：人均 GDP 超过 1 万美元　中国将迎来个人资产从实物资产向金融资产转变的高峰》，新浪财经，2021 年 10 月 13 日，参见 https://baijiahao.baidu.com/s?id=1713481361887654826&wfr=spider&for=pc。

重建一个全新的财富管理知识模型（见图 0-1）。

普通人改变结果，顶级高手改变财富配置模型。改变模型，才是一切问题的杠杆解。就好比顶级的医生，相比怎么解决问题，更会教人如何增强体质、如何更好地预防疾病，真正做到防患于未然。

图 0-1 财富管理知识模型

第一，何为择势？即认清政策和市场风险。当前家庭财富管理的大势包含若干种，比如如何应对《中华人民共和国民法典》(简称《民法典》)时代下的法律风险，长寿时代下如何更好地解决养老的配置规划问题。

第二，何为择市？即如何有效识别金融资产的质地，比如怎么定义好资产和坏资产，跨境家庭如何应对全球涉税透明化后的税务风险，资管新规结束过渡期后净值化产品屡次破净该如何是好，以及如何更好地做税收筹划，等等。

第三，何为择时？即在对应的经济周期匹配合适的金融工具，比如学会运用美林时钟模型，而不是过分关注资产价格的涨跌，以及了解保险金信托作为阳光化的法律工具如何更好地满足客户的配置需求。

换句话说，一笔卓越的财富配置是离不开合适的金融工具或资产去择时的，这样的时机又必须建立在对的市场上，而对的市场又离不开对宏观经济趋势的准确研判。

就像一个有经验的水手，出海前首先是观风向，也就是择势。其次，需要的是一张航海图来选择最佳的行动路径，比如知晓哪里有礁石、哪里有浅滩，即择市。最后，如何合理调整船上的船员配置、辎重配比，以及如何收放桅杆以应对任何方向的风浪，即择时。我们要灵活调整家族财富的配置结构，管控潜在的风险损失。

全球顶级的资管公司贝莱德集团（又称黑岩集团）就有一个阿拉丁系统，可以帮助其预测如铜、铝、锌等大宗商品的价格，预测行业未来的波峰波谷，增强其对市场和行业的分析判断力。

靠着这套模型决策系统，贝莱德集团一举挺过 2008 年国际金融危机，并将管理的资产推升至 4.32 万亿美元。你可能没有办法像贝莱德集团一样建立这样庞大的系统，但是你可以通过构建一个完整的家庭财富管理知识图谱体系，来帮助你主动规避未来财富人生的大部分雷区。

说到底，无论是择势、择市还是择时，现如今的财富管理比 10 多年前的投资环境更为复杂。而这些都需要你学会以多视角、跨学科的方式重新评估配置的得与失。要知道如果没有管理的过程，就不可能得到一个比较好的财富结果。比如，择市和择时都需要用到资产配置的投资技巧，而择市在金税四期的大背景下更需要具备税务的底线思维。

## 以风为帆，顺“势”而为

《孙子兵法》有云：“水因地而制流，兵因敌而制胜。故兵无常势，水无常形。能因敌变化而取胜者，谓之神。”就财富管理而言，所谓择势，就是看准政策制度，尤其是法律规则的大方向。

随着依法治国的稳步推进和法治观念的深入人心，在法律框架下创造、保有和传承家庭财富，已经成了全社会的共识；将国家治理、经济行为和社会活动逐步纳入法治的轨道上，更是大势所趋。这意味着，通过非法手段“创造”的财富，不仅无法成为我们幸福人生的基石，反而会衍生无穷祸患，正所谓“玩火者必自焚”，这也符合在实现共同富裕的背景下坚决取缔非法收入的政策导向。

与此同时，家庭财富的保有和传承，也需要未雨绸缪、依法筹划。我国已正式步入《民法典》时代，煌煌法典昭示的是从摇篮到天堂都将受到规则的约束和保护，唯有善用规则者，才能抵御婚姻中的惊涛骇浪，才能化解传承时的人性贪婪，才能守护家庭财富免受经营风险的冲击和威胁。

这就需要我们在智商、情商、财商之外，还要具备足够的法商智慧。我们或许可以不关心法律的规则变化和制度沿革，但法律却时时刻刻在影响着我们每一个人的切身利益。

家庭财富管理，不仅要关注投资成败与收益多寡，还要关注家庭财富是否足够安全、可否定向传承、能否为“我”所用，这对于家庭而言同样重要。因此，对家庭财富的保有和传承，要慎之又慎，选择恰当的法律工具，筹划恰当的法律方案，适用恰当的法律程序，这才是长久之计。古语有言：“不谋万世者，不足谋一时；不谋全局者，不足谋一域。”唯有站在家庭财富管理的宏观视角统筹全局，才能应对家族企业的交接班，确定财富分配的度量衡，厘清婚姻围城的内与外，把握经营旋涡的危与机。

此所谓“运用之妙，存乎一心”，家庭财富管理方案的设计与筹划亦是如此，虽无一定之规，但也有章可循。我们不妨一起来拨开迷雾、探寻路径，为家庭财富保驾护航。

一方面是法律政策的大势，另一方面则是长寿时代的大势。有学者就曾表示："大家一定要重视中国的老龄化、少子化的加速到来，这已经上升到了国家战略。"我们相信国家后面会出台很多政策，我国的教培行业、住房和医疗制度，都要为我们的人口政策给予支持。

陈东升董事长在《长寿时代》一书中曾提到"短期看宏观，中期看结构，长期看人口"。这是他多年以来作为一位成熟的经济学学者，在研究宏观经济时形成的重要认识，也是他用来分析市场的一种方法论。随着人类寿命的不断延长，人口结构会发生快速转变，而这一转变最终将达到一种新均衡、新稳态。

如果说市场经济带来的全球化已经改变了世界格局和国际秩序，将人类社会、政治和经济带入新的平衡状态，而全球气候变暖带来生产生活方式的深刻反思，将碳达峰、碳中和这一生态文明理念带入人类可持续发展的变革之中，那么长寿时代带来的新挑战、新思考和新均衡，则会将人类社会带入关乎自身发展的大变革之中。

从漫长的狩猎 – 采集时代到快速发展的农耕时代、工业时代、信息时代，人类文明的发展速度随着生产力的大幅提升，科技的快速进步呈现几何式爆发增长。人们渴求更长久的寿命，渴求更美好的生活，渴求更高层次的价值，但随之而来的痛点便是超预期的寿命对个人的养老、健康和财富管理提出的更高需求。

据预测，到 2025 年前后，中国出生人口数量与同期死亡人口数量就会旗鼓相当。中国不仅要面对"碳达峰"，同时中国人口总量也要面对"人达峰"。陈东升董事长所描绘的长寿时代，便是"人口增速大幅减缓（甚至陷入负增长），同时人口年龄结构向'柱状'收敛后，老年人口占比很高的一种社会状态"，这种社会状态是人类发展的必然趋势，长寿时代是一个无法回避且即将到来的新时代。

在长寿时代下，中国人口结构将面临一种新均衡、新常态。如果把人类寿命的尺度拉长到 100 年，过去人们习以为常的人生的三个阶段——学习、工作、退休——将被改写，人们不得不面对长寿时代下的就业、健康和财富挑战。

2021年的《政府工作报告》提出，在“十四五”期间要让中国人均预期寿命再提高1岁，逐步延迟法定退休年龄，完善社会保障体系，提升基本养老保险参保率。这让我们意识到，我国已经把“积极应对人口老龄化”上升到国家战略高度。

2021年5月，第七次全国人口普查数据出炉，60岁及以上人口为2.6亿人，占比达到18.7%。这让我们再次感叹中国老年人数量之多，老龄化速度之快。如果我们不提前做点什么，未来养老恐怕将成为难题。

2021年8月，全国人大正式通过关于修改《中华人民共和国人口与计划生育法》的决定，一对夫妻可以生育三个子女正式写入法律。这也让我们再次惊讶新生儿越来越少居然会对国家的经济发展带来重大影响。

到2030年，全国30%的人口会超过60岁，中国将进入超级老龄化社会。如果未来10多年我国经济能继续保持年均6%左右的增速，那个时候我们国家的GDP总量大概会在150万亿元。而这150万亿元中的23%将与老年产业相关，跟养老产业直接相关的大概占10%，也就是15万亿元的养老产业，那么13年后养老产业大概率会替代房地产行业成为中国的第一大产业。

然而，随着中国长寿时代的加速到来，中国的大健康产业在未来10年将极有可能以超过10%的年平均增速，成为一个从2021年不到2万亿美元到2030年超过5万亿美元的市场，并且极有可能是全球唯一既有如此规模，又有如此增速的数万亿美元量级的国家市场。这一系列数据和可能发生的变化告诉我们，一定要抓住养老产业最黄金的入场时机，同时，我们更要以一种未雨绸缪的心态建立与生命等长的现金流，规划能提供持续照料的长寿居所。

# 以险为尺，择“市”而动

展望未来 10 年，你还认为房产是唯一能获得超额收益的资产吗？

资产买得越多、买得越贵，未必真意味着是财富。财富往往取决于净资产，存亡取决于现金流。而判断什么是好资产、什么是坏资产，更不是一件易事。

我们认为的财富自由的底层逻辑，实际上是一种掌控被动现金流，也就是一笔生息资产的能力。在长寿时代下家庭资产负债表的最优杠杆解，对于中国广大家庭而言是要实现更合理的财富配置结构。

聪明的财富规划者会不断把收入转化为能带来收益的资产，而不仅仅是转化为让自己越过越好的工具 。比如买一件奢侈品或做一次美容，可以带来情绪价值，但无法产生长期收益，而这要求我们更加懂得如何分清什么是好资产，什么又是坏资产，以及如何尽可能地承担最低利息的负债。

做好财富规划，我们不仅需要识别资产的好坏质地，更需要了解每一笔配置的显性和隐性价格。而事实上，客户在这个市场待得越久，就越会明白一个道理：短期预测的准确率与国足冲进世界杯的概率差不多 。预测价格波动的真正价值并不在于精准捕捉每一次潮水的涨落，而在于帮助我们更好地看清潮头奔袭的趋势方向。

因此，最为重要的并不是让短期盲目预测指挥我们的实际行动，而是要通过合理化、科学化的模型配置，不让短期的价格波动扰乱我们的配置心态和计划。运用科学化的配置决策模型，是一种制度化的约束，让我们来之不易的财富不因随意的、盲目的决策受损，而要充分聚焦和赋能个人及家庭每一个生命阶段的目标，不卑不亢，每一步的实施均能有理有据。

不同的经济周期，都存在着表现十分突出的资产，资产的轮动或市场风格的切换对于普通投资者而言，未必是一件很容易把握的事情，尤其是在当下动荡的周期。比如，在当今中国最大的风险就是房地产风险，有的经济学家就坦言，“20 世纪以来，世界上 130 多次金融危机中，100 多次与房地产有关”，“房地产是现阶段我国金融风险方面最大的‘灰犀牛’”。

因此，完善的资产配置模型，能够自成系统地辨别不同资产的优势及劣势，让家庭财富的运行不会大起大落，在整体上表现出平稳与祥和。只有适时地调整资产配置的投资组合，学会系统性分散风险，将不明朗的“市”固化在投资组合之中，为己所用，才能真正把积累的资产转化为稳稳的财富。

投资不仅要选择对的资产，对于现今很多跨境家庭而言，更现实的一点是要学会应对全球化的跨境税务风险。

瑞士信贷发布的《2021 年全球财富报告》显示，全球最富有的 10% 的人群拥有全球 82% 的财富，新冠肺炎疫情不仅没有使高净值人群的财富减少，反而加速了其财富的进一步积累，全球财富格局的 K 形分化进一步扩大。

面对不断加剧的全球贫富差距与财政失衡，各国纷纷采取积极的财政政策，向高净值人群征收额外的富人税或加强对于高净值人群的税收征管。综观全球，阿根廷已于 2020 年 12 月通过立法，向资产超过 2 亿阿根廷比索（约合 1 580 万元人民币）的富人征收最高 3.5% 的财富税，而中国以共同富裕为政策目标的税收征管改革则备受社会各方的关注。

2021 年 3 月，中共中央办公厅、国务院办公厅印发《关于进一步深化税收征管改革的意见》，其中提到，到 2023 年“基本建成以

‘双随机、一公开’监管和‘互联网＋监管’为基本手段、以重点监管为补充、以‘信用＋风险’监管为基础的税务监管新体系，实现从‘以票管税’向‘以数治税’分类精准监管转变。到2025年，深化税收征管制度改革取得显著成效，基本建成功能强大的智慧税务，形成国内一流的智能化行政应用系统，全方位提高税务执法、服务、监管能力”。

国家税务总局局长王军表示：“要想方设法把名义税率降下来，想方设法把实际征收率提上去，想方设法把偷逃税行为打击掉，绝不能让‘劣币’驱逐‘良币’。依法打击偷逃税者是对广大遵纪守法纳税人最有力的支持、最强力的帮助，也是对法治、公平税收营商环境最大的推动、最好的保护。”

在税收严监管趋势下，人们需要提升纳税遵从意识，依法纳税，这样才具有长期的竞争力。在资产配置过程中，建议个人要优化自己的财富配置，借助结构合理的金融工具，适当调整财富架构，控制税务风险，优化税务成本。

我们以为，在科学的家庭资产配置中，并不是所有财富都是用来“进攻”的。跳伞高手的厉害之处，并不在于每一次起跳有多高，而在于每次降落都能安全到达目的地。

## 落袋为安，“时”来运转

新冠肺炎疫情终将平息，但它对世界的改变将是永久的。在这场疫情之后，整个世界在各个环节都出现了分化，向上是生长，向下是消亡。可以说，疫情发生的这几年，世界经济实质上经历了一轮美林时钟的小周期。而这更让我们明白，家庭财富管理中最难的，并不完全是选择对的资产，更是要在对的时机去配置对的资产。有时候，买在对的时机比买什么资产更重要 。

美林投资时钟理论，是大类资产配置的基本框架，一直被各个机构奉为圭臬。这个模型来自 2004 年 11 月 10 日美林证券发表的著名报告《投资时钟》（*The Investment Clock*），该报告总结了 1973—2004 年长达 30 年间的美国经济数据，研究了不同阶段对应的投资策略和优先配置资产，完整展示了在一轮经济周期中复苏、过热、滞胀、衰退循环时债市股市大宗商品轮流领跑的大类资产轮动现象。

美林时钟模型（见图 0–2）至少告诉我们三点重要启示。

第一，资产配置的底层逻辑是抓住不同经济周期的经济特征，因势利导。

第二，资产周期具有轮动特征，不要用同一个固化的思维模式套用下一个周期，要领先一步，未雨绸缪。

第三，在不同经济周期下，应把握最突出资产的主升浪机会，要顺势而为。

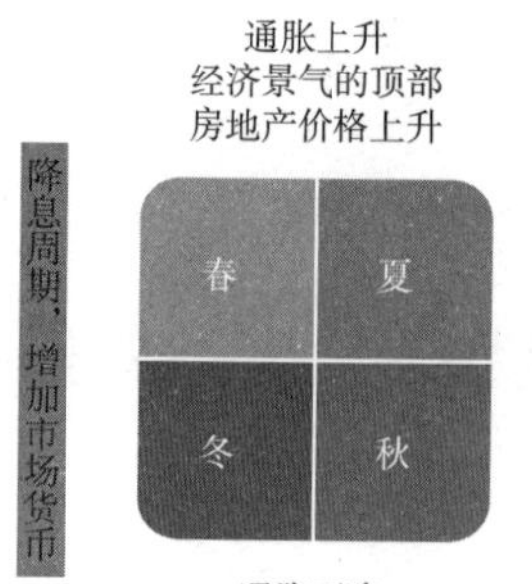


图 0–2　美林时钟

资料来源：《投资时钟》，美林证券，2004 年 11 月。

因此，当你没法准确把握何为对的时机时，越是处于动荡的时代拐点，我们越是要主动抓住足够让人确定的配置逻辑，比如一笔能够穿越政治经济周期、稳健的被动现金流。

美林时钟看经济，是复苏、过热、滞胀、衰退的往复规律。佛家看世界，是成、住、坏、空的循环生灭。家族看兴衰，是成立、持续、破坏、归零的浮沉起落。

我们不妨把目光转向美国历史上第四富有的阿斯特家族。家族传奇的开始——阿斯特一世是德国籍犹太人，1784 年从德国远渡重洋来到美国，凭借皮毛外贸生意赚到了人生的第一桶金。而后，他凭借超前的眼光与坚定的信心，收购并持有了曼哈顿大量的土地，成了“纽约的地主”。

作为美国历史上第一个百万富豪，阿斯特一世的另一个创举是建立了美国第一个家族信托。他没有将遗产一次性传承给儿子威廉，而是将其中的一半纳入信托架构，并由一个六人委员会控制，确保这部分财富在儿子去世后留给孙辈。通过家族信托与遗嘱、婚内财产协议、家训等工具的结合，阿斯特家族守住了财富，并在第四代达到巅峰。阿斯特四世毕业于哈佛大学，是当时的世界首富，是美国总统富兰克林·罗斯福的姻亲，是世界最高档饭店瑞吉酒店的创始人。他出资修建了当时世界上最豪华的阿斯托里亚酒店和名载史册的巨轮泰坦尼克号，获得了包括自行车闸、涡轮引擎等在内的多项专利，创作了至今在美国仍拥有大量读者的科幻小说《他星之旅》，甚至在战争期间还因为作战勇猛兼具领袖风范被授予上校军衔。

不幸的是，1912 年，47 岁的阿斯特四世遭遇了泰坦尼克号海难，家族财富留给了未满 20 岁的长子文森特。文森特不像其曾祖父威廉，他没有受到家族信托的约束，为了筹集创业资金，他抛弃祖训，大量出售家族土地。然而，他远没有祖辈创造财富的能力，自此，阿斯特家族盛极而衰，逐渐没落。1959 年，一生没有子嗣的文森特与世长辞，将遗产留给了结婚 6 年的第三任妻子布鲁克·阿斯特。

这是一个典型的“君子之泽，五世而斩”的故事。故事的开始，创业一代凭借惊人的勇气与智慧，扬起辉煌的风帆，将家族巨轮驶向星辰大海。他为家族打造了坚固的财富保险箱——家族信托，通过法律与制度守护财产安全，使得弱小者有所扶养，奋进者得以依托，挥霍者不能恣肆，同时让家族宪章、家风家训在物质层面得以体现和巩固，疏堵结合，引导着家族富过三代，并在第四代登峰造极。然而，后人继承了先辈的财富，却丢弃了“碍事”的规则与架构。当志大才疏叠加缺乏制约，家族财富便迅速缩水、损耗殆尽。

值得回味的是，虽然阿斯特家族早已没落，但我们今天却依然经常听到这个名字。除了关于传承的故事之外，也是因为布鲁克·阿斯特对于纽约公益慈善事业的热衷。她资助了 1 025 个机构，获得了美国平民能够获得的最高荣誉——总统自由勋章。2007 年，105 岁的阿斯特夫人与世长辞，她用慈善的方式，让家族不再炽烈的光芒隽永地温暖着这座不眠之城。

不难发现，慈善可以使家族的影响力更加正面，使传承更加隽永。而作为国内高净值人士参与慈善的重要方式，慈善信托具有灵活、运营成本低、资产保值增值等优势，越来越受到国内高净值人士的青睐。将家风教育以信托的方式予以贯彻，逐渐成为当代高净值人士家族精神财富传承的重要工具和手段。

## 心为明镜，财富向善

泰康保险集团创始人、董事长兼首席执行官陈东升在《长寿时代，商业向善》一文中指出："商业向善的本质就是以人为本。现代西方社会都说，客户就是上帝，一切以客户为中心，这是绝对正确的。"换句话说，就是不赚短期的钱，只赚客户愿意长期给你的钱，这就是以人为本。

心学大师王阳明先生曾将格物致知分为三个层次，从高到低依次是："'尽心知性知天'是'生知安行'事，'存心养性事天'是'学知利行'事，'夭寿不二，修身以俟'是'困知勉行'事。"[①]

其中，最基础的是最后一条"夭寿不二，修身以俟"，意思是即便知道自己在一年后将离开人世，也不改变向善之心。

在资产配置中，假设你能够实现对市场的认知和交易系统完美合一，你就是一个成熟而聪明的资产配置者，但这笔配置是否具备社会价值，那就不一定了。

在过去的一年中，我们看到了诸如教培行业的大整顿，过去校外培训如K12（学前教育至高中教育）被资本疯狂涌入，就是刚需所产生的高利润吸引的结果，但这样的教培投资是否真的有利于社会进步，学生的综合素质能否得到提升，以及是否只是在应付那个冰冷的考试成绩，这些都值得反思。

或许，我们看到的只是压在家长肩上的"数字"教育，而绝非我们社会想要的"素质"教育。

一个受过良好教育的人应该具备独立思考的能力和作为公民应该有的社会公德心，倘若缺失这两点，反过来只会摧毁这个社会良知的基础，造成一系列仇富和极端的社会行为问题。这可能只是局部，但也足够说明问题。

西方国家在疫情发生后纷纷暴露出来的"反智主义"（anti-intellectualism）也从侧面证明了忽视常识教育，只单方面要求成绩到

① 引自《传习录》，王阳明。

底有多可怕。

未来在中国的投资，必须先考虑社会价值再考虑商业价值，这样才可能活得更久。共同富裕，绝不是只提出口号而已。

诚如美国著名教育家查尔斯·司温道所言："生活中10%是你将经历的事，而剩下的90%是你应对它的过程。"①

新冠肺炎疫情终将结束，但它对人类社会的改变不会停止。也许，这场疫情给我们的最大启示是，我们要逐步习惯与过去一直潜伏在人类身边的风险共存。

解决危机带来的困境，则需要我们建立起360度的灾备意识，特别是对于个人而言，最起码的灾备准备是科学的财富规划，即充分发挥金融工具的自身价值进行合理配置。

而这需要我们不断提高对财富来源的认知力，因为说到底，财富是认知的变现，每一个人都只能赚到在认知范围内的财富。根据招商银行发布的《2021中国私人财富报告》，2020年中国个人持有的可投资资产总规模达241万亿元，2018—2020年年均复合增长率为13%。一方面是居民财富规模的一路狂奔，另一方面则是各种理财乱象与违约现象的不断发生。而这些问题大多与人们对财富管理的认知偏差有关。

我们希望以本书为契机，结合泰康人寿在财富管理市场丰富的实践经验，为国内的相关从业者以及有财富管理需求的朋友们提供有价值的借鉴和帮助。

---

① 这句话的原文是"Life is 10 percent what happens to you and 90 percent how you react to it"。

# 02 资产配置编

本编作者：杨钰轩[①]

① 杨钰轩，泰康人寿总公司投顾团队负责人，泰康人寿家族办公室创始人。金融学硕士，CFP（国际金融理财师）持证人。多家金融机构特聘讲师。

# 编首语

在财富管理中，最常听到的一个词就是“资产配置”，但真正懂得其含义的人却是凤毛麟角。人们对它既熟悉又陌生，这让资产配置的处境在财富管理领域颇为尴尬，似乎它仅仅是一个营销的噱头，而不是专业的科学。然而，事实上资产配置的重要性不言而喻。尤其是随着当今世界内部系统紧密连接，政治和经济上出现了越发频繁的摩擦，搅动着金融环境变得复杂和纷乱，管理自身财富已然面临重重挑战。资产配置并不是简单投资几只股票，亦不是选择几个产品或项目就可以完成的决策，它更像是一套系统性工程，需要结合自身实际情况，投入必要的精力研究，并做到持续性的关注和调整。本编将聚焦财富管理中的资产配置，让读者学会合理规划手中的资金。确保投资者能够驾驭财富，而不是被外部环境所掌控。

# 第一章
# 揭开资产配置的真实面容

## 引 言

全球化以及金融创新，让投资者在各类品项的选择上有了更多空间，信息技术的大步向前，也让许多信息的获取变得唾手可得。但随之也带来了进一步的挑战，即如何找到适合自己的“它”。就像一支篮球队伍，若想赢得持续性的胜利，球员的天赋异禀不是建队的唯一标准，团队文化、主教练经验、球员性格，以及针对不同场上位置的技术特点匹配度等指标，都尤为关键。因此，想要解答“如何选择”的问题，应探索资产配置的多维度概念，这包括大类资产的分类、资产间的相关性、资产配置的目的。

本章将聚焦以上三个问题，首先，了解资产的种类和功能，只有这样才能找到每一种资产的特性、定位和关联。其次，根据资产之间不同的关系，共同探索合理的资产配置应该如何进行组合，从而发挥每一类工具的特色，规避不足。最后，资产配置不是空中楼阁，一定要结合各自的现实需要，才能有针对性地进行设计。唯有从不同角度观察，才可以更好地发现本质，揭开资产配置真实的面容。

## 第一节 寻访每一类即将属于你的资产

### 案 例

林先生作为一家成功企业的董事长，个人净资产随着企业的壮大不断累积。但由于林先生对财富管理一窍不通，再加上时间被企业发展的各项事务所侵占，所以如何打理个人财富对他而言成了巨大的挑战。林先生在不同金融机构均买过理财产品，然而他对大部分的结果都不满意，他总能听到财富管理从业者建议其做好资产配置，但对何为资产配置又知之甚少，于是在琳琅满目的产品货架中迷失了自我……

如上文所述，分析林先生存在以下困惑：

1. 我只关心能拿到的投资回报！了解大类资产有用吗？
2. 大类资产都有哪些？特点和作用是什么？
3. 大类资产和财富管理产品有无区别？资产配置又和财富管理是怎样的关系？
4. 很多机构都宣传自身在资产管理上是优秀的，资产管理和财富管理有何区别？

问题 1
了解大类资产真的对投资有用吗？

**解 析**

分类研究更易剖析事物本质及其特点，从而进行归纳总结，在实际应用中游刃有余。举一个最简单的例子，林先生如果口渴，那他一定会去超市销售饮品的货架上挑选商品，而不会去售卖蔬菜的区域。因为他知道只有选对货架才能购买正确的商品解决“口渴”的需要。当然，林先生也会在货架上发现不同公司、不同品牌、不同口味的饮料，因此在解决主要需求的同时，也可以满足其他偏好。同理，分门别类地研究金融资产是对复杂问题的简单化过程。将具有同样特点和功效的资产划归为一类，在投资决策时清晰地认识投资标的的类别，从而使资产更好地服务于资金，资金又能更好地立足于投资目标。否则，就像进入了没有分类摆放的超市，商品越多，越难找到自身所需要的，最终可能会错误地购买面包来解决口渴的问题。

回归案例，林先生只关注投资回报，而不了解大类资产，可能会带来以下问题：

1. 大类资产的收益性、流动性和安全性具有相互制约的特点，过度关注收益性，而忽视流动性或安全性，则极有可能无力面对两类风险的暴露。
2. 容易被过度夸大的营销吸引，投资具有明显逻辑硬伤的金融产品，从而造成财富的巨大损失。现如今，在监管的要求下，刚性兑付的理财工具少之又少。

**参考资料**

《关于规范金融机构资产管理业务的指导意见》第十九条。

**问题 2**

大类资产的分类、特点和作用是什么？

解　析

大类资产一般会分为货币现金类、固定收益类、权益类以及另类。其中每一大类项下又会细分多种子类资产，如图 1–1 所示。

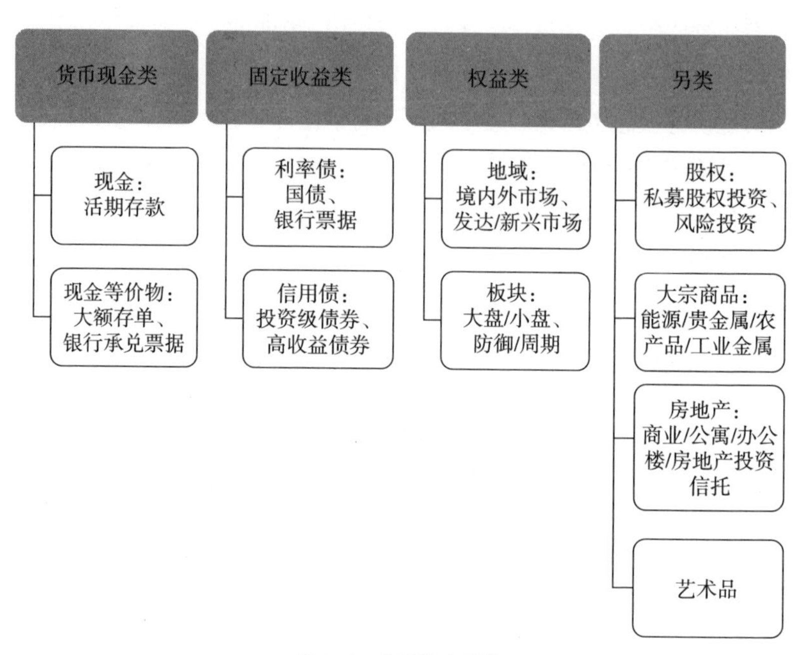


图 1–1　大类资产分类

注：因空间所限，子类资产未全部列明。

第一类是货币现金类。特点：流动性和安全性高，收益性与当期市场利率关系紧密。作用：解决短期闲置资金的配置需要，或用于避险和观望。

第二类是固定收益类。特点：收益相对固定，风险性也相对较低，但长期抗通胀能力较弱。作用：满足一定期限内资产稳健增值的需要。

第三类是权益类。特点：拥有资产对应权益，流动性相对较好，收益不确定性较高，长期抗通胀能力较强。作用：承受相应风险的同时，提高投资收益。

第四类是另类。特点：区别于传统资产，流动性、安全性和收益性根据投资标的的不同而存在差异。作用：与传统资产关联度较低，可有效规避传统市场的系统性风险。

在关注大类资产的同时，也要适度研究子类资产之间存在的差异。例如，在权益类资产中，防御和周期、大盘和小盘、成长和价值等细分领域在不同市场环境中的表现也可能出现偏差。

林先生之所以对投资产生迷茫，核心点是他没有去关注投资产品的底层资产是什么，因此就不会形成对于此类资产特点和作用的清晰认知，最终导致在预期和实际收益上有落差。

问题 3

财富管理中的产品有哪些？与大类资产存在怎样的异同？资产配置和财富管理又存在何种关系？

解 析

中国人民银行发布的《金融从业规范 财富管理》对财富管理产品有着明确的定义，具体分为以下两类。第一类是投资产品，包括股票、基金、债券、资产管理产品等。投资者在充分了解投资产品的基础上，风险自担。第二类是保险产品，分为人身保险、财产保险、理财保险三类。保险产品可以补偿其他风险带来的财富损失。

从以上内容可以看出，财富管理产品更加包罗万象，不仅一些大类资产涵盖其中，还包括基于投资大类资产的金融机构所发行的产品，如基金、资产管理产品等。在这里首先要了解资产和产品的区别。产品的底层往往是投资一类或几类资产，也可以投资其他产品。一些产品通过特殊的策略，甚至会让产品本身的表现和底层资产的表现出现差异性。

之所以通过产品进行投资，一是让专业的机构、专业的人士代为理财，适当消除专业不足、时间不够等问题；二是能够将有限的资金做出分散化管理。保险作为金融产品中的一环，被单独提炼出来，是因为其在功能上和产品特性上有独立的优势，在财富管理中同样拥有举足轻重的地位，这在后续章节中会做专门的介绍。

金融产品上的划分还能够更加精细，例如：货币现金类（主要投资货币现金类资产）、固定收益类（主要投资固定收益类资产）、权益类（主要投资权益类资产）、混合类（分散投资多类资产）、另类（主要投资另类资产）、海外类（主要投资海外资产）、保障类（包括各类保险、家族信托等）。

依据《金融从业规范　财富管理》中的内容，资产配置是财富管理业务中的一环，是做好财富管理的方式之一。财富管理业务模式中还包括保险规划、退休规划、法律风险规划、税务筹划、家族财富传承等（见图 1–2）。

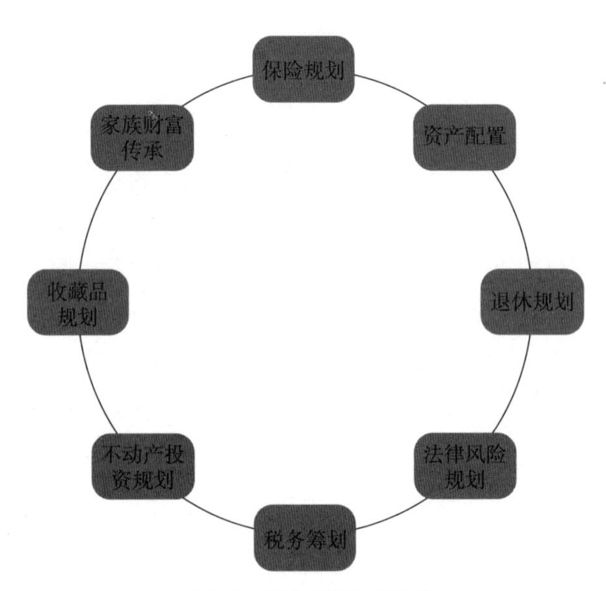


图 1–2　财富管理业务模式

林先生对财富管理的本质诉求是进行合理规划，因此在做资产配置时，不仅要关注大类资产，还应该扩充到对不同产品的理解和应用上。

**参考资料**

《金融从业规范　财富管理》6.3.1.3.1 财富管理产品。

**问题 4**

资产管理和财富管理的区别在哪里？

**解　析**

中国人民银行发布的《金融从业规范　财富管理》对资产管理和财富管理的区别也做出了详尽的解释说明："财富管理贯穿人的整个生命周期，不限于金融服务，目的还包括财富创造、保护、传承等；资产管理业务（产品）属性是金融服务，目的是资产保值增值。"相对来说，财富管理的范围更大，且目的更加立体和丰富。而资产管理在工具或目的上，维度均较为单一。

通过对资产管理和财富管理的比较，林先生需要为自己的财富做出清晰的路径规划。在做出投资决策时，要明确是实现资产管理还是财富管理的目的。这同样会影响资产配置的方式：是保值增值，还是依托自身生命阶段的财务目标进行设计？

**参考资料**

《金融从业规范　财富管理》6.3.1.1.1 财富管理概述。

**问题 5**

个人的资产配置方式和机构一样吗？

## 解　析

不一样。

个人的资产配置最终实现的是自身财富的合理利用，要考虑收入、支出、性格、情绪等，非理性、非专业问题甚至会占据主导地位。而且，在信息的获取上个人也很难与机构相媲美。资金量层面也会带来巨大的不同。个人在决策方式上与机构相比，除非资产规模足够庞大，否则无须复杂的投研体系支持。本文聚焦个人层面的资产配置，因此部分内容并不适用于机构投资者。

### 参考资料

《金融从业规范　财富管理》6.3.1.1.1 财富管理概述。

## 专家建议

针对本节所涉及的相关问题，笔者提出如下建议：

1. 资产配置涉及不同类别的资产。对于纷杂的资产进行分类和归纳，能够更清晰地明确各类资产的特点和作用，这样才能为“我”所用，达到事半功倍的效果。出于历史经验的原因，大部分投资者在配置产品时，过度关注回报，不关心产品背后的底层资产。这种唯收益论的决策方式，在现今是极其危险的，容易被错误的营销话术、历史数据等表象蒙蔽，最终出现财富损失或实际与预期的偏差，更有甚者血本无归，且追诉遥遥无期。财富是辛苦创造出来的，任何求知和谨慎都不为过。
2. 理解资产和产品的区别，让资产配置更加有效。个人投资某类资产，如某只股票，可能需要的专业度更强，同时承受的风险也更大。若选择多只股票进行组合配置，又可能面临时间成本过高、资金量不充足等问题。因此，选择底层投向股票的基金等产品，可以适当规避个人投资所产生的劣势问题。当然，如何正确选择金融产品，也会在后续做具体介绍。

3. 本节阐述资产管理和财富管理的区别，是希望读者能够在做决策前，深刻思考自身目的。如果是以财富管理为核心诉求，那么资产配置应该结合生命周期进行考量。不同人生阶段的目标是什么？哪类资产或产品的特点和功能较为匹配？如果一对年轻的夫妇三年后将要买房，那么他们在做出决策时应该首要考虑如何保证本金的安全。如果一对中年夫妇需要预存二三十年后的退休养老资金，那么长期持有权益类资产搭配年金保险，也许是正确的选择之一。

## 第二节　探索资产间的相关性

### 案　例

林先生在了解大类资产的分类、特点和作用后，对自己现存的投资进行了梳理。林先生配置了多种基金产品，在海外投资上也有涉猎。但是在此过程中，林先生又有了一个更大的疑问：不同类别的资产除了特点和作用不同之外，会不会出现同涨同跌的状况？如果会的话，岂不是资产配置毫无建树！

**问题 1**

什么是系统性风险？

### 解　析

要解答林先生的疑问，首先要先了解什么是系统性风险。这是在资产配置中经常听到的名词。所谓系统性风险，其实另一个更直观的表述是整体性风险，也就是政治、经济等宏观因素导致的风险。身在其中，则不可通过在系统内部构建组合、分散投资来化解，也无法由单一个体进行对抗，因此其影响覆盖全局且巨大。相对应的是非系统性风险，是系统中的单一个体由于自身引发的风险，可以通过构建组合进行风险分散。

世界上存在大大小小的系统。身处同一系统中，则面临相同的系统性风险，同涨同跌不可避免。就像身处同一片海域中的轮船，无论是什么型号，都要随海浪而上下起伏，只不过排水量或吨位大的，相对而言起伏不那么剧烈而已。

**问题 2**

**什么是大类资产的相关性？**

### 解　析

林先生知晓同处一个系统中，面临相同的系统性风险，资产会出现同涨同跌的情况，那么不同类别的资产配置到一起又会如何呢？这里就要引入另一个名词——大类资产相关性。大类资产相关性，是指两类资产收益变化趋势的一致性程度，通常用相关系数来衡量，波动范围为 –1~1。相关系数为 1，表示两个资产涨跌完全同步；相关系数为 0，表示两者涨跌完全无关，非相关；相关系数为 –1，则说明两者表现完全相反。表 1–1 列出了 2000—2017 年国际大类资产相关系数。

从表 1–1 中能够发现，跨资产相关性差异较大，这是因为每类资产都会有自身相对独立的系统。其中，股市与国债负相关，与高收益

表 1-1　2000—2017 年国际大类资产相关系数

| | 标普500 | MSCI欧洲 | MSCI日本 | MSCI新兴 | 美国国债 | 欧洲国债 | 日本国债 | 美元公司债 | 美元高收益债 | 欧元公司债 | 新兴市场公司债 | 大宗商品 | 全球地产信托 |
|---|---|---|---|---|---|---|---|---|---|---|---|---|---|
| 标普 500 | 1 | 0.84 | 0.54 | 0.70 | −0.34 | −0.16 | −0.15 | −0.09 | 0.48 | −0.05 | 0.21 | 0.26 | 0.71 |
| MSCI 欧洲 | 0.84 | 1 | 0.59 | 0.72 | −0.37 | −0.13 | −0.17 | −0.09 | 0.47 | −0.04 | 0.23 | 0.26 | 0.63 |
| MSCI 日本 | 0.54 | 0.59 | 1 | 0.60 | −0.27 | −0.13 | −0.26 | −0.01 | 0.40 | 0.03 | 0.24 | 0.22 | 0.44 |
| MSCI 新兴 | 0.70 | 0.72 | 0.60 | 1 | −0.24 | −0.11 | −0.13 | 0.07 | 0.55 | 0.05 | 0.38 | 0.39 | 0.65 |
| 美国国债 | −0.34 | −0.37 | −0.27 | −0.24 | 1 | 0.61 | 0.35 | 0.80 | −0.11 | 0.54 | 0.17 | −0.13 | −0.04 |
| 欧洲国债 | −0.16 | −0.13 | −0.13 | −0.11 | 0.61 | 1 | 0.34 | 0.54 | −0.05 | 0.70 | 0.17 | −0.13 | −0.04 |
| 日本国债 | −0.15 | −0.17 | −0.26 | −0.13 | 0.35 | 0.34 | 1 | 0.30 | −0.05 | 0.25 | 0.05 | −0.08 | −0.06 |
| 美元公司债 | −0.09 | −0.09 | −0.01 | 0.07 | 0.80 | 0.54 | 0.30 | 1 | 0.33 | 0.72 | 0.56 | 0 | 0.09 |
| 美元高收益债 | 0.48 | 0.47 | 0.40 | 0.55 | −0.11 | −0.05 | −0.05 | 0.33 | 1 | 0.29 | 0.54 | 0.29 | 0.52 |
| 欧元公司债 | −0.05 | −0.04 | 0.03 | 0.05 | 0.54 | 0.70 | 0.25 | 0.72 | 0.29 | 1 | 0.51 | 0.01 | 0.05 |
| 新兴市场公司债 | 0.21 | 0.23 | 0.24 | 0.38 | 0.17 | 0.17 | 0.05 | 0.56 | 0.54 | 0.51 | 1 | 0.21 | 0.29 |
| 大宗商品 | 0.26 | 0.26 | 0.22 | 0.39 | −0.13 | −0.13 | −0.08 | 0 | 0.29 | 0.01 | 0.21 | 1 | 0.27 |
| 全球地产信托 | 0.71 | 0.63 | 0.44 | 0.65 | −0.04 | −0.04 | −0.06 | 0.09 | 0.52 | 0.05 | 0.29 | 0.27 | 1 |

注：MSCI（明晟）是美国指数编制公司。

资料来源：彭博，申万宏源研究。

债正相关，另类资产中的大宗商品与传统资产相关性普遍较低。但也要从中看到，同类别资产即使处在不同的地域，其正相关性依然很明显，如美国与欧洲之间的相关性能达到0.84，与新兴市场之间的相关系数也高达0.70。其他资产类别，如国债、信用债也有类似规律。这个现象值得我们注意。过去之所以做全球化配置，其中一个原因就是对相关性的考量。20世纪80年代到90年代初期，不同国家的股票或债券，往往与自身国家的政策、经济等因素相关。即使配置海外同类资产，也能够在很大程度上实现组合的非相关性。但是随着全球化进程的不断推进，各国之间的影响越发紧密，最终使同类资产呈现较强的正向联动。

相关性就好比给资产配置制定了食谱，如果想获得均衡营养就不能在同类型食物上摄入过多。蛋白质、脂肪、维生素等均有独特功效，且对人体机能有不同作用，它们互不干扰，但组合起来却让整个机体变得活力四射，能够有效抵御细菌和病毒的侵害。

**问题3**

**研究大类资产相关性的意义在哪里？**

**解　析**

实际上，资产配置的核心就是寻求各类资产间的非相关性，即“鸡蛋不要放在同一个篮子里”。试想，如果同一风险事件，带来的是自身投资组合中的各品项均出现大幅下跌，那么相信投资者的财富甚至内心都会随之出现巨大的震荡。这时应该审视的问题是：“也许我把鸡蛋（资金）放在了同一个篮子（系统）里。”而假设某一事件引发的是一类资产的下跌，同时又利好于另一类资产，投资组合内部的相互对冲带来的是整体均衡效果，则投资者的财富和内心又会呈现不同状态。

由于不同类别的资产有各自的特点和作用，因此对于同一事件所带来的资金吸引也会有所差异。一个系统出现了问题，而另一个系统的吸引力陡升，最终出现不同的资产特征。“东边不亮，西边亮”，反映的就是这个道理。因此，多元化也是资产配置中最为基本的要素。但是，任何事情都有“度”的限制，为了追求多元化而配置过多的品项，不仅会耗费大量的时间成本和精力，效果也可能甚微。再者，脱离资产的特性和作用，亦会形成错误的投资结果。以下情形需要林先生及读者评判是否符合资产间的非相关性，并对自身投资组合进行检视：

1. 拥有多只股票，但所属同一板块。
2. 购买多只基金，但持仓高度重合。
3. 不同银行，不同存款产品。
4. 不同国家，同类型资产。

## 专家建议

---

针对本节所涉及的相关问题，笔者提出如下建议：

1. 了解大类资产的分类、特性和作用，仅仅是第一步。投资者在知晓繁多的金融工具或产品之后能够进行合并同类项，从而化繁为简，认清到底投的是什么，以及解决的是什么问题。相关性，则是在此基础上，让组合的内在搭配有了指导的逻辑。人不能偏食，因为营养会不均衡；投资不能偏科，因为风险会不期而遇。资产配置研究的是多元化配置，让不同类别的资产在同一事件中相互对冲，内部的波涛汹涌，最终体现的是整体的风平浪静。
2. 一些投资者错误地理解了“多元化”的含义。不遗余力地在各家机构的产品池子中进行遴选。但穿透层层产品结构（这里假设不存在结构化分层），发现所有资金的最终指向仍是同一资产，则所有的努力实现的仅仅是表面的多元化，而资金仍然在面对相同的系统性风险。因此，笔者在这里强调，产品层和资产层都要看，这样最终才能做出正确的选择。

## 第三节　谨防在追逐中失去目标

### 案　例

林先生基于资产间的相关性进行了重新配置，但在选择产品时，仍然倾向于比较产品收益，对较为稳健的固定收益类和看不到历史业绩的某些另类资产无心考量，对保险类产品更加不屑一顾。他认为企业的成功在于控制成本，从而追求利润。那么资产配置规划只要承受相应的风险，则追求收益就是最实际、最本质的目的。

**问题 1**

资产配置的价值是什么？

**解　析**

在市场中获利有两种途径。一种是“交易”，即用近似零和游戏的方式追求收益，一般和时间无关。另一种是“持有”，享受风险资产带来的风险溢价，且随着时间的延长使获取回报的确定性增加。但“持有”要考虑的风险是，在错误的时间持有错误的资产。资产配置的核心是解决此问题，并最大限度地利用分散化改善投资组合表现。

### 问题 2

资产配置的目的是什么？

#### 解　析

资产配置的目的是通过投资组合实现风险分散，从而达到投资的最优解。这个目的并没有错，上文的许多内容也对此进行了阐述。佐以学术论证，美国著名经济学家、诺贝尔经济学奖得主哈里·马科维茨，就架构了资产配置中的重要理论及模型——均值－方差和投资组合有效边界，其核心是用资产收益的均值和收益偏离均值的离散度来代表组合收益和风险。假设投资者都是风险厌恶型的，其特性是在追求同等风险下收益最高，或同等收益下风险最低。马科维茨将资产配置问题完美地转化成了一个数学的优化问题，从中推导出了投资组合要优于投资单一资产，且组合中资产间的相关性越低，配置出的组合风险就越低。因此，林先生的想法一部分是正确的，投资本身就应承受风险，从而追求收益的最大化。但其误区在于，资产配置讲究的是如何在控制风险最小的情况下，获得更高的收益回报，而不仅仅是自身主观认为的只要能够承受风险就好。

#### 参考资料

《资产选择：有效的多样化》，哈里·马科维茨。

### 问题 3

资产配置是否有更本质的目的？

#### 解　析

“楚人有卖其珠于郑者，为木兰之椟，薰以桂椒，缀以珠玉，饰以玫瑰，辑以翡翠。郑人买其椟而还其珠。此可谓善卖椟矣，未可谓善鬻珠也。今世之谈也，皆道辩说文辞之言，人主览其文而忘有用。”[①]

买椟还珠，人们在追求中最终往往更聚焦表象，而忽略了事物的本质。私人财富管理中的资产配置，应结合全生命周期的财富目标，否则很容易跟随市场情绪而做出错误的决策。所期望的投资组合回报是为了更好地服务目标而设立的，这是“珠”。若仅仅追逐一个臆想中的百分比，则只看到了“椟”。然而，现实情况却是，大部分人很少做出财务规划，更无清晰的目标做指引。笔者从业多年，如林先生这般思维的人并不占少数，曾看到一些人将用于半年后买房的资金投入时下火热的股市中，也曾见识到另一群人将长期资金放在收益较低的货币理财中寻求所谓的灵活性。神奇的是，这些现象与财富量级的大小无关。更多的是，人们不愿意花心思在自己的财富规划上，更懒得去思考如何与资产配置做有机结合。笔者将在后续的资产配置战略上详尽讲解如何结合目标进行资产配置，让目的回归本质。

## 专家建议

---

针对本节所涉及的相关问题，笔者提出如下建议：

1. 马科维茨理论，在数学上证明了资产多样性能够有效降低单一资产带来的风险，从而达到同等风险下的最高收益，或同等收益下的最低风险。这个理论从学术研究的高度将本章第一节和第二节的内容进行了串联。因此，在实践中，即使投资者有明显的产品偏好，但从严谨的专业角度讲，还是应该坚持多元化的资产配置。
2. 资产配置的本质是，服务全生命周期的各类财富目标。每个人

① 引自《韩非子·外储说左上》，韩非子。

未来的收入、支出是需要纳入投资组合中的。两者不是脱节，而是紧密结合的。短期财富目标，应考虑流动性和安全性。中期财富目标，则还应考量经济、政策因素。长期财富目标，可以承受短期波动，应寻求抗通胀能力更强的资产。

# 第二章
# 让资产配置真正为“我”所用

## 引　言

懂得了大类资产的分类、特性和作用，让相关性贯穿其中，仍然不能使资产配置发挥最大的效果。唯有研究资产配置的本质，才能够帮助我们打开正确的使用通路。资产配置是为人的生命周期财富目标而服务的，那么投资者结合自身状况就尤为关键。再结合生命不同阶段的短期、中期、长期财富需求，制定出切实的战略，用清晰的路径进行实现。当然，市场风云变幻，战术的灵活性也甚为关键。及时调整，及时纠错，确保一切动作皆坚定地向战略靠拢，让资产配置真正为“我”所用。

本章第一节笔者将从财务和风险偏好等内容入手，探讨为什么资产配置要结合自身情况。第二节则是在审视自身情况后，结合实际进行资产配置的长期战略规划，让财富目标可以有效实现。第三节会从短期战术调整上进行分析，让再平衡成为一种习惯，使资产配置具有灵活性与机动性。

## 第一节　自己是结果的第一责任人，正视自己很关键

### 案　例

林先生近期在和朋友聚会时了解到，朋友这三年在理财上颇有建树。林先生羡慕之余，也将朋友现有的产品清单要了过来，并准备进行复制，期望同样的成功能够降临在自己身上，这样既简单又省力。然而，在完成配置之后的某一时间，因企业急需资金周转，林先生想要变现部分理财产品应急。但在操作中发现，朋友给出的理财产品基本都具有较长的封闭期，中途不允许退出。更关键的是，近期市场波动巨大，产品浮亏严重，虽然林先生觉得可以承受风险，但出现这么大的回撤，还是万难接受。双重压力下，林先生的健康状况也出现了警示。

问题 1

你真的了解自己的投资决策吗？

**解　析**

决策的定义是人们为事件做决定的过程。它是一个复杂的思维操作，是通过信息搜集、加工，到最后做出判断并得出结论的过程。人在一生当中总会遇到一些重大的决策，需要深入思考、反复推敲，最后做出自己的选择。但是，不知道为什么，在涉及自身的财富管理时，出人意料的是，人们做出的决策总是有些草率。是因为财富保有不重要吗？中国人民银行在《金融从业规范　财富管理》中有言，财

富管理“贯穿于人的整个生命周期，在财富的创造、保有和传承过程中，通过一系列金融与非金融的规划与服务，构建个人、家庭、家族与企业的系统性安排，实现财富创造、保护、传承、再创造的良性循环”。因此，财富的保有是其中非常重要的一环。那么，决策应该是谨慎且严肃的。

林先生出现的问题就是，过于草率地复制其他人的投资组合，而且对每一项产品的了解程度都不深入。即使听取了专业建议，切实的评判以及调研也是财富所有者应尽的义务。

**参考资料**

《金融从业规范　财富管理》3.1 财富管理。

**问题 2**

你真的了解自己的财务状况吗？

**解　析**

再次回顾，财富管理的本质目的是服务财富目标。结合自身从事的工作和家庭收支情况，防范偶发事件带来的财务冲击，是做出投资决策时需要考虑的重要因素。不要忽略流动性的作用，保持合理的资产配置比例。这样做也许会降低投资组合的收益，但换来的是一份心安。近期越来越多的权益类产品选择设定三年的封闭期，这样做能使投资经理不用预留应对赎回的资金，以便更好地做出战略上的配置，获得较高的收益回报。虽然产品设计的出发点是好的，但是投资者如果在决策时不结合自身情况，则会导致极大的流动性危机。

林先生在落实投资方案时，忽略了企业的财务问题，再叠加对产品封闭期等要素的无视，最终让流动性短期出现恶化，带来阶段性投资失败。

### 问题 3
### 你真的了解自己的风险偏好吗?

#### 解　析

所谓风险偏好是指主动追求收益波动性的一种态度。一个人的风险偏好或风险属性，可以说是财务状况、专业、职业、年龄、性格、未来预期等多方面因素集合的产物。财务状况越好，相对来说，更容易承受风险以及选择期限更长的投资项目。专业和职业不同，也会造成对风险的态度差异。比如律师，相较而言更侧重于厌恶风险，因为这一职业本身就是在解决各类风险问题，有较强的抗风险意识正是其职业特性。年龄也尤为关键，同一个人处于不同的人生阶段，面对风险时也会颇有差异。例如，相较于老年人，正处于壮年者更能够抵御风险。此外，性格也会指引每个投资者做出不同的选择。有的人谨小慎微，有的人勇敢冒进，这也会反映到投资组合中。还有对未来的预期，乐观情况下则更容易配置高风险资产，反之，悲观的预期也会让投资偏向以求稳为目的。

人最难认清的就是自己。正如林先生一样，自认为可以承受风险，然而在市场短期内出现巨幅波动后，他却出现了心态和身体上的承压反应。因此，自我认知也是做出正确投资决策的前提。否则，一旦出现错误，财富所中的“毒”亦将传染至身心。

## 专家建议

针对本节所涉及的相关问题，笔者提出如下建议：

1. 现实中，许多投资者关注某个人或某个产品过去创造了怎样的辉煌，认为自己如果参与其中，未来也会享受如往昔般的硕果。但是，时势造英雄，在做投资决策时，不应该以过去的业绩作为完全的依据。对天时（宏观经济）、地利（产品）、人和（自身）都要做系统性分析。完全的经验主义在投资中并不可取，对自己的投资决策负责，才是对财富负责。对每一笔投资，再如何谨慎也不为过。

2. 流动性很重要，保持一定的流动性有助于匹配突发的财务应急需要。资产配置中的每一大类都有其独特的功效，结合自身财富特点，才能实现进退有据、临危不乱。
3. 确定自身风险偏好有利于做好正确的投资决策。一般金融机构在提供理财产品前，都会要求投资者填写制式的风险评估表，这是最简单且直观的认知方式。不过，如果能够进一步结合自身的财务状况、生命阶段等因素，会为投资决策提供更加丰富的依据。

## 第二节　布置合理的战略，为目标架设现实的通路

### 案　例

---

林先生在复制朋友的投资组合失败后，也进行了深刻的反思，并重新进行了资产配置规划。他认真制定了自身未来的财富目标。他处于42岁这一黄金年龄，当下最关注的是10岁孩子未来的高等教育安排，孩子至少需要进行2年海外深造。在此基础上，70岁是他现阶段考虑的退休年龄。同时，他一年后也预计购置一套房产。进行完上述盘点后，对于如何进行资产配置，林先生正在寻求帮助。

**问题 1**
**我们有为资产配置做过战略吗?**

**解　析**

战略，是一种围绕整体的谋划和布局，最终实现既定的全局目标。盖楼需要绘制图纸，射箭需要瞄准靶心，旅行需要规划目的地。同理，资产配置如果想为己所用，也需要有具体的目标指向。现实中，一些人会把某个预期收益作为最终结果，另一些人会把保证本金作为绝对准则。

第一种情况，可能会带来的问题包括以下几点：一是预期收益定得过高，很难实现，或者面临的波动超出承受能力；二是在短期达到收益目标后如何进行再投资的问题；三是在短期达到收益目标后容易出现盲目追高的心态。

第二种情况，主要带来的问题是过于看重本金安全，投资的资产有限且收益较低，对于一些长期资金的投资，最终获取的收益可能无法跑赢通货膨胀，面临货币实际购买力贬值的风险。

因此，投资者在制定战略时，回归本质目标才是关键！

**问题 2**
**如何围绕资产配置的本质目标进行战略规划?**

**解　析**

不同的财富目标为组合提供指导方向。就像我们去往现实中的一个地点时，导航会根据目的地的不同而给出相异的行程方式和路线。如果距离较近，可能会推荐步行或骑行路线，选择灵活，甚至某个羊肠小道也是选项之一；如果距离稍远，则可能会推荐公共交通或自行驾车路线，这时导航会根据堵车、限速、限行等情况给出相应方案；

如果是距离更远的地方，则可以选择长途汽车乃至火车，方案中则要说明发车时间和上车地点；如果是去往海外，则飞机是最佳的交通工具，考虑天气和机场位置等因素就尤为关键。

资产配置在战略设计上要关注短期、中期、长期的财富目标。根据林先生的实际情况，其目标包括一年后的房产购置支出、大概 12 年后的海外高等教育支出，以及 28 年后的退休生活支出。以此为锚，在配置上首先针对短期且刚性的购房资金，建议配置收益较为稳健的固定收益类资产，如一年封闭期的固定收益类别的银行理财、定期存款。底层资产为非标债权类的信托理财亦可，不过需要进行项目评估。当然，开放式的债券基金也可以囊括到投资组合当中。对于时间周期较长的海外教育金，因为保证子女的教育质量是刚性需求，并且海外的学费增长速度较快，所以配置权益类资产成为提高组合收益的关键。选择成长型还是价值型投资策略就需要结合其自身风险承受度进行比例搭配。退休养老方面，因为有 28 年的可操作空间，且考虑人的寿命在优质的医疗条件下会有更多延长，所以权益类、另类中的一些品项，以及养老年金保险应该成为组合中的必备品。保证低相关、风险分散和收益的有机结合，能够充分覆盖养老阶段的各项所需。在产品期限上的可选空间也更多，长期封闭的产品相对来说更加适合。当然，流动性也至关重要。

资产配置的战略是为了规划组合的风险敞口，中短期且用于刚性支出的资金，应选择风险低、收益稳健的资产。长期的资金为了能够有效抵御通胀，选择风险类资产相对较优，因为该类资产虽然短期具有高波动的特质，但若选择得当，则效果斐然。如图 2–1 所示，从长期收益表现来看，股票型基金的表现要明显优于债券型基金。同时进行两者的组合，有益于降低组合波动。

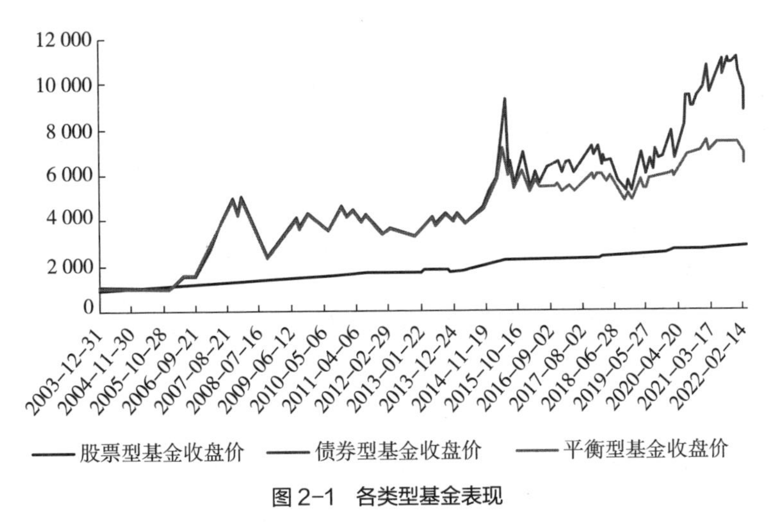


图 2-1 各类型基金表现

资料来源：Wind。

投资者也可以通过需求维度，辅助思考资产配置战略设计。

通过图 2-2 可以发现，需求是能够进行层次划分的。在马斯洛的需求层次理论中，人类需求分为五级，笔者以其为锚，再结合资产配置的实际情况将需求分为三个层级。对于"必需的目标"，由于一旦出现损失可能产生巨大影响，所以投资者应更偏重于稳健的资产进行配置。"改善的目标"则可以适度增加风险敞口。而"追求的目标"更多是锦上添花的作用，投资者可承受一定的风险，以期较高的收益。

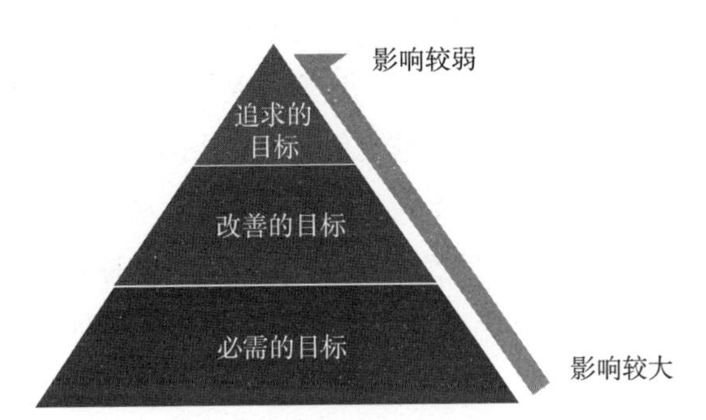


图 2-2 结合资产配置实际情况将需求分为三个层级

当然，投资者要谨记，正确认清自己也会左右资产配置战略的效果，不同的性格、年龄、财富量级等，在面对突发市场波动时会有不同的反应，最终带来的结果亦会不同。资产配置是定制化的专属方案。

**问题 3**

**资产配置的比例，是否具有通用准则？**

**解　析**

在实际操作中，经常会有投资者或从业者迷茫于各类资产的配置比例。市场当中，一些金融机构会基于自身历史沉淀的大数据，通过模型计算出一个指导比例，为投资者提供配置参考，简单、直观、标准化，能够给业务双方带来巨大帮助。然而，资产配置回归本质目的，则会发现不同类别的配置比例存在较大的个体差异。例如，收入相同的两个人，因所处城市不同，所以在住房支出、日常消费支出、教育支出等领域均存在不同。又如，年龄及收入相同，且处在同一个城市的两个人，在赡养老人和抚养孩子数量上有不同，将必然导致开销存在高低。因此，财富目标迥异，资产配置的战略设计亦会有所不同，各类资产的比例也将相左。

财富目标中，财务规划很重要。财务计算的方式也有很多，例如先假定通货膨胀率、设定贴现率、计算净现金流、设定期限，再对以上各要素综合考虑，计算终值或现值。为了让读者掌握起来更加简单且实用，本书将摒弃一些较专业、严谨、蕴含大量计算的方法，从戴维·达斯特所著的《资产配置的艺术》中衍生出一种方向性的指导思路。以下为在一个长远计划的背景下讨论收益时的期望收益率计算公式：

期望收益率＝年支出 ÷ 投资组合价值＋通货膨胀率

年支出＝年必要支出＋年选择性支出

公式中的年必要支出指的是满足日常生活所需的基本支出；年选择性支出指的是为了提高生活品质所进行的额外支出；投资组合价值指的是当期投资组合的整体市场价值，在投资起始阶段，可以看作本金（忽略投资成本）；通货膨胀本身是复利概念，为了简化，这里进行了年化单利的转换，即对全期限的最终整体通货膨胀率取算术平均值。

通过公式可以得出以下结论。

第一，年支出越高，则投资组合的期望收益率越高。

投资者要知道，财务支出是换取现有生活水平的核心。当然，支出的高低与收入呈正相关，但也与一个人对于物质的追求态度有关。一些人可能会降低年选择性支出让期望收益率回归到可以达到的水平，而一些人显然无法做到。

第二，投资组合价值越大，则投资组合的期望收益率越低。

所投入的本金越高，则期望收益率越会下降。因此，储蓄很关键。在财富管理中创造财富仅仅是一部分，如何保有和传承也是要考虑的重点。

第三，通货膨胀率越高，则投资组合的期望收益率越高。

应对通货膨胀是投资要考虑的因素之一。通货膨胀率高，对于期望收益率的诉求也必然会水涨船高。

### 参考资料

《资产配置的艺术》，戴维·达斯特。

## 专家建议

针对本节所涉及的相关问题，笔者提出如下建议：

1. 在资产配置中，关注收益率是必然的，但是紧盯收益率会出现舍本逐末的现象。结合财富目标相对来说会较为理想，譬如只能投资到短期产品中的资金，可以适度降低预期收益率。而长期的资金可以更充分地考虑配置风险类资产，从而提高组合收益。本金安全也非常重要，但是通货膨胀作为侵蚀货币购买力的罪魁祸首，如何超越它从而实现货币的保值增值也很关键。适度增加组合的风险敞口和投资期限，不失为一种明智之举。
2. 资产配置的战略规划一定是定制的，投资者即使资金再充沛，也要根据自身情况做安排。也许你的财富已经庞大到对各种财务支出都能覆盖，那么如何让家业长青、如何有效传承给下一代、传承的资金如何与精神结合等更高层次的内容，却又是不得不面对的问题，所以这些规划更应该结合自身情况来制定。这些在之后的篇章会做详尽介绍。
3. 财务目标的计算方式有很多，现今科技的进步也使各类财富计算器能够直接赋能。寻求专业人士的帮助也是较为简单的方式之一，不同金融机构提供的大数据虽为标准化，但是作为大类配置的指导意见也可以进行参考。当然，一定要结合自身情况和实际需求进行适度调整，简单的拿来主义并不可取。

## 第三节　战术，让自己的配置灵活、机动起来

### 案　例

林先生制定了自己的资产配置战略方案并逐一落实。近期各市场表现平稳，并无太大波澜，林先生也慢慢地回归了正常的工作和生活状态。随着时间的推移，因企业经营涉及很多问题，林先生渐渐不再关注投资组合变化。两年时光悄然逝去，某天林先生突然想到应该检查投资组合成果，于是打开各账户，发现两年内权益账户整体收益几乎为零。再仔细追踪，发现过去一年半权益账户收益涨了约20%，但近半年某大比例配置的权益基金，因基金经理进行了更换，再叠加市场出现了一定回调，所以净值基本上回到了最初状态。林先生自己有些懊悔。

问题1

你是否了解定期检视的重要性？

#### 解　析

战略是对整体目标的规划方案设计，就像前文说到的，要去往一个目的地，导航设置了相应的路线。但是在实际情况中因路况的种种变化，可能会导致既定路线中的某一路段出现拥堵或者封闭。若一直沿着前期规划的路线前行，则很有可能因为需要折返，造成时间的延长。定期刷新导航中是否有更快的路线，以及检查已知路线是否出现状况，有利于更迅速地到达终点。还有一种情况需要考虑，也许在通向目的地的过程中，出于种种原因，中途更换了目的地，那么就要及

时做出新的规划。资产配置亦是如此，当我们结合自身实际目标规划出整体方案后，虽不建议频繁调整，但是定期的检视仍然非常关键，要了解配置的产品是否更换了投资经理、当期某类资产的上涨或下跌是否需要进行比例的再平衡、选择的产品是否合理等。同时，“世界唯一不变的就是变化”，随着自身情况的不断变化，也许前期的整体目标也需要做出一定的调整，匹配的资产配置战略必然也应该进行局部更新或者整体重建。这些均属于战术范畴，可以通过战略与战术的有机结合，让坚定与灵活同时有效赋能自身的财富目标。

通过林先生的案例，可以看到一种资产配置的常见问题，即不了解定期检视的重要性。只是偶尔想到才会去复盘，并未形成习惯。现今一些信用卡或第三方支付都会为客户提供年度账单进行回溯，那么对自身的财富更应该形成规律性的检视。

**问题 2**

**什么是资产配置的战术？**

**解　析**

不考虑因财富目标变动导致的投资组合大幅调整。聚焦在战术的资产比例再平衡层面，投资者应重点关注某个时间区间内（季度、半年度或年度）资产价格和价值是否产生过多分离，从而针对投资组合中的一类或几类资产进行调整。

重要学术依据为均值回归理论，即若某类资产（尤其是股票）的表现偏离长期平均收益回报，则未来会以较高概率向价值中枢进行回归。以权益类资产为例，若某段时间，该资产的价格大幅上涨，这时应该做的动作是止盈。整体投资组合因该类资产的价值不断上升，而使比例出现失衡，这时卖出权益类资产，让整体组合回归到固有的平稳状态，实现资产配置的再平衡。同理，若因某类资产过度下跌而使比例失衡，应该进行买入操作。在战术调配上也有其他方式，如与前述方式相反的操作——买入增长的资产，卖出下跌的资产。它的逻辑在于，上涨的资产证明之前的判断是正确的，应该继续坚持。笔者认为，此方式不适宜个人投资者，因为追逐趋势很有可能转变为疯狂的投机行为。

通过第一种资产配置的战术执行，在一定程度上可以实现低买高卖的动作，而不是高买低卖。根据过往经历来看，人们存在从众心理。基金的认 / 申购高点与市场顶点高度重合，这表明个体会被市场情绪扰动，最终进行跟随，选择在错误的时点入场。正如本杰明 · 格雷厄姆在其著作《聪明的投资者》中提出“市场先生”这个生动形象的比喻。“投资人最大的敌人不是股票市场，而是投资人自己。”而“市场先生”，就是那个挑动我们情绪的罪魁祸首。因此，战术不是无根之源，它是围绕战略进行运作的，调整不是投机，而是回归本源的再平衡。

参考资料

《聪明的投资者》，本杰明 · 格雷厄姆。

**问题 3**

**个人关注资产配置战术时，会存在哪些误区？**

**解　析**

第一，将战术演变为投机。

专业机构进行资产配置战术时，主要是抓住市场短期内各资产间相对价值的变化带来的投资机会，实现降低风险或增强业绩的目的。从某种程度上来说，战术资产配置成功的关键在于，正确预测市场的能力和迅速应变的能力。对于个人投资者来说，要做到正确预测尤为困难。首先个人投资者不具备足够的专业支持，其次也很难有充分的时间和精力去研究。若个人投资者过度对短期市场进行预测，则很有可能承受更大的波动，也易因追逐收益而形成投机行为，忘记初衷。

第二，过度关注短期风险。

战术是做灵活、机动调整的手段，但这不代表应过度关注短期风险。市场本就会对某些事件反应过度，但好的资产或产品，会适时回归正常轨迹，从长期看会带来较为可观的回报。如图 2–3 所示，此为泰康资产管理的某投连账户净值走势，该账户主要投资于证券投资基金（包括封闭式和开放式）、股票以及监管部门未来批准的其他权益型证券。

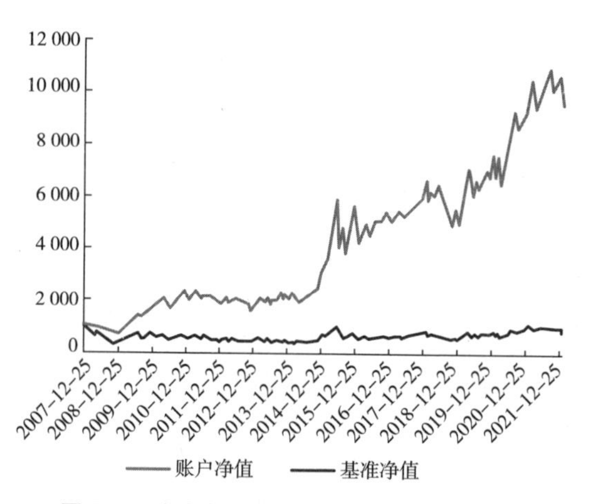


图 2–3　泰康资产管理的某投连账户净值走势

资料来源：泰康资产。

关注短期风险固然重要，但切忌过犹不及。若遇事就如惊弓之鸟，则最好重新审视自身性格，降低风险类资产的配置比例反而是明智之举。

第三，进行频繁的操作。

在战术运作中，常见方式有两种。一种是定时间——如季度、半年度或年度——进行检视和调整。另一种是比例发生变动达到某个阈值就进行再平衡。相对来说，第一种容易忽略某些阶段内突发事件的即时影响，第二种则可能增加投资成本（如时间成本、交易成本等）。两种模式均可，结合自身情况进行选择为佳。切忌操作过于频繁，否则易形成较高的交易摩擦损失。第一种需注意审视时间的设定不宜过短，第二种则要留意阈值设定应适中。

第四，忽略投资经理变更。

个人投资者在做资产配置时，较为依赖金融产品。譬如，考虑自身专业和时间局限性，投资股票要比选择股票型基金更难。基于此，在做检视和战术调整时，也需要适度关注投资经理的变更。将财富交付到谁手中，也会产生不同的结果。在之后的章节中，对于投资经理的选择，笔者将给出具体方向的指导。

## 专家建议

针对本节所涉及的相关问题，笔者提出如下建议：

1. 财富检视很重要，应该形成习惯和规律。它是战术发起的关键。若想让财富达到既定目标，就不能选择“躺平”。检视时，应关注市场变化、政策变化、配置比例变化、投资经理变化等因素。
2. 战略是方向的指引，战术是灵活的调节。方法上可以采用固定时间进行审视和调配，或者达到某个比例阈值进行调配。两者各有特点，投资者应根据自身情况进行选择。
3. 战术是战略的有利补充，要关注短期资产配置的失衡问题。然而，在实际操作中切忌过度。选择固定时间进行再平衡，最好的时间周期是季度、半年度或年度。选择固定阈值进行再平衡，建议设置的比例适中。

# 第三章
# 找到值得托付的“他”

## 引　言

若想做好资产配置，在认清品类、制定战略、搭配战术的同时，还应该注意另一个关键因素，即选择与自我契合的产品、机构、投资经理和财富顾问。绝大部分个人投资者，受到专业、时间、性格等因素的限制，无法独立、客观且专业地完成综合性资产配置方案。正因如此，引进第三方机构或专家，找到值得托付的那个“他”，将决定最终的投资成效。

本章围绕产品、投资经理、财富顾问的选择进行深入剖析。第一节研究产品和投资经理，他们是帮助投资者最终实现收益的载体。第二节则会分析在精力和时间有制约的情况下，如何选择一名优秀的财富顾问，让可信赖的中介帮助我们找到合适的产品和投资经理，起到一劳永逸的效果。每一个选择都有多种维度，因此，综合地进行评估才是制胜的关键！

## 第一节　在选择交通工具的同时，不要忽视驾驶员

### 案　例

林先生近期在检视中发现，同样两款股票型基金，一款为公募型，另一款为私募型，但现在看来，为期一年的震荡行情中两者表现差异巨大，他纠结是不是应该进行调整。产品选择初期，林先生在市场上进行了认真的比较，而这两款产品在当时看到的历史业绩表现均很优异，到底是什么问题导致了如此结果呢？林先生又应该如何做出正确的选择？

> 问题 1
> 大类资产配置战略的设计好，战术灵活配备，为什么还会有问题？

**解　析**

制定好大类资产配置方案，好比为去往目的地做好了路径规划，选择什么交通工具、坐多长时间、走什么样的路线，都一一进行了设计。但不要忽略，任何交通工具都需要有驾驶员，就像投资组合也需要有具体的人去落实。这个具体的人可能是我们自己，抑或是其他人。而在大部分情况下，许多投资者选择的是委托理财，简单来说就是交给他人代为理财。也就是说，驾驶员往往由第三方担任，那么选择驾驶员的重要性就不言而喻了。相信任何人都不愿意把生命交给喜欢飙车、爱酗酒、有路怒症的驾驶员。

林先生出现的问题，很可能是找错了财富的“驾驶员”。

**问题 2**

**作为最直接的驾驶员载体，在产品选择上，关注机构还是投资经理?**

**解 析**

机构和投资经理并不矛盾，应辩证地分析。大机构有很强的投研实力，可以通过体系化、制度化的流程，让专业发挥最大效果，提高投资实力，最终反映在产品表现上。投资经理也尤为重要，不考虑天赋问题，从业年限越长，经验越丰富，在应对各类市场情况时从业年限较长者相对从业年限较短者更加游刃有余。从概率上讲，大型机构是孕育优秀投资经理的沃土。许多业界知名投资经理都拥有大机构的从业背景。

但相应地，唯机构大小而论英雄也并不准确，例如一些大型公募基金，虽具备较强的整体能力，但由于许多优质基金经理最终会选择离职成立私募基金，因此很多基金产品的投资经理从业年限并不长，经验较为不足。据不完全统计，公募基金经理的平均从业年限是 2.43 年。此外，评价公募基金经理的主要是业绩排名，因此，为了能够在榜单上名列前茅，在众人面前展现价值，特别容易急功近利。小机构虽品牌较弱，但也有自己的优势，譬如决策灵活果断、调仓成本低等。但仅关注投资经理亦存在偏颇，也许之前其有较好的业绩表现，是因为所在机构为其提供了坚实的支持。而当投资经理独立出来后，如果在投研队伍建设、决策体制建设上均较为薄弱，其业绩表现可能会不尽如人意。此类案例比比皆是。

在选择机构时，可以着重看市场口碑、股东背景、投研实力、产品丰富度、业务优势和业绩表现等内容。关于如何选择投资经理则在下文进行解析。

**问题 3**

**选择产品时，还应该关注哪些要素？**

**解　析**

选择产品时，除关注公司和投资经理外，以下内容也较为重要。

一是底层资产。

大类资产有分类。但很多产品不单单是投资某一类资产，很有可能进行多重组合，在类别上的细分也更加多样化。例如债券基金，可以分为纯债基、一级债基、二级债基、可转债基等。风险各异，应具体产品具体分析。

二是投资策略。

即使投资同类别资产，但因策略不同，产品亦会存在差异。例如，在不考虑其他因素时，成长型策略的股票基金，在产品波动上一般会大于平衡型策略。再如，量化策略的基金，也会有不同的风格。被动管理的产品和主动管理的产品也大有不同。

三是规模。

一些公司或投资经理，因存在人员、精力等条件的制约，在资产的管理规模上存在上限。但如债券这样的资产，可以通过复制策略而扩充规模，收益影响并不明显。因此，需要根据实际情况进行评判。

四是历史业绩、标准差和夏普比率。

收益是大部分投资者最关注的一个指标，但也因过度关注而容易出现盲区。针对历史业绩，将在投资经理的选择上进行分析。标准差反映收益率的波动程度，标准差越小，产品的历史阶段收益就越稳定。夏普比率反映承担单位风险所能获得的超额收益，夏普比率越大，产品的历史阶段绩效表现则越佳。

五是封闭期、存续期。

前文提到，林先生遇到过流动性危机（详见本编第二章第一节）。其中一个原因就是选择的产品封闭期较长。封闭期长的产品，不用准备过多流动资金应对赎回需求，所以在收益上也许会有更好的体现。而开放式产品较为灵活，可对临时的应急需要提供支持。因此，在选择产品时应关注产品封闭期和存续期，结合自身合理配置。

六是费率。

过高的产品费率会影响实际收益，在其他条件不变的情况下，降低产品的费率有助于提高真实回报。

为什么要研究产品这么多的要素？关键的一点在于，资产配置战略是我们实现财富目标的蓝图，如盖楼先要绘制图纸，之后便是落实，进行添砖加瓦，而这个过程就是组建产品。图纸呈现的如果是高楼大厦，就不能搭配土砖土瓦；如果是古典主题建筑，就不能搭配现代的瓷砖。资产配置的核心是匹配自己的风格，收益仅是评价的一个参考因素。林先生之前的资产配置，可能仅仅聚焦在了收益的优异表现上，才导致最终结果的发生。

**问题 4**

**投资经理可以说是主动管理产品的驾驶员，应如何正确评估其历史业绩，从而进行选择呢？**

**解　析**

历史业绩是评估投资经理的要素之一，虽然无法代表未来的表现，但是可以将其作为投资经理能力的重要参考指标。在关注历史业绩时，应把握以下几点。

第一，业绩的选取时间不应过短。

若以某单一年度的业绩表现作为参考，则容易出现第二年度收益大幅下滑的现象。此种情况较为普遍，如某些主题型基金，在上一年度成为基金榜单收益黑马，转年由于市场风格轮动，导致该基金出现较大回撤。考验一个投资经理的业绩，应该放眼更长的时间维度。投资者在评判投资经理的能力时，至少应该考核其完整经历一轮市场周期的表现。

第二，防范平均业绩带来的陷阱。

校验一个投资经理持续创造收益的能力，在拉长时间维度的同时，还应聚焦其带来收益的内在原因。笔者从业多年，看到过某些投资经理极度擅长抓住市场中的热点。在大部分时候，他们管理的基金表现平平、乏善可陈，但是突然在某段时间内净值大幅上扬。若只看近几年的平均年化回报，则有可能忽视投资经理的波动性。如此风格特征，在选择上应慎之又慎。还有的投资经理，由于重仓的板块在近些年存在系统性机会，因此有较为可观的平均业绩。更有一些投资经理，因为在某几只股票中和他人集中抱团，使收益凸显。后两种情况，提示投资者在选择投资经理时也要看其负责产品的持仓情况。综上，在考量投资经理的能力时，也应分析其收益来源，防范平均业绩带来的陷阱。

第三，小心虚假业绩。

某些投资经理在业绩上存有一定水分。比如用后发的产品资金接盘前期产品的资产，使前期产品表现优异，或将不同产品押宝在不同行业中，以求只要某只产品表现突出就能进入公众视野。因此，在选择投资经理时，不能仅看某只产品，而要看投资经理曾经及现在负责的所有产品的表现，做综合评定。

林先生在参考投资经理过往业绩的时候，是否对其表现原因进行了剖析？这个答案很有可能是否定的。

### 问题 5

### 除历史业绩外，还应评估投资经理的哪些要素？

**解　析**

若只是单单从业绩上进行分析，可能林先生仍然会面临困惑，为了让成功的概率更高，以下几点也是应该关注的重点。

第一，控制回撤的能力。

回撤代表的是一个时间范围内，投资账户的净值从最高点到最低点的幅度。控制回撤的能力通俗地说就是投资经理控制波动的能力。一些产品在牛市中表现名列前茅，究其根本是扩大了风险敞口，通过杠杆或者集中持股等操作，让业绩突飞猛进。但当潮水退去时，它们很有可能也如雪崩般，坠入深渊之中。不知踩刹车的司机，谁敢坐其车？不知如何防守的投资经理，又怎能值得托付？

第二，投资经理的风格。

投资经理也是人。既然为人，便会存在自己的独特风格。比如有些投资经理擅长抓住趋势，有些则偏向逆向选择，有些关注成长，有些研究价值，也有些注重平衡，而能驾驭多类风格的投资经理确实是凤毛麟角。投资经理的风格也会体现在产品上。注重进攻的人，在防守上可能会有所疏忽。优先防守的人，在收益上也大概率平稳。攻守兼顾是相对的概念，每位投资经理只是找到了适合自己的平衡点。在选择上一定要结合投资者本身的特点，比如，投资者性格上求稳，那么选择价值风格的投资经理会更符合。反之，投资者性格上比较激进，选择成长策略或者趋势策略将更可能使其满意。

投资经理的风格应该如何判断呢？可以看看其重仓的类型，比如重仓股票的归类，也可以看看其在不同市场中的仓位。随着信息技术的不断发展，获取投资经理的观点越发容易和全面，这有助于我们判断投资经理的风格。

第三，投资经理的能力边界。

投资经理是人，每个人都会存在自身的能力边界。这个边界包括能够管理的规模大小，还有擅长的专业领域。当管理的规模不断增加的时候，也在挑战着投资经理及其背后团队在业绩和控制回撤上的能力。在选择时一定要看其之前的产品规模和现在买入的产品规模是不是在一个量级上。了解投资经理重仓了哪几类行业，通过信息渠道获取其未来关注的市场，也能辅助投资者判断出其擅长的领域在哪里，从而审视是否与国家战略或自己的思路匹配。

第四，言行统一很关键。

购买产品的投资者，应该选择可信的人进行财富托付。即使投资经理再专业，如果存在不良之心，也必然会侵害投资者的利益。某些人在市场高点时，在媒体上鼓吹未来会更好，发行新产品进行圈钱；亦有些人，在临近市场高点时提示风险，建议投资者赎回。这些都需要投资者通过搜集信息进行定性的评判。好在互联网能留下记忆，就等着投资者动动手指，将其翻出。

## 专家建议

---

针对本节所涉及的相关问题，笔者提出如下建议：

1. 在落实资产配置时，不应该“唯业绩论”，业绩仅仅是需要考虑的要素之一，多维度评价的核心是匹配自身特质。比如风险偏好是什么，投资期限多长，资金量是多少……而大部分人在落地产品时，又会忽略初衷、忘记自我。因此，要时刻提醒自己，只有最适合自己的选择才是最好的选择。
2. 产品的复杂性带来评估的全面性。这其实对投资者来说是一个挑战，但财富是自己的，因此值得在遴选上下功夫。而一些主动管理型的产品，核心是关注投资经理。投资经理过去呈现这个业绩的原因是什么？他控制回撤的能力如何？他的投资风格是否与“我”匹配？他的能力边界在哪里？他是否拥有言行统一的优秀品格？确定了这些，相信投资者在未来大概率会获得自己满意的结果。

3. 最后笔者想说，现在各类信息很容易获得，互联网提供了丰富的数据沉淀，一些专业机构也帮助投资者进行了信息整理和分析。许多内容并不一定需要付费，花些心思去研究要雇用的“驾驶员”，要比研究大类资产的走势容易许多。对财富负责，才不会承受失去它的痛苦。

## 第二节　拥有了值得信赖的伯乐，千里马自然会来

### 案　例

林先生发现，选择产品和投资经理不应该仅从收益上考量，综合性的评判至关重要。但作为一名日理万机的企业家，也许寻求一名专业财富顾问不失为一个省时省力的方式。现在的金融机构，如银行、证券公司、保险公司、三方财富公司等都会配有相应岗位的人员。实话实说，林先生也寻求过他们的帮助，但是结果总不尽如人意。频繁的人员变动、不尽不实的产品介绍，让林先生茫然无措。如何选择一名值得信赖的财富顾问，将自己的财富放心交付其手，又成了林先生的心头难题。

### 问题 1

财富顾问能为客户提供怎样的价值？

#### 解 析

前文中提到，在市场中甄选各类产品，需要从多方面进行信息搜集和评估，虽然相比研究宏观经济、政策、行业、资产等内容要容易很多，但确实也需要花费时间和精力。再加上许多产品，如私募型，在市面上很难有公开数据，或者其信息仅在某些渠道流通。这时投资者很有可能因信息不对称，从而与符合自己需求的产品失之交臂。财富顾问就是为解决此问题孕育而生的职业，这一职业在不同的机构可能会有不同的叫法，如银行叫理财经理，证券公司叫投资顾问，保险公司（如泰康人寿保险有限责任公司）叫健康财富规划师等。中国人民银行发布的《金融从业规范　财富管理》也对其进行了明确分类，包含个人理财师、理财规划师、私人银行家和家族财富传承师四个职业级别，同时给出了明确的工作职责。笔者根据自身的理解和经验，再次做出进一步提炼。此职业的核心工作，概括来说是帮助不同类别的客户，根据其自身实际情况，设计符合需求的财富管理方案，并辅助客户实施方案和定期进行再平衡。从整体上看，无论是资产配置的战略设计、落地执行还是战术调整，财富顾问都提供一站式的服务。如果将好的产品比作千里马，那么财富顾问就可以看作鉴定千里马的伯乐。

根据林先生的实际情况，他需要找到一名专业的财富顾问，为他提供全方位的财富管理服务。下文我们将围绕如何选择财富顾问展开研究和分析。

### 问题 2

选择财富顾问时，其所隶属的公司重要吗？

### 解　析

环视中国现阶段的财富管理市场现状，这个答案也许是肯定的。

由于销售资质、业务以及盈利模式等的桎梏，财富管理从业人员一般会依据所属机构的产品货架，对客户的方案进行落地，并以此获得收入。也正因如此，相对来说大公司在产品丰富度、风控能力、投研体系、运营管理、系统先进性等各维度上均具有较明显的平台优势，尤其对于风险的处置应对能力，在当今政治经济形势下，甚为关键。近年来，一些中小型财富管理机构风险事件频发也再次印证了平台的重要性。因行业当中没有一个明确的评级制度，且鱼龙混杂，故在选择财富管理机构时应保持谨慎。笔者建议可以从以下几个方面思考如何选择机构。

第一，资质很重要。

在选择财富管理机构时，尤其在涉及金融产品时，是否为持牌机构，是否受到相应监管，这些对底线问题的判断很重要。过去，也曾出现过打着金融创新的名义发行的互联网产品，最终弄得市场“一地鸡毛”。细究起来，很多并不是正规持牌的金融机构发行的。有鉴于此，资质这道红线极为关键！

第二，需要关注综合实力。

是否拥有实力雄厚的股东？是否在领域内沉淀多年？是否有良好的市场口碑？是否长期业绩优秀？以上这些问题均应成为参考的依据。当然，公司的管理规模、团队实力、合作机构也是关注的重点。

第三，产品及服务线亦可酌情参考。

财富管理需要综合性的解决方案，因此涉及的品类较多。虽然大部分机构都各有所长，但如果产品线过于单一，则只能满足部分需求。产品的丰富度从侧面证明了机构在财富管理上的综合实力。当然，客观分析很重要，某些机构确实深耕财富管理的局部细分领域，且产品有独特优势，不仅没有被忽视，而且成了独特的护城河。

增值服务也应该作为参考标准之一。某些以创新为导向的机构，会结合“产品+服务”的模式，将一些优质或稀缺的资源与产品进行有机连接，为客户带来一站式解决方案。

最后，财富管理涉及的不单单是金融服务，还有非金融服务，对于律师事务所、会计师事务所等机构，也应该结合实际进行分析，适度参考以上内容。

### 问题 3

正确选择财富顾问的其他指标还包含哪些？

**解　析**

对于财富顾问，官方层面从基本能力、专业能力、专业知识、职业道德和行为准则等方面给出了明确的评价标准（详见《金融从业规范　财富管理》）。所涉及内容较为全面，不过笔者也想基于自身的经验给出一些参考标准。

首先，从业人员的道德是建立合作关系的基石。

从客户的需求出发，应是最低的从业标准。无论身处的公司如何，作为一名财富管理行业的从业者，出具方案时不应完全从自身利益出发，考虑双方共赢才是核心。个人投资者在选择财富顾问时，由于在市场上很难找到对顾问客观评价的公开信息，因此应着重把道德作为评价的底线。在建立信任的过程中，对于不懂的地方应尽量多问一句为什么，看看财富顾问的回答是否符合逻辑。关注其是否给出许多不合常理的建议，如频繁建议进行买卖等。即使财富顾问再专业，一旦其一心谋取私利，伤害的必然是托付者的利益。想找到千里马，如果伯乐是错的，所托非人，最终也只能是缘木求鱼。

在做判断时，投资者应该关注财富顾问是否在单一地推荐他们的某一个产品，而在这之前并未先了解你的实际情况。

其次，专业素养是支撑合作的另一个基本要求。

寻求财富顾问的帮助，是为了在自身专业、精力等条件有限的情况下，借助外部力量实现资产配置的战略设计、方案落地和战术平衡，那么顾问的专业素养应该成为投资者关注的重点。

一是了解客户和挖掘需求的能力。患者寻医时，首先医生需要问诊，正确地探查病因是与治疗同等重要的能力。财富顾问理应了解求助于自己的客户，并根据客户陈述的实际情况，挖掘其背后的需求。许多非专业人士在真正要做资产配置时，其实内心较为模糊。除了对收益和风险的诉求外（有时还会脱离实际），并不清楚自身的真实目标是什么，因此也难以给出更多信息。这时，财富顾问的专业价值就在于引导并理顺客户的各项信息，从而挖掘出客户每个阶段的本质需求，设计出合理方案。

二是规划方案的能力。规划方案的能力是指，财富顾问根据客户的需求进行针对性方案设计，辅助客户明确资产配置的战略布局，按照不同生命阶段的期限分布选择不同类别的资产，进行产品的有效组合。展现在投资者面前的应该是原则、布局和方向的指引。这类似一个骨骼框架，之后就是往里添加血肉，即产品。投资者在这个环节应主动询问，比如为什么这样设计组合、能解决自己的什么问题等。

三是产品分析和选择的能力。近些年，随着各种策略的增多，五花八门的产品呈现在投资者面前。这是创新的发展，但同时也带来了挑战。分析和选择合适的产品在当今显得尤为重要。例如，在某一阶段，某类结构化产品内部设计相当复杂，但是被很多财富顾问讲成了简单的固收类产品，这也许不仅是道德层面的问题，也是财富顾问的专业缺失。笔者从业多年，看到过太多所谓的理财师、顾问专家等，他们对于自家货架上的产品都很难讲清楚，只能做出简单的产品介绍，对内核知之甚少。投资者又怎能放心将财富交予其手？财富顾问不应该只对信息进行简单搬运，而是要切实地帮助客户从战略到实际有效落地。

四是动态解决能力。什么是动态解决能力？这是笔者对于财富顾问综合能力的总结。它包含短期市场分析力（包含宏观经济、政策、热点等）、客户需求变动把控力以及战术调整力。核心是能够很好地帮助投资者实现动态的追踪、解读和应对。绝大部分投资者并不成熟，短期的波动会使其情绪产生变化。这时，财富顾问应为其解读市场，并对后续的影响进行分析，帮助投资者更好地平衡心态，这就是短期市场分析力。同时，前文中提及，每个人的需求会根据许多要素的变化而变化，能否及时获取相关信息、帮助客户及时调整，以及对客户需求变动的把控力，都成了考量财富顾问专业的指标。遇到各类变化时，是不是该调整，应该调整多少，是在考验财富顾问的战术调整力。

五是表明自身能力边界。资产配置的范围较为广泛，一位专业的财富顾问应该告知客户自己的能力边界。对于自己主营业务以外的内容，不了解并不可耻。但如果不懂装懂，给出错误的信息，从而导致客户财富受损，就是不专业的体现。

最后，稳定性也应该纳入参考。

投资者和财富顾问应该长期合作，这样才能发挥最大效果。偶尔的变动无可厚非，但若更换公司的频率较高，投资者应该予以重视和谨慎选择。因为此类高频切换，有可能导致自身财富受损。譬如，自身产品不断调换，会增加时间成本、交易成本等。

综上，林先生在选择财富顾问时，若想达到一劳永逸的效果，在道德、专业和稳定性上，应进行充分评估，最终找到属于自己的“伯乐”。

## 专家建议

针对本节所涉及的相关问题，笔者提出如下建议：

1. 在做资产配置时，投资者要正确看待自身能力的边界。在专业、时间、精力均受限的情况下，选择一名或多名契合的财富顾问有助于达到事半功倍的效果。在关注财富顾问时，根据现实状况，笔者建议优先选择实力较强的大公司，这些大公司的产品、风控、管理等各个要素相对来说都较为完善。不过一切应辩证地来看，某些在特殊领域有独特优势的机构也可以考虑，从而有效丰富投资组合的品类。
2. 在考察一名财富顾问的能力时，首先应关注其出具的内容是不是站在客户的角度，道德是合作的底线。应该远离那些不了解投资者的信息，也不能辅助挖掘需求，只是一味地做产品推荐的财富顾问。同时，对于财富顾问的需求是基于其专业性，优秀的财富顾问在战略设计、产品落地、战术调整上都能为客户提供切实的建议和安排。因此，对其专业的考量也甚为关键，既要防止误人子弟，也要防止错误的建议带来财富的巨大损失。

# 第四章
# 关注特殊品类，做好全面防护

## 引　言

资产配置编的前三章内容，主要目的是让投资者正确认识资产配置，合理地让资产配置为财富管理赋能，以及分析如何找到符合自身需要的产品、投资经理和财富顾问。本章将着重研究保险产品。保险产品作为资产配置中的特殊金融工具，若能被投资者善加利用，将会为整体投资组合带来全面的防护。然而，也正因保险产品的特殊形态，现实中它常常被错误地进行比较和运用，失去了独特的功效。有鉴于此，本章将深挖这一特殊品类中的人寿保险，围绕投资逻辑介绍其金融属性。通过定位、功能等维度进行应用上的梳理。同时，也会探索人寿保险区别于其他金融产品的保障属性，关注资产和精神在财富管理中的双核驱动力，以期让读者能够正确认识，将其为己所用，让资产配置更全面、财富管理更合理、目标实现更高效。

第一节研究保险公司（这里特指商业人寿保险公司，下同）如何运用保费进行投资，以及保险投资中追求的目标，并通过与其他金融同业进行对比，找到其特有的底层逻辑。第二节探讨人寿保险的定位和功能，通过风险的分层，定位不同保单的不同功效。第三节（因其他编涉及丰富）则简要阐述人寿保险的另一特殊性——保障功能，抛开金融资产中的风险收益特征、相关性问题，让投资者再次看清保险的特殊之处。

## 第一节　让阳光照射深处，让真相呈现世人

### 案　例

林先生在做财富规划时，对理财型保险的配置总会用“仍在考虑”等话语进行搪塞和敷衍。林先生认为与银行理财、基金等金融产品相比，保险的存在意义很薄弱，灵活度不高、收益吸引力低、风险事件概率小等问题都很难让人接受。尤其是某些保险产品说明书看起来较为复杂，整体投资情况也得不到公开数据的支撑，将资金交给保险公司后对其投资很难把握。类比于公募基金，甚至是现在的阳光私募，具体仓位投资了什么、对市场有怎样的判断，都会有通路进行了解。因此，现阶段对于保险产品运作的不甚了了，让林先生选择了敬而远之的应对方式。

**问题 1**

保险公司与其他金融机构的投资有何区别?

**解　析**

回答此问题应具体产品具体分析。保险公司根据险种的不同，通过分账户的形式进行投资。其中，因为投资连结保险连接的投资账户

类似于资管产品，所以整体上看虽然主险具有一定的保障功能（如身故责任），但其价值仍和底层资产的投资表现相关。对于存在未来明确给付或返还的险种，保险公司是负债经营，有刚性成本约束（较类似于银行收取储户的存款）。这时，投资需要与负债匹配，控制风险，保障充足的偿付能力。保险公司对于此类保费也更加注重绝对收益，以此追求长期的稳健回报。

其他金融机构，例如基金公司、证券公司、理财子公司等资产管理类机构，更多获得的是以委托理财作为目的的资金。该资金并不属于公司负债，即使某些产品将绝对收益作为目标，投资者仍要承担对应风险。一些追求相对收益的资管产品，则更看重是否战胜市场业绩基准，某些类别的产品（如公募基金）还会关注同业排名，这也使其在投资理念上会和保险公司的保费运作存在巨大差异。

从期限角度考量，保险的投资方式也相对更为倾向长期，给了多元化配置较充分的空间和机会，比如周期较长但现金流稳定的基建和商业物业项目、优质公司的长期股权项目等。这些资产区别于传统的债券和股票，关联度低，能够在增厚收益的同时，分散投资组合风险。

商业人寿保险公司因为其在社会中的特殊功效，存在管理人们底线资金的作用，所以在负债端和资产端均受到监管部门的高度重视。

## 问题 2

保险公司采用怎样的投资策略？

### 解　析

随着监管对于市场的不断引导，打破刚性兑付的认知被强化，同时叠加全球经济增速放缓大背景，宽松的货币政策逐渐常态化，利率处于相对低位，一种新的概念——“固收 +”映入投资者眼帘且被熟知。什么叫“固收+”？它是在配置优质且风险较低的固定收益类资产获得基础收益的前提下，通过“+”的投资策略，为组合博取更高的收益，同时承担对应的风险。“+”的部分较为常见的是配置权益、衍生品等风险类资产。这个策略就像篮球鞋的气垫设计一样，给予了应对冲击的缓冲，从而让双脚离地的距离更高！“固收+”其实是金融机构在适应环境变化的过程中，为了维护投资者的体验，留存客户的手段。追求绝对收益，在不大幅提升风险的前提下提高业绩，让投资者逐步接受净值型产品。不过，“固收+”并非一个全新的策略，它仅仅是一个新概念而已。因为公募基金中的二级债基、偏债混合型基金等产品，早已应用此策略。而保险公司对于绝大部分的保费投资，一直采用的是“固收+”策略，因此可以说是源于基因，像呼吸般自然。

目前，保险行业资产配置整体以固定收益类资产为主，占比在70%左右。保险公司擅长识别和把握宏观利率周期，基于此优势，在固定收益类资产的配置上以债券为核心，积极控制利率风险和信用风险，以求尽可能获取较高的长期稳定收益。在“+”的部分，股票仍然是重要品类。近些年监管也一直在鼓励险资对权益类资产进行长期配置。如今，我国保险资金对股票类的投资维持在9%~15%的水平。前文有言，权益类资产从整体来看，长期表现具有明显优势，再匹配保险的长期资金，为组合带来收益增厚的效果明显。非上市公司股权、不动产等另类资产，具有流动性低、高风险、高收益的特点，保险公司通过配置该类资产，在分散风险的同时，获取多元化收益和流动性溢价。但因为其需要更高的投资能力，所以只有少数机构参与。从整体上看，保险行业的另类投资推进速度并不快，组合中占比不高。

综上，“固收+”策略深入保险公司的投资逻辑之中，是其看家本领。配置投资压舱石（固定收益类资产），用多元化资产增厚收益。

## 专家建议

针对本节所涉及的相关问题，笔者提出如下建议：

1. 因为监管的要求和产品形态的不同，保险产品的信息披露另有逻辑。在做资产配置时，了解各金融机构的特点很重要。保险公司在遴选产品时，应该深层次挖掘其投资方式与其他金融机构的差异性。除此之外，还要一如既往地结合自身需要进行产品投资决策。以理财型保险产品为例，在配置前应思考或与财富顾问探讨的问题有：该笔资金对于本金安全有怎样的考量？配置上能否接受较为长期的安排？是以绝对收益还是相对收益为目标？当经过分析有了明确答复后，再看公司和产品能否匹配，这样在决策上才能清晰、果断和正确。
2. 不同保费的投资策略会有所不同，如投资连结保险比较类似于基金产品。但因为其保险的特性，大部分险种的投资采用的是稳健的“固收+”策略。了解保费的运作模式，有助于找到保险配置的定位。同时，深入挖掘不同保险公司的投资模型，可以对所选择的公司有更明确的认知。比如同样的险种，在保费投资上，某些公司运作得尤为激进，某些公司则稳中求进，这些表现会让投资者知道哪些公司较为负责且珍视投资者的资金，从而做出正确的抉择。

## 第二节　通晓保险品类，构建财富金字塔

### 案　例

在林先生的印象中，他是购买过几次保险的，因此认为自己已经拥有了较为完善的保障，不需要再做进一步的安排。但财富顾问在对林先生的资产配置进行定期检视时，发现保障类的安排相对其他类别来说显得较为混乱。首先有险种上的缺配，其次在覆盖的保障额度上也与林先生的实际情况不符。即使是已有的产品，细究起来林先生也很难把产品的功能说清楚。在复盘中，林先生并不清楚保险的种类划分，更不懂每一个种类有怎样的功效。从随意且混乱的组合中，能够看出林先生并不重视保障类的规划，林先生也未感觉有任何不妥之处。

**问题 1**

在个人财富管理中，常见的商业保险的种类有哪些，且各自都具有何种功效？

**解　析**

保险也是一个较宽泛的概念，内含多种品类，在做资产配置时，应像研究大类资产一般，深入了解每一个险种的特点，这样才能做好组合方案。此外，由于保险的分类极其丰富，除了人身保险外，还包括财产保险、责任保险、保证保险和信用保险等，所以为了方便聚焦，本节内容将主要围绕在财富管理中运用广泛的人身保险进行阐述。

笔者根据自身从业经验将财富风险以及人身保险做以下划分，并展现不同险种的功效供各位读者参考。

第一，基础层风险。

一棵大树，若想屹立千秋，无关它显现在地表的高度，重要的是树根向下蔓延有多广阔、扎入地底有多牢固。

居民的财富也是如此，社会中绝大部分人的财富是通过人力资本换取的。相对而言，财富抗风险性较弱，基础层的保护就尤为重要。

对冲收入中断：重疾险、意外险、伤残险、定期寿险等。

补偿大额支出：医疗险、护理险等。

越是脆弱，就越要做到全面防护，防范基础层风险的保险产品就是家庭财富的根，险种的多覆盖是将根散布得更广阔，合理的保额是让根扎得更牢固。

第二，中间层风险。

大树的树干如果足够粗壮，那么在养分输送和抗折断上就会有明显的优势。

同样，随着民众财富的不断增加和储蓄的增多，对于理财的需求也日渐旺盛。要享受更好的生活品质，相应地，支出也会提高。因此，如何做到资金保值增值，如何预防收支的不平衡风险，让财富能在与生命等长的周期中有效赋能各个人生阶段，就成为中间层考虑的问题。

资产保值增值：投连险、万能险、增额终身寿险等。

覆盖特定支出：年金险（其中包含子女教育、养老等细分专属险种）等。

资产保值增值和覆盖特定支出，就是让家庭财富的树干粗壮起来，让养分源源不断地输送，让资金不会在中途被折断。

第三，顶层风险。

木秀于林，风必摧之；枝繁叶茂，结出的果实才能丰厚。

当财富积累到一定量级时，一些过去面临的问题会上升到风险层面，如婚姻、税收等因素涉及资产的保护问题。该层级在家业传承上也会考虑得更深、更复杂。

资产保护：年金险、终身寿险等（要考虑投保人、被保险人、受益人的有效设计）。

家业传承：终身寿险等。

财富管理关注的内容就包括财富的守护和传承，让财富之树无论长得多高、多壮都能够更坚挺、更长久。

为了便于理解，笔者特别将各类人身保险制成财富金字塔（见图4-1），供读者直观领会。

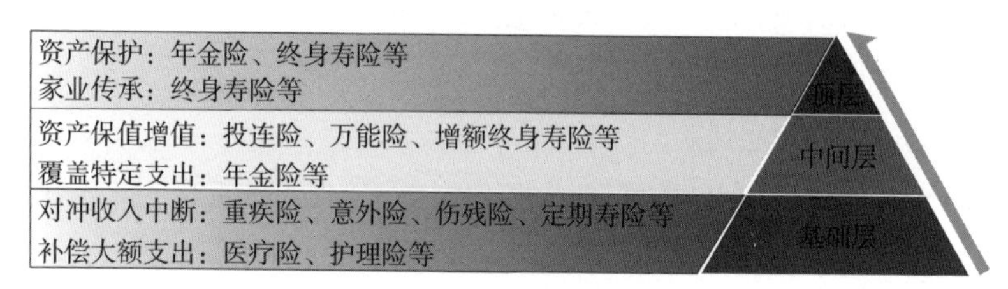


图4-1 人身保险金字塔

问题2

保单也有必要定期检视吗？能带来什么样的作用？

解 析

林先生的保单问题是通过财富顾问对其检视而发现的，就像资产配置需要定期复盘从而动态调整一样，作为其中的一环，保单也有必要进行定期回溯，即保单检视，其作用如下：一方面，在不同人生阶段，生活追求、家庭结构等各项内容会发生动态变化，因此，保单种类、数量和金额都应随之调整；另一方面，在不同财富阶段，收入水平、债务负担等方面亦将出现波动，因此，定期检视能在一定程度上帮助平滑未来不确定的财富波动。

检视应该囊括投保人、被保险人、受益人、保费、保额等基础信息，同时对需要重点记忆的保障功能进行标注。在这个过程中，应该注意思考，笔者总结出五点内容：一是现有保单给谁配及未给谁配；二是额度能否覆盖风险发生后的损失；三是配置的险种是否正确，能否真实解决当初的需求；四是有没有缺失的险种，现在是否应该填补；五是现阶段最应该关注的人或事是什么，应该如何做好保护。

在对资产配置做检视时，也应对保单进行关注。调整过程中最关键的是重新审视自己的本质目的是否出现变化，一旦有某些目标发生变化，应该及时调整。让组合实现再平衡，实现财富金字塔的稳定。

## 专家建议

针对本节所涉及的相关问题，笔者提出如下建议：

1. 保险有着丰富的种类划分，基于对每类险种的了解，在组合上，应该像考虑不同类别的资产一样进行搭配（如流动性需求高应配置货币现金类）。将风险在层次上进行分级有助于考虑配置的先后顺序，从而找到处于现阶段影响最大的风险进行合理规划，层层布局让财富金字塔牢靠、稳健。在配置上，应从自身实际情况出发，防止盲目选择，因为保险产品的某些品类流动性较低。
2. 保单定期检视是资产配置战术调整中的一环。身处不同的人生阶段和财富阶段，一定会对收入、支出、目标等各项指标产生影响，甚至连某些民生领域的通货膨胀也应纳入思考范畴（如一些疾病的治疗、康复费用）。检视过程的实际目的是评估是否应该调整以及调整多少，所以保单定期检视不单单是对信息的罗列和整理，更主要的是思考保障的人、险种的应用以及保额的大小，让配置时刻为“我”所用。

## 第三节　从误解重重到物超所值

### 案　例

林先生在进行保险规划时，总会存在一些疑虑，这些疑虑如心魔般阻止他加大保障类工具的配置。首先，他认为只要创造的财富多、投资的收益高，遇到的绝大部分风险都能够有效应对。其次，财富顾问提到的人身风险、健康风险、传承风险等，归根结底是“钱”的问题，而且在金融工具层面，能解决的也不过是资金。最后，这些小概率事件在林先生看来相对遥远，不像其他投资产品，更容易体现在当下。综合以上几点原因，林先生在保险的配置上浅尝辄止，一直无法真正认同。

**问题 1**

**赚得越多、收益越高就能有效抵御风险吗？**

#### 解　析

通过案例可以发现，林先生是一个渴望高回报的投资人，但是他在对抵御风险的理解上存在误区。

前文有言，过度关注数字，是“买椟还珠”的行为，容易形成投机，并加大投资风险，这些在这里不再赘述。而赚得越多、收益越高，抵御风险的能力就越强吗？其实不尽然。不同财富量级，面临的问题将有所不同。用前文提到的树木做类比，树苗在发育阶段，考虑的是如何生存；在成长阶段，关注的是如何获得充足的养分，让自身更挺拔和健壮；在成熟阶段，则要面对风雷的侵扰和如何开花结果的问题。随着财富的积累愈加丰厚，一定会对某些风险有较强的抵御作用。但也正因如此，在税收、人性上面临的问题，亦会处于新的境界，毕竟在巨大的利益分配面前，感情很可能是苍白无力的。本章第二节之所以做出风险的分类，也是基于此点原因。所谓“高处不胜寒”，言之有据也。

### 问题 2

保险仅仅能解决“钱”的问题吗？

#### 解　析

保险作为一种金融工具，其功能体现在特定财富风险的对冲上，最终一定会以“钱”的形式呈现。但表象化的资金或资产并不能完全等同于财富，精神层次同样是财富中不可或缺的要件。比如，家族企业在一代和二代的交接过程中，考虑的不仅是权力和财力方面，上一代所展现的优秀品质更应该成为重要的交接内容。然而，知易行难，这时若能将死板的工具（不单指保险，是指一切金融工具或其他非金融工具）用活，就能有效提高成功的概率。

以下是笔者曾实际遇到的问题和解决思路，以供参考。

首先，对于年纪较轻的下一代，父母容易忽视财商的培养，只凭心情或喜好决定孩子的花销，从而导致子女缺少对金钱深刻的掌控力。传承不仅是考量上一代“传多少”，更要结合下一代“承接的能力”。因此，如年金险，因其可以按年度提供固定现金流，所以能作为全年的预算让孩子有规划地使用；亦可结合具有波动的风险类资产，让孩子了解市场特性，正视风险。再搭配一些额外的且具有原则性的奖励方案，让资产和精神共同协作，从小锻炼孩子的目标感和规划能力，使其具备财富传承的底气。

其次，对于中青年的一代，他们处于独立自主意识不断觉醒的时期，在婚配上有更多的决断力。为人父母，则会切实从对子女更有利的角度考虑。思想上的冲突，可能带来传承上的矛盾，即“钱要不要给”，以及“怎么给”等问题。资产和精神在此处存在对立，但实际上通过家族信托等工具的运用，可以很好地进行平衡。比如，家族信托最大的特点在于分配上的可定制性，受益金既可以指定给子女个人，亦可以作为有条件的奖励分给子女的配偶。无须言语上的对抗，在财富上将资产有针对性地输出，让精神中的“祝福”和“防范”潜移默化地助力传承。

最后，对于家族成员中存在复杂关系的，可能因为凝聚力不足，在未来财富分配上存在纠纷隐患。家族首脑不应该忽视问题，而应该积极主动改善。制定一些规则制度（如家族宪章），再搭配金融工具的约束，一定程度上能促进家族文化的建设，降低传承中的摩擦成本。例如，在增加成员的归属感上，每一位成员都应作为被保险人，进行年金险和终身寿险的配置，并将受益金注入家族信托中。告诫成员，生命的存续与消亡均会成为家族永恒的财富，为一代又一代成员（信托受益人）服务。同时，定期举办家庭会议，共同推举领头人，让其成为信托的监察人。财富将在公平、团结的作用下平稳交接。

保险及其他金融工具，虽然在体现形式上难免流于“钱”的层面，但善加利用，可以让精神的功能更为显性地发挥出来，赋予财富深度与广度，实现物超所值的效果。案例中，林先生对于金融工具的理解仍停留在表象。其实不只是传承，在家庭责任、夫妻情感等方面，金融工具亦有发挥的空间。

**问题 3**

**资产配置是通过制度化、原则性的安排，摒弃情绪的扰动。但在一定程度上财富管理又需要被赋予感性的精神内涵，两者有无矛盾？**

**解　析**

两者并无矛盾之处。

资产配置通过制度化、原则性的安排，用战略、战术的眼光摒弃投资过程中的非理性因素，保证投资决策在市场情绪的扰动下仍然合理，在分散风险的同时，发现市场的机会，最终实现自身财富目标。然而，作为财富的规划者，不应该只看到金融工具带来的表象。归根结底，财富是为人所用的，将资金辅以精神层面的加持，可以让财富的力量发挥最大功效，引导目标高效达成。

## 专家建议

针对本节所涉及的相关问题，笔者提出如下建议：

1. 不同的个体、家庭或机构，在面对风险时应依据自身实际状况进行筹划。在这里，风险已经不仅局限于流动性风险、市场风险、利率风险等，还包括直接或间接影响财富的其他非投资类风险。在做资产配置规划时，应着眼于财富创造、保有和传承中最迫切想要解决的内容，如果只考虑通过绝对的财富量来抵御大部分风险、追求收益最大化，那么按照现实提供的经验来看并不恰当。不同财富量级本身所要面临的风险已然存在明显差异。
2. 资产配置是运用各类工具达成多维度的目标。从投资的角度来看，个人投资者的情绪容易被市场影响，严格地执行战略和战术安排，有利于防范“追涨杀跌”带来的财富损失。核心是构筑抵御非理性投资行为的防火墙。实际上，也有一些目标仅靠单纯的资产很难有效达成，这时应将金融工具提供的资金与祝福、期许、约束等精神结合，提高目标实现的概率，让物有所值甚至物超所值。本质是拓展资金的正向情感引导功能。

# 03 法律编

本编作者：张　欢[1]

① 张欢，中国政法大学法律硕士学位，北京市某区人民法院多年工作经验，审理各类民商事案件达千余件。参著《企业境外法律风险防控》《房屋买卖纠纷案件审判实务研究》，多篇案例分析文章入选《中国法院年度案例》。

# 编首语

在家庭财富管理过程中，法律规则是需要重点考虑的问题之一，无论是债务危机、资产保全，还是婚姻破裂、财富传承，都面临诸多法律上的问题。家庭财富管理，既要规避可能产生的法律风险，防患于未然，又要恰当运用法律工具满足不同的需求，四两拨千斤。可以说，法商智慧决定了家庭财富管理的安全和底线。本编将聚焦于家庭财富管理中的法商智慧，探究法律密码，运用法律工具，防范法律风险，为家庭财富管理提供必要的规范资源。

# 第五章
# 寻找资产保全的定海神针

## 引　言

家庭财富管理涉及财富的创造、保有和传承等不同阶段，其中，财富的保有和守护是一个经久不衰且至关重要的话题。原因在于，守护财富这一阶段占据重要位置，具有承上启下的作用，既可以进一步巩固创造财富的丰硕成果，又可以为享有财富和传承财富奠定坚实的基础。可以说，守护财富居于家庭财富管理诸多环节中的首要地位，守不住的财富到头来总是为他人做嫁衣，终究难以为“我”所有、为“我”所用。

但长期以来，对于如何守护财富这一话题，却存在很多误区。比如，企业债务是否会威胁企业主家庭财富的安全性？债务临头之际转移资产能否逃避强制执行？资产代持真的是债务隔离的灵丹妙药吗？保单能否一概保全资产？信托为什么可以守护财富？对于这些问题，简单地回答“是”或者“否”都可能过于草率，苦心积累的家庭财富也可能因此而无谓流失。我们有必要从法律视角重新考察这些问题，由表及里、抽丝剥茧，看一看家庭财富到底应该如何守护，债务风险又如何能够进行隔离。

只有运筹帷幄，才能决胜千里，家庭财富的守护也是如此。商海沉浮，充满着诸多不确定性，正因如此，才更有必要通过法律手段寻求可以把握的确定性，从而守护财富、锁定幸福。

## 第一节 债务风险的识别

### 案 例

林先生是一家有限公司的股东，同时担任董事长、法定代表人等职务，为了避税，林先生经常使用个人的银行账户代收公司的营业收入，同时，还多次从公司账户上提取资金供个人使用，却从未进行任何财务记载。在此情形下，林先生可能面临以下问题：

1. 有限公司这一企业形态能否隔离债务风险？
2. 如果该有限公司资不抵债，林先生需要偿还剩余债务吗？
3. 企业主在投资、经营过程中还可能面临哪些债务风险？

**问题 1**

**企业都具有隔离债务风险的功能吗？**

**解 析**

当然不是。

企业的类型多种多样，并非所有的企业都具有隔离债务风险的功能。根据《民法典》的相关规定，法人以其全部财产独立承担民事责任，这意味着，具有法人资格的企业，比如有限责任公司（简称有限公司）或者股份有限公司（简称股份公司），即使负债了，一般也只需要以企业的资产来偿还债务，原则上与股东无关，这就是所谓“独立承担”民事责任的题中之义。对此，《中华人民共和国公司法》（简称《公司法》）也有类似规定。[①]可见，这种类型的企业具有隔离债务风险的功能，一般来说，股东对于企业的债务是不需要承担无限清偿责任的。

相反，对于不具有法人资格的企业，比如个人独资企业、合伙企业[②]、不具有法人资格的专业服务机构等，《民法典》则明确规定，其财产不足以清偿债务的，其出资人或者设立人承担无限责任，除非法律另有规定。这表明，如果这种类型的企业资不抵债，那么出资人或者设立人是要继续偿还剩余债务的。也就是说，这种类型的企业无法真正隔离债务风险，企业一旦资不抵债，企业债务就会演变成企业主个人甚至家庭的债务。常见企业类型的责任划分见表 5-1。

**表 5-1 常见企业类型的责任划分**

| 性质 | 法人 | 非法人 |
| --- | --- | --- |
| 类型 | 有限责任公司、<br>股份有限公司 | 个人独资企业、合伙企业、<br>专业服务机构 |
| 责任 | 有限责任 | 无限责任 |

因此，并不是所有企业都具有隔离债务风险的功能，只有具备法人资格的企业，如有限公司或者股份公司，才具有这一功能。这也是

① 《公司法》第三条也规定：“公司是企业法人，有独立的法人财产，享有法人财产权。公司以其全部财产对公司的债务承担责任。有限责任公司的股东以其认缴的出资额为限对公司承担责任；股份有限公司的股东以其认购的股份为限对公司承担责任。”

② 主要指合伙企业中的普通合伙人。

公司制度得以风靡全球的重要原因。如本节案例所示，林先生也正是基于这一考虑，才会选择注册成立有限公司这一企业类型。这也提醒我们注意，独资企业或者合伙企业的企业主（包括出资人、设立人或者普通合伙人等）要面临更大的债务风险，尤其有必要采取措施适当隔离债务风险，守护家庭财富的安全。

**参考资料**

《中华人民共和国民法典》第六十条、第七十六条、第一百零二条、第一百零四条。

**问题 2**

**有限公司能够绝对隔离债务风险吗？**

**解　析**

需要视情况而定。

如上文所述，股东对于有限公司的债务，原则上是不需要承担无限清偿责任的，也就是说，债权人通常只能要求有限公司偿还债务，而无权要求股东承担连带责任。但是，有限公司的这一功能却并不是绝对的，在特殊情况下，股东也要对有限公司的债务承担连带责任。

比如，有限责任制度可能“被击穿”。有限公司能够隔离债务风险这一功能，意在免除投资者的后顾之忧，鼓励积极创业，促进经济发展。但在实践中，这一功能却有可能被恶意利用：部分股东在侵蚀公司资产后“金蝉脱壳”，严重损害了债权人的合法权益和市场经济的运行秩序。因此，《公司法》第二十条明确规定，“公司股东滥用公司法人独立地位和股东有限责任，逃避债务，严重损害公司债权人利益的，应当对公司债务承担连带责任”。这意味着，公司的资产与股东的资产是要进行严格区分的，但如果公司经营不规范，股东侵蚀了原本属于公司的资产，损害了债权人的利益，那么股东就不再享有有限责任制度的保护，股东就要对公司债务承担连带责任。

再如，股东为公司提供担保也可能“引火烧身”。企业发展需要资金，但在实践中，融资难的问题却困扰着很多企业主，有限公司当然也不例外。此时，无论是债权人还是投资人，为了防范风险，往往都会要求有限公司的股东或者实际控制人签订担保协议或者对赌协议，一旦有限公司经营遭遇困境，无法按时偿还借款本息或者没有实现经营目标，股东或者实际控制人就有可能以个人甚至家庭资产承担责任了。

可见，有限公司确实可以在一定程度上隔离债务风险，但这一功能并不是绝对的，在特殊情况下，股东或者实际控制人依然要对公司的债务或者行为承担连带责任。但遗憾的是，在实践中，很多公司的经营行为都存在不规范、不合规之处，如本节案例所示，林先生与其所经营的企业之间就存在财务混同的问题，一旦企业资不抵债，林先生作为股东也将面临公司债务风险的威胁。

**参考资料**

《中华人民共和国公司法》第二十条，《中华人民共和国民法典》第六百八十八条。

**问题 3**

哪些情形可能会导致家企混同?

**解　析**

家企混同是一个较为宏观的话题，在实践中，通常是指由于企业主的经营行为违法违规，导致其家庭与企业之间在资产上难以区分，从而要以家庭资产偿还企业债务的情形。可见，一旦出现家企混同，就有可能导致企业经营的债务风险蔓延到家庭财富上，这也是我们需要识别、防范家企混同这一风险的原因所在。

家企混同最典型的表现就是有限公司的人格混同了。如上所述，一般情况下，有限公司确实可以隔离债务风险；但是，如果发生了人格混同，那么股东也可能要连带偿还公司的债务了。问题在于，哪些情形可能导致股东与公司之间发生人格混同呢？根据 2019 年 11 月最高人民法院印发的《全国法院民商事审判工作会议纪要》的相关规定，在认定是否构成人格混同时，应当综合考虑以下因素：股东无偿使用公司资金或者财产，不作财务记载的；股东用公司的资金偿还股东的债务，或者将公司的资金供关联公司无偿使用，不作财务记载的；公司账簿与股东账簿不分，致使公司财产与股东财产无法区分的；股东自身收益与公司盈利不加区分，致使双方利益不清的；公司的财产记载于股东名下，由股东占有、使用的。这些情形都属于股东与公司之间发生了人格混同。

可见，很多不合规经营行为都有可能导致家企之间发生混同，在这种情况下，如果公司经营相对稳健，那么对于企业主而言风险尚属可控，而一旦公司经营遭遇了危机，甚至资不抵债，那么股东就有可能要用家庭资产来偿还公司债务了。案例中，林先生经常使用个人的银行账户代收公司的营业收入，还多次从公司账户上提取资金供个人使用，却从未进行任何财务记载，这些行为都容易造成家企混同，导致有限公司的债务蔓延到林先生个人身上。

因此，我们建议企业主严格落实合规经营的各项制度，尤其是严格遵守财务制度，唯有如此才能充分发挥有限公司的隔离功能。如果已经有很多不合规经营的行为，那么在不断提升合规经营能力的同时，还应及时做好家庭财富的保全。

**参考资料**

《全国法院民商事审判工作会议纪要》第十条。

## 问题 4

## 为什么说刑事风险也会影响家庭财富的安全性?

**解　析**

企业经营的周期长、环节多、金额大，稍有不慎就可能触及刑事风险的高压线。对此，很多企业主存在认识上的误区，他们往往认为刑事风险距离自己很遥远，自己在经营过程中只要没有主动地故意实施犯罪活动，刑事风险就与自己无关。但遗憾的是，在实践中，很多企业主都因为不小心触碰了刑事风险的高压线而锒铛入狱，失去自由的同时也让企业经营陷入了困境。

比如，股东无偿使用公司的资金或者财产而没有进行财务记载，是前述家企混同风险的典型情形之一，有可能导致企业债务蔓延到股东的家庭财富上。但更应该警惕的是，这一行为甚至有可能构成刑事犯罪。根据《中华人民共和国刑法》(简称《刑法》)的相关规定，公司、企业或者其他单位的工作人员，利用职务上的便利，将本单位财物非法占为己有，数额较大的，就构成了职务侵占罪。这意味着，上述行为一方面可能导致家企混同、债务蔓延；另一方面又可能构成刑事犯罪，在特殊情况下甚至可能成为公司“内斗”的撒手锏。

如果企业主触及刑事风险的高压线，会威胁到其家庭财富的安全性吗？当然。根据《刑法》的相关规定，刑罚包括主刑和附加刑，而在附加刑中，除了剥夺政治权利外，罚金和没收财产都是针对财产施加的刑罚措施，这些都可能影响家庭财富的安全性。另外，《刑法》还明确规定，单位犯罪的，要进行“双罚”，一方面要对单位判处罚金，另一方面要对直接负责的主管人员和其他直接责任人员判处刑罚，刑罚措施中同样可能包含罚金和没收财产。

可见，无论是以个人名义还是企业名义，企业主一旦触及刑事风险的高压线，其家庭财富都岌岌可危，罚金与没收财产不仅会直接影响家庭财富的安全性，一旦企业主身陷囹圄，还将严重影响企业的经营和发展。

**参考资料**

《中华人民共和国刑法》第三十一条、第三十四条。

**问题 5**

**财务投资者可能遭遇哪些债务风险？**

**解　析**

企业主参与投资、开展经营的方式有很多，既可以选择单纯的财务投资，也可以选择综合的战略投资，甚至可以单独出资并实际掌控企业的经营和发展。如果企业主选择只进行财务投资，也就是说，只是单纯地参股而不进行控股，并且也未能实际参与企业的经营和管理，还会面临债务风险吗？

依然可能遭遇债务风险。

一般来说，只参股而未控股，仅为获得分红、增值等投资收益而不参与企业的经营管理，确实可以在一定程度上降低债务风险。比如，由于未参与企业的经营管理，通常不涉及“滥用公司法人独立地位和股东有限责任”的问题，因此也无须承担由此导致的连带责任；再如，由于未参与企业的经营管理，因此也不属于“直接负责的主管人员和其他直接责任人员”，即使公司涉嫌刑事犯罪，也有可能不会承担刑事责任。因此，单纯的财务投资者所面临的债务风险确实要更小，但也依然可能遭遇债务风险。

一方面，财务投资者由于未参与企业的经营管理，所以可能无法及时获知必要信息并维护合法权益，一旦企业遭遇重大风险，财务投资者又难以及时退出，就可能会血本无归，由此引发的连锁反应甚至将直接威胁财务投资者的财富安全，因此，我们建议财务投资者一定要综合利用担保、增信、对赌等手段规避相应风险。另一方面，即使财务投资者只参股、不经营，也属于《公司法》意义上的股东，即使不需要承担家企混同的连带责任，但如果存在出资瑕疵、清算注销等情形，同样也可能要承担连带责任。

可见，财务投资者同样可能遭遇债务风险，企业主在财务投资过程中也要注意防范债务风险，提前做好资产保全的相关筹划。

**参考资料**

《中华人民共和国公司法》第二十八条、第三十条，《最高人民法院关于适用〈中华人民共和国公司法〉若干问题的规定（二）》第十八条、第二十二条。

## 专家建议

针对本节所涉及的债务风险相关问题，笔者提出如下建议：

1. 企业本身是否具备隔离债务风险的功能，既取决于企业的具体类型，也取决于经营行为是否合规。因此，企业主要想从根本上减少企业债务风险的威胁，就要双管齐下，一方面尽量选择设立具有法人资格的有限公司或者股份公司，另一方面也要合规经营，尤其是要建立健全财务制度，避免公司与股东之间出现资产混同的情形。
2. 在融资过程中，股东或者实际控制人不应轻易提供连带担保或者签订对赌协议，即使需要签订协议，也要审慎考虑可能存在的风险，并提前做好家庭财富的资产保全，防止在债务风险临头之际回天无力。

3. 企业主要提高刑事合规意识，坚决杜绝企业经营过程中的刑事风险，万不可存在侥幸心理，否则，一旦触及刑事风险的高压线，不仅可能面临资产上的损失，还有可能丧失人身自由。

## 第二节 资产保全的误区

### 案 例

在上个案例的情形中，因受到政策调整、融资困难、竞争加剧等多重因素的影响，林先生经营的有限公司负债 600 万元，被债权人诉至法院后，经查该公司现有资产共计 300 万元，林先生可能面临以下问题：

1. 若林先生的家庭财富共计 1 000 万元，此时，林先生将价值 500 万元的房屋赠与他人，是否会被债权人撤销？
2. 若林先生的房屋由他人代持，债权人知晓后，能否强制执行该房屋？
3. 如果代持人遭遇债务风险，林先生能否依据代持协议抵御强制执行的风险？
4. 为什么说资产保全宜早不宜晚？

## 问题 1
资不抵债时再转移财产能逃避强制执行吗？

### 解　析

不能。

很多企业主早已意识到企业经营面临着债务风险，却未能早做规划，原因可能多种多样，但在实践中，最为常见的一种就是，认为在债务临头之际再转移财产也能逃避强制执行。那么，这种“愿望”能实现吗？很难。

通过转移财产来逃避强制执行，一般都会导致资不抵债，甚至在转移财产前就已经资不抵债了，在这种情况下，根据《民法典》的相关规定，转移财产一旦影响债权人的债权实现，比如导致债务无法清偿或者无法全部清偿，那么债权人就有权行使撤销权，请求人民法院撤销债务人转移财产的行为。因此，妄图通过转移财产来逃避强制执行，在实践中难以实现。

哪些行为可能被认定为转移财产呢？根据《民法典》的相关规定，主要包括两种类型：一是无偿处分，包括以放弃其债权、放弃债权担保、无偿转让财产等方式无偿处分财产权益，或者恶意延长其到期债权的履行期限；二是不合理价格交易，包括以明显不合理的低价转让财产、以明显不合理的高价受让他人财产或者为他人的债务提供担保等。以上行为都有可能被认定为转移财产，一旦影响债权人的债权实现，就有可能被撤销。比如，在案例中，林先生可能要连带偿还公司债务 300 万元，此时，如果他将 1 000 万元家庭资产中价值 500 万元的房屋赠与他人，那么剩余资产 500 万元也足以清偿债务，赠与房屋的行为对于债权人来说并无不利影响，债权人也就没有权利撤销这一行为；相反，如果房屋的价值为 800 万元，那么剩余资产 200 万元不足以清偿债务，赠与房屋的行为就影响了债权人的利益，债权人就有权撤销这一行为。

在实践中，资产保全或者债务隔离的方案筹划往往会导致家庭财富发生流转，此时，如果企业主已经债务缠身或者资不抵债，那么就可能丧失原本存在的筹划空间，即使勉强进行操作也可能会被债权人击穿。因此，企业主进行资产保全和债务隔离一定要趁早。

**参考资料**

《中华人民共和国民法典》第五百三十八条、第五百三十九条。

**问题 2**

资产代持能够有效隔离债务风险吗？

**解　析**

不能。

资产代持是很多企业主都会采用的一种债务隔离方案，这一方案成本低、易操作，还具有一定程度的隐蔽性，被很多企业主视为资产保全的“利器”。但遗憾的是，在实践中，资产代持所产生的风险往往比它所规避的风险还要多。

一方面，企业主的债务风险依然可能影响资产的安全性。企业主将资产交由他人代持，双方存在委托合同关系，也因此，企业主是有权要求代持人返还相应资产的。此时，如果企业主已经资不抵债，那么一旦债权人知道并能够举证表明代持关系的存在，其有权行使代位权，按照《民法典》的相关规定，可直接要求代持人返还资产并强制执行。这意味着，企业主的债务风险依然有可能会蔓延到交由他人代持的资产上。可见，在案例中，即使林先生的房屋由他人代持，一旦被债权人知晓，该房屋也可能被强制执行。

另一方面，代持人的道德风险和债务风险也可能影响资产的安全性。将资产交由他人代持时，企业主可能并未要求其签订代持协议，甚至资产本身就是直接借用代持人的名义取得的，此时，代持人可能矢口否认代持或者借名关系的存在，主张资产就是其实际所有的合法财产。即使签订了代持协议，对于股权、房屋等以登记作为权利外观的资产来说，由于法律要保护登记制度、权利外观和交易秩序，维护善意相对人的合法权益，因此一旦代持人遭遇债务风险，企业主可能也很难以代持或者借名协议来排除强制执行，只能在资产被强制执行后再要求代持人赔偿损失。

由此可见，资产代持可能会变相增加风险来源。因此，企业主不应过度迷信资产代持的功能和价值，还是应当采用更为合法合规的手段实现债务的有效隔离。

参考资料

《中华人民共和国民法典》第三百一十一条、第五百三十五条。

问题 3

资产登记于子女名下，就可以隔离父母的债务风险吗？

解　析

不一定。

一般来说，父母的债务的确与子女无关，债权人不能轻易要求强制执行债务人子女所有的合法财产。因此，如果子女在成年后已实现经济独立，父母将资产（如资金、房屋、股权等）赠与子女，又不影响债权人利益的，相应的资产就是子女所有的合法财产，即使未来父母无力偿还债务，债权人也无权要求强制执行债务人子女所有的合法财产。

但是，这一原则在实践中存在例外情形。如果子女尚未成年，或者虽已成年但在经济上尚未独立，此时，子女依然要依靠父母提供经济支持才能成长和生活，父母与子女在经济上依然具有一体性，那么即使父母将一定的资产登记于子女名下，甚至直接代理子女购买相应的资产，这些资产也可能被认定为家庭共同财产。如果父母的债务也用于了家庭共同生活或者共同生产经营，那么这笔债务就可能构成家庭共同债务，此时，家庭共同财产就有可能要用来偿还家庭共同债务了，即使资产登记于子女名下，同样有可能被强制执行，无法隔离父母的债务。[①]

因此，并不是说资产登记于子女名下或者直接以子女的名义购买，就一定能够隔离父母的债务风险。

**参考资料**

《中华人民共和国民法典》第二百九十九条。

**问题 4**

**资产登记于夫妻一方名下，就可以隔离另一方的债务风险吗？**

**解　析**

不一定。

根据《民法典》的相关规定，夫妻双方共同签名或者夫妻一方事后追认等共同意思表示所负的债务，属于夫妻共同债务，夫妻双方需要共同偿还，这就是所谓共债共签原则；除此以外，即使是夫妻一方以个人名义超出家庭日常生活需要所负的债务，如果用于了夫妻共同生活或者共同生产经营，那么也同样属于夫妻共同债务。既然是夫妻共同债务，就要用夫妻共同财产甚至是夫妻一方的个人财产来偿还。由此可见，如果属于夫妻共同债务，那么无论资产登记于任何一方名

① 可参考最高人民法院（2017）最高法民申 3404 号民事判决书。

下，都可能无法真正隔离债务。

在实践中，一些人还会采用所谓“假离婚”的方式企图规避强制执行，但这一方式也同样存在风险。一方面，在法律层面上，离婚并无真假之说，夫妻一方以“离婚避债”为名恶意侵吞夫妻共同财产的情形已经屡见不鲜，另一方想要主张权利将面临重重困难。另一方面，离婚前所背负的夫妻共同债务，依然要由夫妻双方共同承担连带偿还的责任，无论夫妻双方如何分割共同财产，都无法对抗债权人。因此，所谓“假离婚，真逃债”的方式绝非上策。

当然，根据《民法典》的相关规定，如果夫妻对婚姻关系存续期间所得的财产约定归各自所有，夫或者妻一方对外所负的债务，相对人知道该约定的，那么这一债务就不再属于夫妻共同债务了，而是夫妻一方的个人债务，只需要以夫或者妻一方的个人财产清偿即可。可见，婚内财产协议可以在一定程度上发挥债务隔离的作用，但前提是夫妻一方确为单独举债，而且相对人对于这一协议或者约定是知情的，否则也无法发挥债务隔离的作用。

一般来说，企业主在投资、经营过程中所负的债务，无论配偶是否签名或者追认，由于该债务用于了夫妻共同生产经营，且企业经营所得收益也用于了家庭共同生活，因此，该债务通常也属于夫妻共同债务，除非签订了婚内财产协议，否则，即使资产登记于配偶名下，也难以实现债务隔离的目标。

参考资料

《中华人民共和国民法典》第一千零六十四条、第一千零六十五条。

问题 5

父母去世后，子女需要继续偿还父母欠下的债务吗？

## 解　析

不一定。

根据《民法典》的相关规定，分割遗产应当清偿被继承人的债务，这意味着，如果父母去世了，其遗产在清偿债务后才能由子女继承（见图 5-1）。如果子女已经继承了父母的遗产，根据《民法典》的相关规定，子女也要在所得遗产实际价值范围内清偿父母的债务。从这个意义上说，父母去世后，子女依然可能要继续偿还父母欠下的债务。

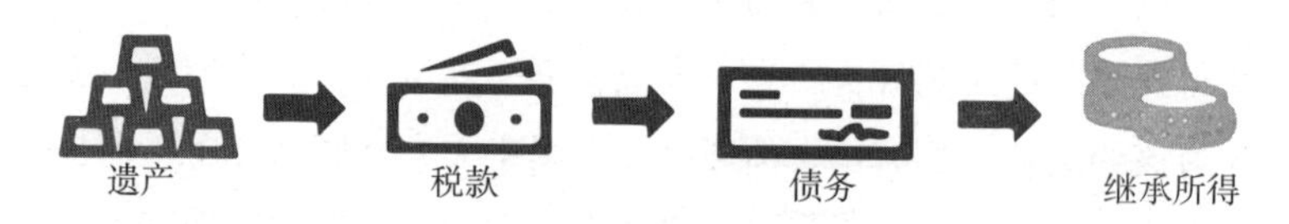


图 5-1　分割遗产应缴纳税款、偿债

但是，根据《民法典》的相关规定，继承人只需要以所得遗产实际价值为限清偿被继承人的债务即可，超出遗产实际价值的部分，除非继承人自愿偿还，否则继承人是没有义务偿还的。可见，父母的债务只需要用父母的遗产来偿还即可，与子女之间并没有必然联系，从这个意义上说，子女是无须帮助父母偿还债务的，所谓“父债子还”其实并没有法律依据。

通过以上分析我们可以发现，父母和子女之间实际上存在着一道代际“债务屏障”，上一代人的债务风险并不会理所当然地蔓延到下一代人身上，因此，在家庭财富的保全和传承过程中，恰当运用这一“债务屏障”，可以有效阻止债务在代际无限蔓延。

当然，我们也应该意识到，运用“债务屏障”阻止债务蔓延只是无奈之举，父母的债务依然会威胁到其遗产的安全性，如果父母的债务过多，子女可能根本无法继承到任何遗产，毕竟资产保全才是财富传承的前提和基础。

参考资料

《中华人民共和国民法典》第一千一百五十九条、第一千一百六十一条。

## 专家建议

针对本节所涉及的资产保全相关问题，笔者提出如下建议：

1. 资产保全要尽早筹划。由于资产保全的筹划方案可能涉及财产的流转，因此，在负债累累甚至资不抵债之际再进行资产保全的筹划，很可能会被债权人撤销，从而难以发挥债务隔离的作用。
2. 资产代持可能衍生出更为复杂多样的风险，实际权利人的债务风险和代持人的道德风险、债务风险都将威胁资产的安全。因此，我们并不建议采用资产代持的方式来隔离债务风险，如果确须采用，一定要在审慎选择代持人的情况下，明确签订代持协议，并密切关注资产的状况，防止可能出现的风险。
3. 登记于配偶或者子女名下的资产也并不安全，可能受到夫妻共同债务甚至家庭共同债务的威胁，因此，将资产在家庭成员之间进行简单的分配，也难以达到资产保全和债务隔离的作用。当然，代际“债务屏障”可以有效阻止债务风险的蔓延，但这只能作为“防火墙”，而不能作为“安全阀”，因此，还是应当尽量从源头上做好家庭财富的保全筹划。

## 第三节　保单筹划的逻辑

### 案　例

在上个案例的情形中，林先生在尚未负债时就已经为自己投保了一份年金险保单，保费已交纳完毕，并已领取了共计约 100 万元的保险金，如果林先生因企业经营不善而负债，那么：

1. 林先生所持有的年金险保单可以被强制执行吗？
2. 林先生已经领取的保险金可以被强制执行吗？
3. 若受益人除了林先生外还有林先生的子女，林先生的子女能否采取措施保全这一年金险保单呢？
4. 保单如何设计才能发挥债务隔离的作用？

问题 1

如果投保人负债，所持有的保单会被强制执行吗？

**解　析**

有可能被强制执行。

很多人认为投保一份保单就可以有债不还，这是一个严重的误区。债权债务关系是市场经济的重要基石，恶意逃废债务必将影响市场经济的良性运转，因此，没有任何一种法律或者金融工具可以成为债务人逃废债务的手段，保单当然也不例外。根据《中华人民共和国保险法》(简称《保险法》) 及其司法解释的相关规定，投保人可以行使任意解除权，解除保险合同并要求保险公司退还保单的现金价值，这意味着，保单的现金价值是投保人的合法财产，在负债时当然有可能面临强制执行的风险。

对于这一问题，虽然目前尚无法律、行政法规予以明确规定，但一方面，这是依照保险相关原理推导出的当然结果；另一方面，部分省区市高级人民法院也已通过各种规范性文件在各自区域内统一了裁判和执行的相关尺度。比如，2018 年 7 月，江苏省高级人民法院发布的《关于加强和规范被执行人所有的人身保险产品财产性权益执行的通知》明确规定，保险合同存续期间，人身保险产品财产性权益依照法律、法规规定，或依照保险合同约定归属于被执行人的，人民法院可以执行，其中就包括退保可获得的现金价值等财产性权益，其他省区市在司法实践中大多也是如此操作的。

可见，在案例中，如果林先生负债，其所持有的年金险保单是可以被强制执行的。

当然，特殊类型的保单可能会在一定范围内享受执行豁免。比如，2021 年 11 月上海市高级人民法院颁布的《关于建立被执行人人身保险产品财产利益协助执行机制的会议纪要》明确规定，"鉴于重大疾病保险、意外伤残保险、医疗费用保险等产品人身专属性较强、保单现金价值低，但潜在可能获得的保障大，人民法院应秉承比例原则，对该类保单一般不作扣划"。但需要注意的是，一来享有执行豁免的保单类型有限，集中于现金价值低的保障型保单；二来这一规定仅适用于上海市范围内，其他省区市是否予以执行豁免存在不确定性；三来这一规定也只表明"一般"不作扣划，而非"一律"不作扣划，因此，在实践中不排除仍予扣划的可能性。

由此可见，保单并不能理所当然地隔离投保人的债务风险，企业主希望通过简单投保就实现资产保全，是难以达成的。当然，保单的确可以成为资产保全的利器，但这一功能的实现需要进行设计和筹划。

**参考资料**

江苏省高级人民法院《关于加强和规范被执行人所有的人身保险产品财产性权益执行的通知》第一条，上海市高级人民法院《关于建立被执行人人身保险产品财产利益协助执行机制的会议纪要》第三条。

**问题 2**

**受益人已经领取的保险金会被强制执行吗？**

**解　析**

需要看谁是债务人。

与投保人负债后现金价值可以强制执行类似，按照《保险法》的相关规定，受益人享有保险金请求权，保险金属于受益人的合法财产，如果受益人负债了，其已经领取的保险金原则上是可以执行的。相反，如果是投保人负债了，而且投保人并未同时担任受益人，那么由于保险金只属于受益人所有，而并非投保人的合法财产，投保人的债务一般与已经领取的保险金无关，不能强制执行受益人所有的保险金。因此，一般情况下，案例中林先生已领取的保险金也是可以被强制执行的。

但需要注意的是，以上原则是存在例外情形的。

一方面，受益人已领取的重疾险、意外险、医疗险等类型的保险金，一般是用来治疗伤情或者疾病的，关系着被保险人或者受益人的生存权益，因此，原则上也享有执行豁免。当然，如果受益人获得的上述保险金并不具有保障生存权益的功能，依然可能被强制执行。

另一方面，虽然保险金属于受益人所有，若投保人并未同时担任受益人，一般不会受到投保人债务风险的威胁。但是，如果受益人与投保人存在特殊关系，那么保险金依然存在被强制执行的可能性。比如，投保人与受益人是夫妻关系，投保人所负的债务又属于夫妻共同债务，那么受益人获得的保险金依然可能受到债务风险的威胁。

可见，受益人获得的保险金有无被强制执行的风险，与受益人是不是债务人、是否同时担任投保人，以及与投保人有无特殊关系等因素，都是息息相关的，如果要守护保险金，需要着重考察上述因素。

**参考资料**

《中华人民共和国保险法》第十八条，《中华人民共和国民法典》第一千零六十四条。

**问题 3**

**被保险人的债务风险会威胁保单与保险金的安全吗？**

**解　析**

需要区分不同情况。

如上所述，由于保单的现金价值属于投保人所有，因此投保人的债务风险会威胁保单的安全；由于保险金属于受益人所有，因此受益人的债务风险会威胁保险金的安全。可见，保单的财产性权益是否安全，是由其所有权人是否有债务风险决定的。

具体到被保险人也是如此。如果被保险人既不担任投保人，也不担任受益人，那么其对于保单的现金价值和保险金都不享有任何权益，其债务风险一般也与保单、保险金没有关系，因此，也有人将被保险人称为保单中的“避风港”，我们所说的“保单可以隔离债务”，也是从这个意义上来说才成立。可见，债务隔离是保单的固有功能，通过合理设置投保人、被保险人和受益人可以实现资产保全的目标，正是基于这一原因，很多企业主才会选择将保单作为家庭财富管理的重要工具。

但需要注意的是，根据《保险法》的相关规定，在没有指定受益人或者因指定不明而无法确定时，受益人先于被保险人死亡或者丧失、放弃受益权又没有其他受益人等情形下，在被保险人死亡后，保险金会成为其遗产，按照继承规则进行给付。而根据《民法典》的相关规定，分割遗产应当清偿被继承人的债务。这意味着，如果保险金成为被保险人的遗产，就有可能遭受其生前债务风险的威胁。因此，如果希望保单能够完全隔离于被保险人的债务风险之外，我们建议投保人和被保险人尽量明确指定两个及以上受益人，防止上述情形发生。

**参考资料**

《中华人民共和国保险法》第四十二条，《中华人民共和国民法典》第一千一百五十九条。

**问题 4**

在保单面临被强制执行的风险时，被保险人和受益人如何保护自身权益？

**解　析**

如上所述，如果投保人负债了，其所持有的保单可能会被强制执行。但是，当保单的投保人、被保险人和受益人并不是同一人时，若保单因投保人负债而被退保，被保险人和受益人的利益也将受到损害。此时，被保险人和受益人还可以行使赎买权保护自身权益。

根据《关于适用〈中华人民共和国保险法〉若干问题的解释（三）》第十七条，如果被保险人或者受益人已向投保人支付相当于保险单现金价值的款项并通知保险人的，投保人就不再享有任意解除保险合同的权利了。这就是所谓的赎买权。之所以投保人负债后，保单可能被强制执行，原因就在于保单具有现金价值，而投保人有权解除保单并获得相应的现金价值；如果被保险人或者受益人已经行使了赎买权，投保人也就丧失了任意解除保单的权利，此时，债权人当然也就无权再强制执行保单了，因为保单的现金价值已不再归投保人所有。同理，在保单面临被强制执行的风险时，被保险人和受益人也可以行使赎买权，通过将相当于保单现金价值的款项直接交付执行法院的方式来守护保单。赎买权的运用场景见图 5–2。

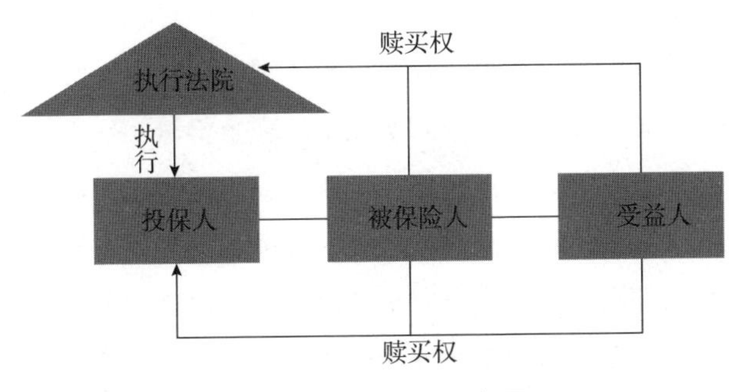


图 5–2　赎买权的运用场景

可见，赎买权对于被保险人和受益人而言，既可以是“保护伞”，也可以是“后悔药”，运用得当可以在关键时刻发挥奇效。

**参考资料**

最高人民法院《关于适用〈中华人民共和国保险法〉若干问题的解释（三）》第十七条，上海市高级人民法院《关于建立被执行人人身保险产品财产利益协助执行机制的会议纪要》第三条。

**问题 5**

投保人已就保单进行了质押贷款，其债权人还能强制执行保单吗？

## 解　析

所谓保单的质押贷款，实际上就是以保单的现金价值等财产性权益作为担保进行借款。在实践中，很多保险公司都推出了保单质押贷款的服务，如果投保人有资金需求，可以将保单的现金价值等财产性权益向保险公司进行质押，从而获得相应金额的借款。一般来说，保单质押贷款的额度可以达到现金价值的 70%~80%，必要时可以有效缓解投保人的资金压力。

通过上述介绍可以发现，在保单被质押后，根据《民法典》的相关规定，保险公司作为质权人对于保单的现金价值就享有了优先受偿权。也就是说，在投保人没有依约偿还贷款本息时，保险公司依法享有就保单的现金价值优先受偿的权利。这里的优先，是指保险公司可以优先于其他债权人，在没有完全清偿保险公司贷款本息之前，其他债权人是不能强制执行保单的现金价值的，只有在保险公司的贷款本息都清偿完毕后，其他债权人才能强制执行剩余的现金价值。但是，如果保单质押贷款的额度达到了现金价值的百分之七八十，那么一般在清偿贷款本息后，现金价值也就所剩无几了。

可见，保单在进行质押贷款后，虽然在法律上仍然存在强制执行的可能性，但在实践中通常已经丧失了强制执行的意义和价值。

当然，还需要说明的是，保单质押贷款还可以作为提高杠杆率的工具。投保人在进行质押贷款后，只要能够利用该笔资金获得高于贷款利息的投资回报率，就可以进一步以小博大，减少资金的占用，通过更少的资金换取更大的保障，这也是保单作为金融工具的特性之一。

## 参考资料

《中华人民共和国民法典》第四百二十五条、第四百四十条。

## 问题 6

## 保单要如何设计才能有效隔离债务风险？

### 解　析

如上所述，投保人和受益人一旦负债，保单的现金价值和保险金是有可能被强制执行的。但是，如果被保险人既非投保人，也非受益人，其债务风险就与保单的财产性权益无关，保单所承载的家庭财富也就不会受到被保险人债务风险的威胁了。保单财产性权益的归属见表 5–2。

表 5–2　保单财产性权益的归属

| 身份 | 投保人 | 被保险人 | 受益人 |
| --- | --- | --- | --- |
| 财产性权益 | 现金价值、<br>账户利益、分红 | — | 保险金 |

基于保单结构的这一特征，我们可以通过妥善设计保单来有效隔离债务风险。首先，要尽早筹划，企业主要在财务状况良好时，尤其是在债务负担较小时提前筹划，否则，一旦资不抵债，就丧失了“闪展腾挪”的空间和余地，再进行保单筹划就有可能损害债权人的利益，从而被债权人撤销。其次，要合理选择投保人、被保险人和受益人，被保险人既然可以成为“避风港”，那么就可以由债务风险较高的家庭成员（通常就是企业主及其配偶）来担任被保险人的角色，有效隔离其债务风险，由债务风险较低的家庭成员，尤其是已退休的父母或者已成年的子女来担任投保人、受益人，这样进行安排可以大大降低保单受到债务风险威胁的可能性。最后，还可以恰当利用多种法律工具，如赠与协议、遗嘱、婚内财产分割协议、赎买权等，进一步巩固保单的安全性，有效规避保单被强制执行的风险，为家庭财富的保全和传承保驾护航。

当然，除了保单以外，家族信托尤其是保险金信托也是近年来备受青睐的资产保全和债务隔离的法律工具，同样可以实现良好的家庭财富管理效果，相关内容详见信托编。

参考资料

《中华人民共和国民法典》第六百五十七条、第一千零六十五条、第一千一百三十三条。

## 专家建议

针对本节所涉及的保单筹划相关问题，笔者提出如下建议：

1. 保单并不是天然就具备债务隔离功能的，而是需要进行筹划，合理设置保单的投保人、被保险人和受益人，将家庭成员的债务风险隔离于保单所承载的家庭财富之外，进而为家庭资产的保全和传承奠定坚实的基础。
2. 在保单中，除了保险人（保险公司）和被保险人之外，投保人和受益人都可以在一定范围内进行调整，因此，保单筹划要“动静结合”，既要妥善设计保单架构，也要随时根据家庭成员之间债务风险的变化进行保全变更，及时调整投保人和受益人，实现债务隔离的最佳效果。
3. 保单本身固有的架构为债务隔离打下了坚实的基础，但是单纯地进行保单筹划毕竟不足以应对纷繁复杂的现实需求，除了保单以外，还应当综合利用包括信托在内的一系列法律工具，充分实现保单的价值和功能。

# 第六章
# 家庭财富传承的法律密码

## 引　言

改革开放迄今已有 40 多年，我国相当一部分居民家庭都创造并积累了数量可观的家庭财富。但与此同时，我国也已经逐渐步入老龄化社会，家庭财富在经历了创造和保有两个阶段后，正在迎来传承这一重要阶段，家庭财富能否安全、稳妥地传承给子孙后代并真正守护家庭幸福，打破“富不过三代”的魔咒，是很多人都应当认真考虑的问题。

虽然法律法规已经提供了多种类型的传承工具，但是家庭财富传承之路依然可谓“步步惊心”。生前赠与固然可以亲自操盘、稳步传承，但过早丧失控制权未必就是明智之举；法定继承仅能发挥兜底功能，相对僵化的制度规则未必适合每一个家庭；遗嘱继承的确较为自由灵活，但在《民法典》时代到来后，其伪造、篡改风险也更为突出；家族企业的交接班问题更是困扰着相当一部分企业主。如何才能实现安全、稳妥、定向传承？如何避免苦心积累的家庭财富发生无谓的外流和损失？如何绕过家庭财富传承之路的陷阱与障碍？这都需要我们未雨绸缪，提早规划。

家庭财富传承之所以风险重重，归根结底还是人性的脆弱：家庭财富的权利人一旦去世，继承和占有这笔财富的人又尚未确定，难免会激起很多人的觊觎之心，这也是人之常情。因此，家庭财富的传承规划可以说就是要与人性进行斗争，用制度的确定性抵御人性的不确定性，无论是采用赠与、遗嘱，还是保单、信托等法律工具，都是为了实现这一目标。

## 第一节　财富传承的工具与风险

### 案　例

林先生是一家有限公司的股东，同时担任董事长、法定代表人等职务。近来，林先生考虑到自己年过五旬，身体状况已大不如前，担心万一突然去世，其家庭财富的传承将面临巨大的风险。林先生早年曾有过一段婚姻，并与前妻生有一子铭铭，铭铭现已参加工作并娶妻生子；林先生与现任妻子携手走过十余年，感情融洽，生有一女瑶瑶，只有 12 岁，即将读中学；同时，林先生的父母均在世，年近八旬，身体健康；林先生的弟弟在家族企业中并未持股，但多年来一直担任高管，负责市场开拓。在此情形下，需要考虑如下问题：

1. 若林先生将一部分家族企业的股权赠与儿子铭铭，并逐渐让儿子铭铭接手家族企业的管理运营等各项事务，可能存在哪些风险？
2. 除股权外，林先生还有房屋、资金、艺术品等资产，如果没有订立遗嘱，可能会遭遇哪些挑战？

3. 林先生应该如何选择遗嘱类型？
4. 林先生能否将一部分家庭财富留给孙子？应该注意哪些问题？
5. 家庭财富在传承过程中为什么会发生外流？

### 问题 1

### 通过生前赠与进行财富传承，有哪些优势和风险？

**解　析**

财富传承并非只是身后事。由于法定继承或者遗嘱继承等方式难以在被继承人的掌控下稳步完成，也可能造成亲属之间为了争夺遗产而反目成仇，甚至导致所传非人、财富外流，所以很多人都会选择在生前就通过赠与的方式将财富逐步移交到子孙手中。因此，生前赠与的确可以成为一种重要的财富传承方式。

但需要注意的是，相对于继承、保单、信托等其他类型的财富传承方式，生前赠与也蕴含着特有的风险。一方面，根据《民法典》的相关规定，夫妻在婚姻关系存续期间受赠的财产，原则上属于夫妻共同财产，这意味着，如果父母将财产赠与了已婚子女，一旦子女离婚，子女的配偶是有权要求分割这些财产的。另一方面，父母将财产赠与子女后，这些财产就属于子女所有，父母就丧失了对这些财产的控制权，如果子女挥霍浪费、投资失败、疏忽被骗甚至意外身故，那么这些财产也会受到子女债务、婚姻、继承等一系列风险的影响，父母难以对其进行约束。在上面的案例中，由于林先生的儿子铭铭已经结婚，如果林先生直接将家族企业的股权过户给儿子铭铭，那么上述风险都有可能变成现实，股权外流的风险也将无谓增加。

因此，生前赠与确实可以作为财富传承的方式之一，但一定要防范其可能产生的风险。对此，我们建议，为了避免赠与子女的财产成为夫妻共同财产，父母在将财产赠与已婚子女前，要与子女签订书面的赠与协议，明确约定赠与的财产只归子女一方所有，这就是所谓"指定赠与"，可以在一定程度上防止家庭财富遭受子女婚姻风险的影响。同时，在赠与协议中，根据《民法典》的相关规定，还可以附加义务，如果子女不履行赠与协议约定的义务，父母则有权撤销赠与，并要求子女返还赠与的财产。这意味着，父母还可以通过赠与协议在一定程度上间接控制这些财产，尤其是在必要时可以及时止损。

当然，生前赠与只是财富传承的方式之一，我们建议财富传承还是应当多管齐下，避免采用单一方式可能导致传承风险过于集中。

### 参考资料

《中华人民共和国民法典》第六百六十三条、第六百六十五条、第一千零六十二条、第一千零六十三条。

## 问题 2

## 法定继承存在哪些风险？

### 解　析

根据《民法典》的相关规定，如果被继承人既没有签订遗赠扶养协议，也没有订立遗嘱，那么就要按照法定继承规则处理了。可见，法定继承发挥着兜底作用，当被继承人没有进行专门的财富传承安排时，就将按照法定继承规则来办理。

法定继承规则由顺序继承和分割标准共同组成。

根据《民法典》的相关规定，继承开始后，由第一顺序继承人继承，第二顺序继承人不继承，没有第一顺序继承人继承的，才由第二顺序继承人继承；其中，第一顺序继承人包括配偶、子女、父母，第二顺序继承人包括兄弟姐妹、祖父母、外祖父母，这就是所谓顺序继承。这一规则在实践中可能存在严重问题，比如，一旦子女去世，其配偶有权继承至少一部分遗产，这可能导致家庭财富发生外流，如果这些遗产中包括家族企业的股权，那么甚至还会造成家族企业分崩离析。再如，兄弟姐妹是第二顺序继承人，在有第一顺序继承人时本来是无权继承的，但是，如果其父母还在世，父母却有权继承相当一部分遗产，而在父母去世后，这些遗产可能最终会由兄弟姐妹来继承，这就是所谓“逆继承”的风险：相当一部分家庭财富经由父母这一桥梁最终由兄弟姐妹获得，这可能并不符合很多人的意愿。在上面的案例中，如果林先生的财富传承适用法定继承规则，那么其相当一部分财富就有可能通过父母流入弟弟手中。

至于分割标准，是指按照《民法典》的相关规定，同一顺序继承人继承遗产的份额，一般应当均等。尽管《民法典》同时也规定，要根据经济条件、劳动能力、义务承担等因素而多分或者少分遗产，但是在一般情况下，依然要以平均分割为原则。平均分割的标准虽然看上去较为公平，但却未必符合每一个被继承人的意愿，在实践中有僵化之嫌。比如，子女之间在能力、品格、情感、健康等方面可能并不相同，一律平均分割，未必能真正实现家业长青，没有商业才能的子女继承家族企业的股权可能会经营不善，挥霍无度的子女继承大量资金也未必能善加利用；同时，由于被继承人的配偶、子女与父母在经济水平、人生阶段、生活负担等方面都存在差异，平均分割的标准也将导致家庭财富难以物尽其用。

由此可见，法定继承虽然可以在特定情形下发挥兜底作用，但其所导致的财富外流、逆继承或者僵化教条等风险，都可能给财富传承带来无法估量的负面影响，这就是我们不建议将财富传承一概按照法定继承规则来办理的原因。

**参考资料**

《中华人民共和国民法典》第一千一百二十七条、第一千一百三十条。

**问题3**

**遗产管理人制度可能给财富传承带来哪些机遇与挑战？**

**解　析**

根据《民法典》的相关规定，继承开始后，要由遗产管理人来承担遗产的管理、分割以及债权债务的处理等职责，由此可见，遗产管理人对于继承程序可谓影响重大。作为《民法典》新增的重要制度，遗产管理人制度将给财富传承带来新的机遇和挑战。

从机遇的角度而言，根据《民法典》的相关规定，遗产管理人首先应由遗嘱执行人来担任，只有在没有遗嘱执行人的情况下，才能由继承人或者民政部门、村民委员会担任。这意味着，对于究竟由谁来担任遗产管理人，被继承人是享有决定权的，因此可以通过订立遗嘱并指定遗嘱执行人的方式，事先选择信赖的人员甚至机构来担任遗产管理人。对于被继承人而言，这有利于实现家庭财富的安全、稳妥、定向传承。

从挑战的角度而言，遗产管理人制度也可能给财富传承带来一些障碍甚至风险。一方面，如上所述，遗产管理人对于遗产分割影响重大，谁有资格担任遗产管理人可能会有争议，根据《民法典》的相关规定，此时只能由利害关系人向人民法院申请指定遗产管理人，但这无疑会在程序上给财富传承造成障碍，导致迁延日久，甚至会导致家族企业长期陷入无人管理的困境。另一方面，遗产管理人对于遗产的清理、保管、分割，甚至被继承人债权债务的处理等，都要承担相应的职责，这同时也意味着，如果遗产管理人在品格或者能力上存在缺陷，不排除会发生侵吞遗产、中饱私囊或者造成无谓损失等情形，这也可能导致家庭财富在传承过程中发生外流。在上面的案例中，林先生有很多艺术品需要传承，有些艺术品往往价值较大而体积较小，如果没有列明遗产清单并妥善保管，一旦遗产管理人将一部分艺术品据为己有，既难以发现，也难以追回。

需要说明的是，根据《民法典》的相关规定，遗产管理人属于继承程序中的“必备角色”，区别只在于遗产管理人到底如何产生，也就是说，无论是法定继承还是遗嘱继承，都需要由遗产管理人来处理遗产管理与分割事宜。因此，我们对于这一问题不能回避，也无法回避，应尽量通过签订协议、订立遗嘱等方式选择、指定适当的遗嘱执行人，并通过遗产清单等形式明确有待传承的财富范围，尽量避免相关风险的发生。

**参考资料**

《中华人民共和国民法典》第一千一百四十五条、第一千一百四十六条、第一千一百四十七条、第一千一百四十八条。

### 问题 4
### 订立了公证遗嘱就能绝对防范遗嘱伪造、篡改的风险吗？

**解　析**

不一定。

根据《民法典》的相关规定，遗嘱人可以选择订立包括自书、代书、口头、录音、录像、公证、打印七种类型的遗嘱。其中，公证遗嘱是指由遗嘱人经公证机构办理的遗嘱类型，其真实性一般是能够得到保障的；同时，在《民法典》实施前，根据原《继承法》（已废止）的相关规定，公证遗嘱具有优先性，也就是说，自书、代书、录音、口头遗嘱，都无法撤销或者变更公证遗嘱，即使公证遗嘱订立在先，其他类型的遗嘱订立在后，也是如此。

可见，在各个遗嘱类型中，由于公证遗嘱在真实性和优先性上具有得天独厚的优势，通过公证遗嘱可以有效防范遗嘱被伪造、篡改的风险，因此，公证遗嘱一直备受青睐，被认为是最可靠的财富传承工具之一。

但公证遗嘱的上述优势在《民法典》实施后就大打折扣了。根据《民法典》的相关规定，立有数份遗嘱且内容相抵触的，以最后的遗嘱为准；同时，取消了原《继承法》（已废止）关于公证遗嘱优先性的规定。这意味着，虽然公证遗嘱在真实性上依然具有一定的优势，但已不再具有优先性了，即使订立了公证遗嘱，也能被其他类型的遗嘱撤销或者变更，而其他类型的遗嘱，尤其是打印遗嘱，还是存在较大的伪造、篡改风险的，所以公证遗嘱依然难以防范遗嘱伪造、篡改的风险。

在财富传承过程中，即使是小概率事件也不应疏忽大意，因为一旦出现问题，可能根本没有机会再行弥补。因此，我们不应仅采用遗嘱这一种法律工具，即使是公证遗嘱也不再能够绝对防范遗嘱伪造、篡改的风险，还是应综合采用更为多样的法律工具与更为完备的传承方案。

参考资料

《中华人民共和国民法典》第一千一百三十九条、第一千一百四十二条。

**问题 5**

**订立打印遗嘱需要注意哪些风险？**

## 解　析

目前，由于很多家庭的财富总量越来越大、财富种类越来越多，导致遗嘱不得不变得越来越复杂，因此《民法典》在原《继承法》（已废止）的基础上又增加了打印遗嘱这一类型，让被继承人能够更为便捷地订立、修改遗嘱。但需要注意的是，相对于其他类型的遗嘱，打印遗嘱的风险更为突出。

一方面，打印遗嘱的伪造、篡改风险相对较高。相对于自书或者代书遗嘱，打印遗嘱的主要内容都是打印形成的，难以通过笔迹鉴定技术确定撰写的主体。同时，遗嘱人的签名虽然可以作为认定遗嘱真实性的区分性因素，但一来遗嘱人的签名只有两三个字，更加易于模仿，笔迹鉴定又存在一定的错误率，难以绝对避免伪造、篡改的风险；二来遗嘱人可能无意中在空白纸张上签名，进而被他人恶意利用，通过打印的方式伪造遗嘱，而且如果遗嘱人的签名和打印内容的形成时间过于接近，也就难以通过笔迹鉴定技术判断两种字迹形成的先后顺序。可见，打印遗嘱的伪造、篡改风险的确是比较高的。

另一方面，根据《民法典》的相关规定，订立打印遗嘱，需要有两个以上见证人在场见证，同时，见证人还要在遗嘱的每一页上都签名并注明年、月、日。因此，如果见证人不符合《民法典》的相关要求，比如，见证人是继承人或者与继承人有利害关系的人，见证人并未全程在场、亲眼见证，或者见证人并未在每一页上都签名，那么打印遗嘱也可能归于无效；如果发生争议时，被继承人已经去世，就只能按照法定继承规则来处理相关遗产了。

因此，在运用打印遗嘱这一法律工具传承财富时，要尤其注意防范伪造、篡改或者无效的风险，不要在空白纸张上签名，相关文件一定要阅读后再签字，尽量订立多种类型的遗嘱以便能够互相印证，还要严格遵守见证的法定程序并全程留痕。当然，被继承人还是应综合采用多种法律工具制定财富传承的整体方案。

**参考资料**

《中华人民共和国民法典》第一千一百三十六条、第一千一百四十条。

**问题 6**

**什么是遗赠？遗赠可能遭遇哪些法律风险？**

**解　析**

根据《民法典》的相关规定，自然人可以立遗嘱将个人财产赠与国家、集体或者法定继承人以外的组织、个人，这就是所谓遗赠。在实践中，由于孙子女、外孙子女都不是法定继承人，因此，如果祖父母、外祖父母要将家庭财富隔代传承给孙子女、外孙子女，就可能要采用遗赠这一法律工具。如上所述，遗嘱继承可能面临伪造、篡改、无效甚至遗产被侵吞等一系列风险，那么遗赠是否也可能遭遇这些法律风险呢？

首先，通过名称即可发现，遗赠与遗嘱继承有相似之处，都需要订立遗嘱，因此，这就意味着，凡是遗嘱本身存在的上述法律风险，遗赠也都有可能面对，概莫能外。但除此以外，遗赠自身还有其独有的法律风险。

遗嘱继承和遗赠的对象不同，遗嘱继承是由法定继承人中的一人或者数人来继承遗产，而遗赠则是由国家、集体或者法定继承人以外的组织、个人来接受赠与，因此遗赠的对象范围要更大，这也意味着受遗赠人可能并非近亲属，对于家庭财富的状况并不了解，一旦近亲属或者遗产管理人不予配合甚至侵吞遗产，那么受遗赠人可能难以主张权利。

同时，也更为重要的是，遗嘱继承和遗赠适用的程序不同。根据《民法典》的相关规定，继承开始后，对于遗嘱继承来说，除非继承人在遗产处理前，以书面形式明确做出放弃继承的表示，否则一概视为接受继承；相反，对于遗赠来说，除非受遗赠人在知道受遗赠后六十日内做出接受或者放弃接受遗赠的表示，否则到期没有表示的，一概视为放弃接受遗赠。这意味着，如果受遗赠人不小心错失机会，没有及时做出接受的表示，或者做出了接受的表示但无法举证证明，那么受遗赠人就将丧失接受遗赠的权利；而且，这一因素与遗嘱是否有效、表达是否清晰、见证是否合法都没有必然联系，被继承人根本无法控制。

因此，在隔代传承等采用遗赠这一法律工具的情形下，被继承人要高度重视上述风险，一方面要审慎选择遗产管理人并列明遗产清单，避免信息差所带来的风险；另一方面也要提前告知受遗赠人或者其监护人及时做出接受的表示，防止丧失权利的风险。在上面的案例中，林先生当然可以隔代传承，但若采用遗赠作为主要方式，则应高度关注可能产生的法律风险。

**参考资料**

《中华人民共和国民法典》第一千一百二十四条、第一千一百三十三条。

**问题 7**

**家庭财富在传承过程中可能遭遇哪些外流风险？**

**解　析**

家庭财富在传承过程中可能遭遇的外流风险，主要来源于子女婚姻破裂所带来的负面影响。

根据《民法典》的相关规定，夫妻在婚姻关系存续期间通过继承所得的财产，一般也属于夫妻共同财产，而夫妻共同财产在离婚时是有可能被分割的。这意味着，除了前述生前赠与以外，通过法定继承、遗嘱继承甚至遗赠等方式来传承家庭财富，如果没有进行特殊操作，可能也会导致家庭财富面临子女婚姻破裂带来的外流风险。当然，根据《民法典》的相关规定，如果订立了遗嘱，并在遗嘱中确定遗产只归子女一方，并非夫妻共同财产，那么这些家庭财富就属于子女的婚后个人财产，即使离婚，其配偶也无权分割。

但这并不意味着，只要签订了赠与协议或者订立了遗嘱并确定相应家庭财富只归子女一方，就可以防止家庭财富发生外流。比如，很多企业主会通过生前赠与或者遗嘱继承的方式将家族企业的股权交由子女掌控，为了防止外流，通常也会签订赠与协议或者订立遗嘱，确定股权只归子女一人，但如果子女在取得股权后参与了企业的经营管理，那么股权依然有被分割的风险。原因在于，根据《民法典》的相关规定，夫妻在婚姻关系存续期间取得的生产、经营、投资的收益也属于夫妻共同财产。这表明，子女在取得家族企业的股权后，即使股权本身属于其个人财产，但只要子女参与企业的经营管理，那么其所取得的分红、增值等收益就属于生产、经营的收益，同样是夫妻共同财产，子女的配偶有权要求分割。

可见，财富传承绝不是将家庭财富交到子女手中就万事大吉了，要想让家庭财富传之久远、安全无虞，还要防范高发的外流风险，以确保苦心积累多年的家庭财富能真正守护子女的幸福人生。

**参考资料**

《中华人民共和国民法典》第一千零六十二条、第一千零六十三条。

**问题 8**

家族企业在交接班过程中可能面临哪些障碍？

## 解　析

在财富传承过程中，家族企业作为一种特殊形态也面临着特殊的问题。

所谓家族企业，并不是一个法律概念，是指全部或者主要由家族成员掌控的企业。在实践中，家族企业可能是有限公司或者股份公司，但也有可能是个人独资企业或者合伙企业，企业类型不同，在交接班过程中可能面临的风险也不同。我们仅以较为常见的有限公司为例进行说明。

家族企业的股权往往集中掌握在某一个家庭成员手中，一旦这个成员去世，如果其没有订立遗嘱，那么股权可能由多个法定继承人来继承、分割，家族企业的股权可能会过于分散，如果多个法定继承人之间无法达成一致意见，家族企业就可能难以做出有效的股东会决议，使公司管理陷入混乱；某一个或者某几个法定继承人还可能将股权转让他人，这也会导致家族企业的股权流入外人之手，这对于家族企业而言也会进一步增加管理的难度。

通过订立遗嘱当然可以有效避免股权分散的恶果，但是，家族企业是否会所传非人，接班人能否在继承股权后获得公司管理层的支持和配合，股权过于集中是否会影响家族企业进一步发展壮大，这些都可能在企业交接班过程中埋下祸根。在实践中，接班人的经营策略过于激进、为家族企业融资担保而负债累累的，大有人在；接班人难以服众、被公司管理层架空的，也所在多有；接班人操之过急、误入刑事合规的雷区而锒铛入狱的，也并不罕见。

同时，对于结构比较复杂的家庭来说，家族企业的交接班还会涉及其他问题。比如，在上面的案例中，林先生要把一部分家族企业的股权交给儿子铭铭，但是，如果这部分股权属于林先生与现任妻子的夫妻共同财产，而林先生的这一赠与行为又没有征得现任妻子的同意，那么这一赠与行为可能就是无效的或者可撤销的；如果林先生订立遗嘱，遗嘱也可能部分甚至全部无效。

可以说，家族企业的交接班绝不是简单的财富传承，而是需要通盘考虑、慎重选择、提前培养、未雨绸缪的综合性方案，企业主万不可疏忽大意。

参考资料

《中华人民共和国民法典》第一千一百二十二条，《中华人民共和国公司法》第四十二条、第四十三条。

## 专家建议

针对本节所涉及的财富传承相关问题，笔者提出如下建议：

1. 家庭财富传承涉及不同工具和程序的选择问题，工具不同，程序也会存在差异。通过对比可以发现，包括生前赠与、法定继承、遗嘱继承、遗赠等在内的一系列法律工具都存在各自的优势和风险，在家庭财富传承中可以恰当运用，但应当注意其可能存在的风险。
2. 家庭财富传承方案具有较为强烈的个性化色彩，应当根据每一个家庭的不同情况分别设计，切忌照搬照抄。在设计过程中，要尤其注意家庭结构、成员需求、财富种类、企业状况等因素，综合考虑，既要实现家庭财富的物尽其用，又要顾及家庭成员的个体情况，还应避免出现争夺家产、对簿公堂、反目成仇等亲情危机。

## 第二节　保单传承的筹划原理

### 案　例

经过权衡和对比，林先生拟选择大额保单作为家庭财富传承的重要工具之一，但是，由于对保单的传承功能不甚了解，林先生仍然存在一些担心，主要涉及以下问题：

1. 大额保单为什么可以帮助我们传承家庭财富？
2. 遗产继承所面临的风险，在采用保单进行传承时也依然存在吗？
3. 为什么在特殊情形下有必要指定第二投保人？
4. 如果使用保单进行传承，那么林先生的儿子铭铭获得的身故保险金会在离婚时被其配偶分走一半吗？

**问题 1**

**为何保单也能成为财富传承的载体？**

**解　析**

因为保单既承载着家庭财富，也蕴含着传承程序。

首先需要说明的是，保单本身包含着多种类型的财产性权益，如现金价值、账户利益、现金红利、保险金等，因此，虽然保单的主要功能是提供保障，但其本身也可以成为家庭财富的重要载体。

同时，保单所承载的家庭财富还可以进行传承。比如，原投保人去世后，若被保险人依然在世且保单并未终止，那么归属于原投保人的现金价值、账户利益、现金红利等财产性权益都是可以继承、分割的。再如，原投保人还可以依照《保险法》和保险公司的运营规则将投保人变更为他人（尤其是近亲属），这实际上是将保单的现金价值、账户利益、现金红利等赠与了新的投保人，同样也是财富传承的可选方式。当然，在实践中更常见的是利用保险金赔付的程序进行财富传承，也就是利用保单的架构，通过指定受益人并确定受益顺序和受益份额的形式，以保险公司支付保险金的程序来实现家庭财富的安全、有序、定向传承。

这说明，保单既可以作为家庭财富的重要载体，同时也包含了财富传承的特定程序，两者结合，让保单成了家庭财富传承的重要工具。

**参考资料**

《中华人民共和国保险法》第四十条。

**问题 2**

**保险金是否会受到继承程序的影响？**

**解　析**

这取决于保险金是否属于被保险人的遗产。

根据《保险法》的原理，在人身保险中，领取保险金的权利原本归属于被保险人，但被保险人可以指定受益人，由受益人来享有这一权利。因此，如果有受益人，就应该由受益人直接从保险公司处领取保险金，这并不是依照继承规则才能享有的权利，而是根据《保险法》的规定和保险合同的约定依法取得的。也就是说，如果有受益人，保险金就是受益人的合法财产，并非被保险人的遗产，既然不是遗产，当然就无须按照继承程序来处理了。

反之，如果没有受益人，领取保险金的权利就应重归被保险人，即使被保险人去世，根据《保险法》的相关规定，保险金也会成为被保险人的遗产，需要按照继承规则来处理。当然，没有受益人可能有很多原因，比如可能根本就没有指定受益人，或者受益人指定不明无法确定，也可能指定的受益人先于被保险人死亡，或者依法丧失、放弃受益权，又没有其他受益人，这些情形都会导致在被保险人去世后没有受益人。此时，保险金才需要按照继承规则来处理，当然也就会受到继承程序的影响，法定继承和遗嘱继承、遗赠过程中的相关风险都有可能导致保险金遭受损失。

当然，被保险人也有权在遗嘱中变更受益人，这可以作为被保险人调整财富传承方案的重要方式，但这一方式同样可能受到遗产管理人、遗嘱效力、继承程序、受益人变更规则等一系列风险的影响。因此，如果要变更受益人，还是应尽量在生前通知保险公司进行变更。

**参考资料**

《中华人民共和国保险法》第四十二条，《最高人民法院关于适用〈中华人民共和国保险法〉若干问题的解释（三）》第十条。

**问题 3**

**指定第二投保人对于财富传承有何作用？**

**解　析**

首先我们要明白什么是第二投保人。

所谓第二投保人，是指由原投保人指定，在其去世后以新投保人的身份来继续行使权利、履行义务的人。由此可见，所谓第二投保人，实际上就是原投保人所享有的保单权益的继承人；所谓指定第二投保人，实际上就是订立遗嘱指明由谁来继承相关保单权益的行为。

为什么有必要指定第二投保人呢？如上所述，保单承载着现金价值、账户利益、现金红利等一系列财产性权益，这些财产性权益中属于投保人所有的部分，在投保人去世后，在投保人、被保险人并非同一人的情况下，保单一般并不会同时终止，而是有可能被继承、分割；此时，如果继承人并不是或者并不只是被保险人，那么继承人与被保险人的利益可能并不一致，若双方无法达成一致意见，继承人有可能主张分割保单相关权益，甚至导致保单被退保，这无疑也可能违背原投保人的初衷。相反，如果将被保险人通过遗嘱指定为第二投保人，那么即使原投保人去世了，也将由被保险人继续担任新的投保人，一般不会发生投保人、被保险人利益不一致进而导致保单被退保的情形。可见，指定第二投保人可以作为财富传承的重要方式。

但需要注意的是，虽然部分保险公司已经推出了“指定第二投保人申请书”的格式文本，但在《民法典》生效实施后可能面临效力问题。如上所述，根据《民法典》的相关规定，订立打印遗嘱，需要有两个以上见证人在场见证，否则打印遗嘱是无效的。这意味着，如果“指定第二投保人申请书”格式文本中的大部分内容为打印字迹，那么该申请书有可能被认定为打印遗嘱，如果并无两个以上见证人在场见证并在遗嘱每一页上签名，注明年、月、日，那么该申请书可能是无效的，其指定的第二投保人自然也无法据此继承保单相关权益。因此，我们建议可以由投保人邀约两个以上适格见证人同时到场办理指定第二投保人相关手续，并签名，注明年、月、日，或者依法另行订立遗嘱指定第二投保人。

**参考资料**

《中华人民共和国民法典》第一千一百二十二条、第一千一百三十六条。

## 问题 4
子女的配偶有权要求分割子女在父母去世后取得的身故保险金吗?

### 解　析

子女的配偶无权要求分割子女取得的身故保险金。

根据《第八次全国法院民事商事审判工作会议（民事部分）纪要》第五条，除非双方另有约定，否则婚姻关系存续期间，夫妻一方作为受益人依据以死亡为给付条件的人寿保险合同获得的保险金，宜认定为个人财产。这意味着，父母去世后，以父母为被保险人的保单所产生的身故保险金一般来说是子女的个人财产，其配偶无权要求分割；同时，身故保险金的这一性质并非要通过协议或者遗嘱等法律工具才能实现，而是依照法律规则的适用规范直接具备的，这是身故保险金在财富传承过程中的一大优势。

有如此规定，原因在于，身故保险金实则是为了弥补生命逝去所带来的巨大损失，这也是终身寿险被称为“生命 IPO”①的重要理由，此时，推究父母本意，这笔钱一般也仅希望只归子女所有，与通过订立遗嘱确定遗产只归子女所有的情形较为相似，应适用同一法律后果。因此，在上面的案例中，林先生的儿子铭铭获得的身故保险金一般是不会在离婚时被其配偶分走一半的。

当然，子女在获得身故保险金后，还是应避免混同。毕竟身故保险金在领取后也仅表现为资金的形态，虽然原则上属于子女的个人财产，但若无法证明到底是否继续存在或者存在于何处，那么也可能面临婚姻风险的威胁。

---

① IPO 指首次公开募股。

参考资料

《第八次全国法院民事商事审判工作会议（民事部分）纪要》第五条。

## 专家建议

针对本节所涉及的保单筹划相关问题，笔者提出如下建议：

1. 与遗嘱不同，保单当然不是为了传承财富而“量身定制”的法律工具，但是，由于保单承载着现金价值、账户利益、现金红利、保险金等财产性权益，因此可以通过设计赋予其财富传承的功能和属性。在设计过程中，要综合利用多种法律工具提升保单的价值，如赠与协议、指定第二投保人甚至保险金信托等，这些法律工具都可以配合保单实现家庭财富的安全、稳妥、定向传承。
2. 保单传承仅适用于资金这一特定的家庭财富类型，其他类型的家庭财富，如股权、房屋、艺术品等，无法运用保单进行传承。因此，在家庭财富传承过程中，一方面要根据财富类型的不同而选择适宜的法律工具，另一方面也可以适当调整家庭财富的结构和配置，将一部分家庭财富转化为资金，这样就能够更为安全、灵活地运用保单传承家庭财富了。

# 第七章
# 婚姻家庭中的法商智慧

## 引　言

在家庭财富的创造、保有和传承过程中，婚姻家庭的风险始终如影随形。一旦婚姻破裂，家庭财富往往也会岌岌可危：家庭财富有可能大量外流，家族企业有可能分崩离析，未成年子女的成长教育也可能面临诸多不确定因素，更有甚者，夫妻共同债务还有可能让苦心构筑的资产保全“防火墙”丧失价值。因此，家庭财富管理的各个阶段都应考虑婚姻家庭的风险问题。

家庭是社会的细胞，婚姻是家庭的基础，因此，婚姻家庭也一直受到法律的悉心呵护，法律通过财产和责任制度尽力保障婚姻家庭的和谐与稳定。正因如此，妄图通过非法手段侵吞夫妻共同财产，往往会“偷鸡不成蚀把米”；违反忠诚义务造成婚姻破裂的过错方，也将在经济上遭受惩罚和损失。同时，由于夫妻双方彼此信赖，所以并不会长期保持高度警惕，这导致婚姻中家庭财富所面临的风险也可能来源于证据意识的缺乏，比如财产混同、伪造夫妻共同债务、子女抚养费被擅自挪用等，往往是由于证明困难，这同样也是实践中高发的法律风险。

婚姻家庭一旦出现问题，往往“既伤感情又伤钱”，当情感和财富交织在一起时，我们可能难以做出更为理智的判断。目前，在很多一、二线城市中，离婚率居高不下，“白头偕老”作为美好的祝福也变得越发具有不确定性，此时，无论是父母还是子女，都应该在“情商”之外，建立“财商”和“法商”的思维。

## 第一节　婚姻风险对于家庭财富的影响

### 案　例

---

林先生与林太太携手走过十余年，感情融洽，生有一女瑶瑶，只有 12 岁，即将读中学。但近来，林太太却因林先生的一系列举动而寝食难安，尤其担心婚姻风险可能影响其家庭财富的安全性。林太太担心的问题如下：

1. 林太太偶然得知林先生曾购买一套房屋，却登记在其弟弟名下，而且从未告知林太太，林太太不禁担心林先生是否已通过代持等方式转移、隐藏了大量的夫妻共同财产。一旦离婚，林太太又该如何举证证明呢？
2. 林先生在经营公司的过程中，曾以个人名义为公司债务提供融资担保，如果一旦经营不善，公司无力偿还债务，林太太名下的婚前财产是否有被强制执行的风险呢？
3. 好友告知林太太，其曾无意中目睹林先生与一陌生女子出入酒店，林太太生气担心之余也在思考，如果能有证据证明林先生出轨，那么在离婚分割财产时自己能否占据更有利的地位呢？

4. 林太太在婚前全款购买的房屋在婚后又另行出售，出售房屋所得的款项是否属于夫妻共同财产？在离婚时林先生有权要求分割吗？

**问题1**
**以夫妻名义共同生活多年，是否就会形成事实婚姻？**

### 解　析

不一定。

所谓事实婚姻，是指男女双方没有办理结婚登记而以夫妻名义共同生活的现象。对于事实婚姻，特别是涉及离婚、财产分割、子女抚养等问题时，到底能否适用婚姻家庭法律规范予以保护，很多人都存在误区，甚至影响其对于法律风险的识别与判断。

根据《民法典》的相关规定，结婚登记是结婚的必经程序，如果没有办理结婚登记，应当补办登记。这意味着，原则上，如果没有办理结婚登记，男女双方一般不构成婚姻关系。对此，早在1994年2月1日民政部颁布的《婚姻登记管理条例》中就有明确规定，符合结婚条件的当事人未经结婚登记以夫妻名义同居的，其婚姻关系无效，不受法律保护。但是，考虑到在实践中，男女双方形成事实婚姻但并未进行结婚登记的情况大量存在，原因又各不相同，一概否认婚姻关系过于严苛，因此，《最高人民法院关于适用〈中华人民共和国民法典〉婚姻家庭编的解释（一）》明确规定，未办理结婚登记而以夫妻名义共同生活的男女，提起诉讼要求离婚的，应当区别对待，在《婚姻登记管理条例》公布实施以前，男女双方已经符合结婚实质要件的，才需要按照事实婚姻处理，而对于《婚姻登记管理条例》公布实施以后，男女双方符合结婚实质要件的，人民法院应当告知其补办结婚登记，未补办结婚登记的，则要按照同居关系处理。

可见，以夫妻名义共同生活多年，未必就会形成事实婚姻，还需要看是何时符合结婚实质要件的，如果在 1994 年 2 月 1 日前就已符合结婚实质要件，只是没有进行结婚登记，那么也属于事实婚姻，并享受婚姻家庭法律制度的保护，否则就只能算作同居关系了。当然，同居关系也会涉及财产分割和子女抚养等问题，法律风险并未减少，但享受的法律保护却是大打折扣的，因此一定要注意防范。

### 参考资料

《最高人民法院关于适用〈中华人民共和国民法典〉婚姻家庭编的解释（一）》第七条。

### 问题 2

**转移、隐藏夫妻共同财产，一旦被发现了是否会遭受惩罚？**

### 解　析

当然会。

很多人都已意识到婚姻风险将给家庭财富带来严重威胁，但往往并未采用合法手段守护个人财富，而是希望通过转移、隐藏夫妻共同财产来保障自身的合法权益，甚至损害配偶的合法权益。但是，这一手段未必总能发挥“奇效”，一旦被发现，可能“偷鸡不成蚀把米”。

根据《民法典》的相关规定，夫妻一方转移、隐藏夫妻共同财产，在离婚分割夫妻共同财产时，对其可以少分甚至不分。这意味着，上述手段一旦被发现，转移、隐藏夫妻共同财产的一方将会遭受惩罚，在分割其他夫妻共同财产时要少分甚至不分。同时，我们还要注意的是，不同于原《婚姻法》（已废止）对于转移、隐藏夫妻共同财产的认定要以“离婚时”为前提，《民法典》并无这一时间限制，这表明，从结婚到离婚的整个婚姻关系存续期间，只要夫妻一方存在转移、隐藏夫妻共同财产的行为，就可能遭受这一惩罚。当然，在实践中，这考验着配偶的举证能力，在上面的案例中，如果林先生通过代持已转移、隐藏了一部分夫妻共同财产，那么林太太可能难以发现；如果已经发现了蛛丝马迹，可以通过公司财务审计、银行流水、申请法院调查取证等方式弥补举证能力的不足。

另外，在离婚诉讼中，如果夫妻一方已提供必要证据证明了另一方在婚姻关系存续期间存在大额夫妻共同财产的异常变动，那么法院有可能会要求另一方就异常变动进行解释、说明并提供相应的证据，如果另一方无法证明所谓异常变动取得了配偶的同意，也无法证明大额财产用于了夫妻共同生活或者共同生产经营，那么法院就有可能认定其转移、隐藏了夫妻共同财产，并在分割夫妻共同财产时对其进行惩罚。因此，即使不存在转移、隐藏夫妻共同财产的行为，也可能由于证据不足而遭受惩罚，这是我们应该警惕的。

我们建议还是要尽量采用合法手段守护婚姻中的家庭财富，不要用那些不受法律保护甚至有可能遭受法律惩罚的手段，否则，一旦失败，不仅无法实现预期目标，还可能损失惨重，甚至受到道德和舆论的谴责。

### 参考资料

《中华人民共和国民法典》第一千零九十二条。

### 问题 3

为什么说夫妻共同债务会严重威胁婚姻中的财富安全？

### 解　析

根据《民法典》的相关规定，在离婚时，只有夫妻共同财产才需要进行分割，夫妻一方的个人财产一般是无须分割的。这意味着，夫妻一方的个人财产通常不会轻易受到婚姻风险的影响；但是，夫妻一方的个人财产却难以抵御夫妻共同债务的威胁。

对于夫妻共同债务，《民法典》确立了“共债共签”原则。也就是说，只有夫妻双方共同签名或者夫妻一方事后追认等共同意思表示所负的债务，才属于夫妻共同债务，否则，就仅仅是举债人单方的个人债务。但是，“共债共签”原则是有例外的，一是夫妻一方在婚姻关系存续期间以个人名义为家庭日常生活需要所负的债务，属于夫妻共同债务，这就是所谓家事代理权，便于夫妻一方为家庭日常生活进行灵活便捷的小额借贷；二是债权人能够证明债务用于夫妻共同生活或者共同生产经营，这样即使是夫妻一方以个人名义举借的大笔债务，也属于夫妻共同债务。在上面的案例中，林先生虽然是以个人名义为公司债务提供融资担保，但若林先生是以夫妻共同财产投资入股，公司经营所得也用于了家庭共同生活，那么该公司就可能构成夫妻共同生产经营，而林先生的上述债务也将属于夫妻共同债务。

可见，绝不仅仅是基于夫妻双方共同意思才会产生夫妻共同债务；同时，夫妻一方伪造债务、侵吞财产的可能性也依然存在。对于夫妻共同债务，如果用夫妻共同财产依然无法全部清偿，那么就需要用夫妻一方的个人财产来清偿了，这表明，夫妻一方的个人财产可能无力抵御夫妻共同债务的威胁。在上面的案例中，如果林先生的债务属于夫妻共同债务，那么林太太的婚前财产同样有可能受到威胁。

对于夫妻共同债务所带来的风险，由于要兼顾债权人的利益，因此《民法典》并未提供过多的防范措施，夫妻之间实行约定财产制是为数不多的可选方案之一。根据《民法典》的相关规定，只有在夫妻对婚姻关系存续期间所得财产约定归各自所有，且相对人知道这一约定时，夫妻一方对外所负的债务，才属于个人债务，不再是夫妻共同债务。这一方案虽然可以抵御夫妻共同债务的威胁，但适用条件较为苛刻：一方面要求夫妻双方约定财产归各自所有，另一方面还要求相对人知道这一约定，二者缺一不可。但在实践中，夫妻双方实行约定财产制的并不多见，即使做出了约定，夫妻一方在举借外债时是否会主动告知债权人这一约定，也很难控制，因此，这一规则对夫妻共同债务的防范力度着实有限。这也是我们要特别强调夫妻共同债务风险的原因所在。

**参考资料**

《中华人民共和国民法典》第一千零六十四条、第一千零六十五条。

**问题 4**

**为什么会发生财产混同？财产混同有什么危害？**

**解　析**

如上所述，除了夫妻共同债务以外，夫妻一方的个人财产一般不会轻易遭受婚姻风险的影响。但是，如果夫妻一方的个人财产与夫妻共同财产发生了混同，就不再具有这一优势了。那么，什么是财产混同？又为何会发生财产混同呢？

所谓财产混同，就是指夫妻一方的个人财产与夫妻共同财产混为一体、难以区分。之所以会发生财产混同，可能有两个方面的原因。一方面，某些类型的财产本身就容易发生混同，如资金。比如，原属于婚前财产的一笔资金储存在某个银行账户内，婚后，工资、奖金、劳务报酬等夫妻共同财产也存入该银行账户内，同时，家庭各项花销也从该银行账户中支取，长此以往，该银行账户内的资金到底是个人财产还是夫妻共同财产，就将难以区分。另一方面，财产形态发生变动的过程可能无法证明。比如，原属于婚前财产的房屋在婚后可以出售并转化为资金，如果房屋属于个人财产，那么该房屋转化所得的资金也属于个人财产；但是，资金本身就容易发生混淆，即使另行购买其他财产比如股票，如果无法证明购买股票使用的资金全部来源于出售房屋所得的资金，那么由于股票是婚后购买的，也很可能会被认定为夫妻共同财产。

一旦发生财产混同，难以证明个人财产与夫妻共同财产的范围，那么法院就有可能将原本属于个人财产的部分认定为夫妻共同财产，并在离婚时进行分割。可见，财产混同归根结底是证据意识不足所导致的，离婚诉讼适用民事诉讼相关规则，在很多情形下要由主张个人财产的夫妻一方提供证据予以证明，如果无法证明，当然就要承担不利后果了。

因此，为了防范财产混同的发生，我们要树立证据意识，婚前财产应尽量单独保管、储存，如资金可以秉承“专款专户，只出不进”的原则，如财产形态发生变动一定要保留清晰、完整、明确的证据，唯有如此，才能在关键时刻抵御财产混同的风险，为婚姻中的个人财富筑起一道防火墙。

**参考资料**

《中华人民共和国民法典》第一千零六十二条，《中华人民共和国民事诉讼法》第六十七条。

**问题 5**

夫妻一方在婚姻中存在过错，在离婚时会影响其财产性权益吗？

**解　析**

当然会。

无论是原《婚姻法》（已废止）还是《民法典》，都规定了离婚损害赔偿制度，也就是说，如果是夫妻一方存在过错并导致离婚的，那么无过错方可以要求对其进行损害赔偿。在实践中，夫妻一方存在过错的情形多种多样，《民法典》列举了几种常见形态，如重婚、与他人同居、实施家庭暴力以及虐待、遗弃家庭成员等情形；除此以外，为了防止挂一漏万，还明确规定“有其他重大过错”的情形也可以适用这一制度。这意味着，如嫖娼、出轨、婚外生育子女等情形，也有可能被认定为“其他重大过错”，从而在离婚中承担损害赔偿责任，严重影响其财产性权益。根据《民法典》的相关规定，照顾无过错方权益还是分割夫妻共同财产的重要原则之一，也就是说，夫妻一方在婚姻中存在过错，还可能导致其少分甚至不分夫妻共同财产，这是一种更为严重的法律后果。

但需要注意的是，这一制度虽然旨在通过经济手段惩罚婚姻中的过错方，但在实践中却可能产生负面影响。一方面，可能导致所谓“捉奸成风”，无过错方可能采取各种手段挖掘对方存在过错的证据，以便在离婚时能够争取更大的经济利益，因此过错方的隐私被泄露的风险无疑将大大增加，其个人形象大打折扣的可能性也会上升，尤其是对于卓有声望的企业家来说更是如此。另一方面，过错方为了避免在离婚时财产性权益受到损失，可能会更加积极地转移、隐藏夫妻共同财产，这将给婚姻中家庭财富的安全性带来更为严重的威胁。

在上面的案例中，如果林先生确实婚内出轨，那么林太太在离婚时可以主张损害赔偿，但关键问题在于如何取证，尤其是采用侵犯他人合法权益的方式所获得的证据能否在离婚诉讼中被采信，依然存在一定争议。当然，如果林太太证明了林先生婚内出轨的事实，那么林先生除了要付出经济上的代价外，其声誉和形象也必将大打折扣，甚至影响企业的正常经营。

因此，对于上述风险还是应提早防范，既要严格自律，避免陷入家庭、感情和经济的旋涡之中，又要保护自身的合法权益不受不应有的损害。

参考资料

《中华人民共和国民法典》第一千零九十一条。

问题 6

什么是离婚冷静期？可能产生哪些风险？

解　析

离婚主要有两种方式，即协议离婚和诉讼离婚。与诉讼离婚相比，协议离婚具有手续简便、周期较短、自主决定、成本低廉等优势，是实践中应用最为广泛的离婚方式。但是，由于原《婚姻法》（已废止）对于协议离婚并未设置任何前置程序，因此夫妻双方可以迅速办理完离婚手续，其中无疑存在很多“冲动型离婚”的现象，严重影响了家庭和谐与社会稳定。因此，《民法典》在协议离婚的程序中专门设置了所谓的离婚冷静期，也就是说，夫妻双方协议离婚，需要先到婚姻登记机关申请离婚登记，自离婚登记之日起三十日内，任何一方不愿意离婚的，都可以向婚姻登记机关撤回离婚登记申请，这一期限就是所谓的离婚冷静期，该期限届满后的三十日内双方才能申请发给离婚证。

可以说，离婚冷静期已经成了协议离婚的必经程序，这将给协议离婚的程序带来更多不确定的变数。一方面，申请离婚登记和发给离婚证都需要夫妻双方共同完成，任何一方不予配合都无法推进；但与此同时，任何一方却都可以在离婚冷静期内随时撤回离婚登记申请，也就是说，在长达三十日的离婚冷静期内，任何一方都有权随时“反悔”。另一方面，即使夫妻双方在离婚冷静期内都没有撤回离婚登记申请，但是，夫妻双方也需要在离婚冷静期届满后的三十日内申请发给离婚证，如因夫妻一方临时反悔、拒不配合或者逾期错过而没有及时申请发给离婚证，那么既往的协议离婚程序就将全部作废，双方要想协议离婚就需要重新再来。

可见，无论是在周期上还是在程序上，离婚冷静期都将给协议离婚带来更多的不确定因素。正所谓“夜长梦多”，短则三十余日，长则数月之久，夫妻一方甚至双方都有可能恶意利用这一窗口期来转移、隐藏夫妻共同财产，伪造夫妻共同债务，甚至实施家庭暴力等行为，这些都是在协议离婚过程中尤其需要加以防范的风险。当然，协议离婚并非诉讼离婚的前置程序，如果发现或者担心上述风险，任何一方都可以向法院提起离婚诉讼，并通过诉讼保全等手段守护财富、保全证据，维护自身的合法权益。

**参考资料**

《中华人民共和国民法典》第一千零七十六条、第一千零七十七条。

**问题 7**

**离婚后父母一方支付的子女抚养费可能遭受哪些风险？**

**解　析**

根据《民法典》的相关规定，离婚后，父母对于子女仍有抚养、教育、保护的权利和义务；离婚后，子女由一方直接抚养的，另一方应当负担部分或者全部抚养费。但是，未直接抚养子女的父母一方所支付的抚养费，能否真正用到子女身上，却让很多人担心不已。

这种担心绝非空穴来风。根据《民法典》关于监护制度的规定，监护人应当按照最有利于被监护人的原则履行监护职责，除为维护被监护人的利益外，是不得处分被监护人的财产的。可见，法律已明确了对未成年人履行监护职责的原则，即最有利于被监护人，同时，不得随意处分被监护人的财产，否则要承担相应的损害赔偿责任。但问题在于，这一原则过于抽象，在实践中往往难以把握。父母离婚后，一方直接抚养子女，另一方支付抚养费，直接抚养子女的一方使用抚养费的方式是否“最有利于”未成年子女，本就存在不同认识；况且，即使抚养费被擅自挪用，支付抚养费的一方能否及时发现并获得必要的证据，也存在诸多不确定性。这些都导致离婚后父母一方支付抚养费时会忧心忡忡。

但这还并非最严重的问题。无论父母双方是否离婚，其中一方一旦去世，其遗产在一般情况下都会由其子女继承相当一部分，如果子女尚未成年，那么父母中在世的一方将是子女唯一的监护人，此时，子女继承所得的遗产在其成年以前将只能由父母中在世的一方实际占有、使用，如果其再婚甚至再育，这些遗产是否会被挪用、子女成年后有无能力讨要等问题在一定程度上也都存在不确定性，这恐怕是更为令人不安的。

对此，我们建议离婚后父母双方可以签订协议共同管理抚养费，避免因单方动用高额抚养费带来的一系列问题；如果父母一方担心去世后子女继承所得遗产被挪用或者侵吞，还可以综合利用提存、委托、信托、保险等制度，引入第三方甚至第四方主体来破解父母之间难以互信的迷局。

### 参考资料

《中华人民共和国民法典》第三十五条、第一千零八十五条。

## 专家建议

针对本节所涉及的婚姻家庭相关问题，笔者提出如下建议：

1. 由于夫妻双方对于其共同财产属于共同共有，因此原则上对于夫妻共同财产的处分要经过双方的同意，否则，处分行为可能会被认定为无效或者被撤销。这也造成婚姻中的家庭财富管理受到重重限制，一般需要夫妻双方都同意才能实行。
2. 在婚姻中依然要有一定的证据意识，相当一部分法律风险都是由于无法取证甚至无法知晓造成的，因此，即使夫妻感情较为融洽，也应居安思危，我们当然不能妄图侵吞夫妻共同财产，但也不应坐视自己的个人财富无端遭受损失，婚姻中的家庭财富管理多一点证据意识，于人于己都是有益的。

## 第二节　婚姻中的保单筹划底层逻辑

### 案　例

林太太及其父母在其婚前、婚后陆续投保了多种类型的保单，考虑到近来林先生的一系列异常表现，林太太不禁有些担心，一旦其与林先生离婚，这些保单是否会受到影响呢？林太太的担忧主要涉及以下问题：

1. 林太太名下的哪些保单会被分割？又应如何分割呢？
2. 林太太已经领取的保险金属于夫妻共同财产吗？在离婚时需要进行分割吗？

问题 1
在离婚时，夫妻一方投保的保单需要分割吗？

## 解　析

需要看夫妻一方用于投保的保费是否来源于夫妻共同财产。

根据《民法典》的相关规定，对于婚前财产等夫妻一方的个人财产，并不会因为财产形态的变化而受到影响；换句话说，夫妻一方的个人财产即使发生了转化，如房屋出售变为资金，也依然属于夫妻一方个人所有，不会成为夫妻共同财产。当然，夫妻一方的个人财产在转化过程中要注意留存相应的证据，防止因证据不足而发生财产混同。

这一规则也同样适用于夫妻一方投保的保单分割问题。如果夫妻一方在婚前投保，或者在婚后使用个人财产投保，那么保单的现金价值就是婚前财产或者个人财产转化所得，依然属于夫妻一方个人所有，在离婚时其配偶是无权要求分割的。相反，如果夫妻一方在婚后使用夫妻共同财产（如工资、奖金、劳务报酬等）投保，那么保单的现金价值就是夫妻共同财产转化所得，依然属于夫妻共同所有，在离婚时当然是应予分割的。对此，最高人民法院颁布的《第八次全国法院民事商事审判工作会议（民事部分）纪要》第四条也做出了明确规定。

需要说明的是，即使在离婚时需要分割保单，也不意味着保单就一定要进行退保。如上所述，所谓分割保单，实际上分割的是保单的现金价值，如果持有保单的一方不退保，那么只需要将现金价值的一半支付给另一方即可，保单也就不必退保了。对于保单来讲，如果采用期交保费的方式进行投保，那么现金价值在相当长的一段时期内都是低于保费的，再考虑未来可以领取的保险金，综合计算，在离婚时还是不退保更加符合各方的利益。

## 参考资料

《第八次全国法院民事商事审判工作会议（民事部分）纪要》第四条。

**问题 2**

**在离婚时，夫妻一方领取的保险金需要进行分割吗？**

## 解　析

需要区分不同险种、法律地位和保费来源。

根据最高人民法院颁布的《第八次全国法院民事商事审判工作会议（民事部分）纪要》第五条，婚姻关系存续期间，夫妻一方作为被保险人依据意外伤害保险合同、健康保险合同获得的具有人身性质的保险金，宜认定为个人财产，除非双方另有约定。这是因为意外险、健康险的保险金旨在救治疾病、伤症，为了保证被保险人的健康和安全，理应避免这一类型的保险金作为夫妻共同财产被分割，因此，无论保费来源于夫妻共同财产还是夫妻一方的个人财产，意外险、健康险的保险金一般认定为被保险人的个人财产，在离婚时是无须分割的。除此以外，如上所述，夫妻一方作为受益人依据以死亡为给付条件的人寿保险合同获得的保险金，一般也属于个人财产，在离婚时也无须分割。

当然，对于生存保险金是否属于夫妻共同财产，在离婚时是否分割，还存在争议。一般认为，如果保费均来源于个人财产，那么生存保险金一般应认定为夫妻一方个人财产在婚后产生的被动收益，类似孳息和自然增值，也应属于个人财产；相反，如果保费全部或者部分来源于夫妻共同财产，那么生存保险金也相应地全部或者部分属于夫妻共同财产，在离婚时，属于夫妻共同财产的部分生存保险金当然是应进行分割的。

可见，在离婚时夫妻一方领取的保险金是否要分割，可能既要看险种，也要看法律地位，甚至还要看保费来源，这些因素都会影响保险金的性质，进而决定其在离婚时是否应被分割。

### 参考资料

《第八次全国法院民事商事审判工作会议（民事部分）纪要》第五条。

### 问题 3

父母给子女买的保单，在子女离婚时会被其配偶分割吗？

### 解　析

需要区分不同的保单设计方案。

如上所述，保单的现金价值、账户利益、现金红利等财产性权益属于投保人所有，而不是被保险人所有，这意味着，如果父母作为投保人，子女作为被保险人，即使子女婚姻破裂，受到影响的也只是子女的夫妻共同财产或者个人财产，而不会影响父母所有的上述保单权益。

相反，如果父母将保费赠与子女，再由子女作为投保人自行投保，那么就需要看保费是否会形成夫妻共同财产。根据《民法典》的相关规定，夫妻在婚姻关系存续期间受赠所得的财产，一般也属于夫妻共同财产，除非赠与合同中确定只归一方所有。这表明，如果父母并未进行任何特殊安排就将保费直接赠与子女，保费就会成为子女夫妻的共同财产，与此相应，保单中属于投保人所有的财产性权益也将成为夫妻共同财产，子女离婚时，其配偶当然有权要求分割。反之，如果父母与子女先签订赠与协议，明确约定保费仅归子女一方所有，与其配偶无关，那么保费就将成为子女一方的个人财产，与此相应，保单中属于投保人所有的财产性权益也将成为子女一方的个人财产，子女离婚时，其配偶无权分割。

当然，需要注意的是，父母作为投保人为子女投保，虽然一般不会受到子女婚姻风险的影响，也不需要签订赠与协议，在操作上较为简单，但是，如果父母去世，保单中属于投保人所有的财产性权益将由子女继承，也可能变成子女的夫妻共同财产。因此，在选择这一方案的同时，父母可以通过订立遗嘱的方式明确规定保单中属于投保人所有的财产性权益仅归子女一方所有，与其配偶无关，以避免子女婚姻风险的影响。

**参考资料**

《中华人民共和国民法典》第一千零六十二条、第一千零六十三条。

## 专家建议

针对本节所涉及的保单筹划相关问题，笔者提出如下建议：

1. 保单在应对婚姻风险时具有一定的优势：一方面，投保后一般无须进行特殊操作，就可以在满足保单约定条件的情况下领取保险金，因此，保险金属于被动收益，只要保费来源于个人财产，保险金就不会轻易受到婚姻风险的影响；另一方面，某些类型的保险金，本就带有强烈的人身属性，也被认定为个人财产，因此，只要不发生混同，一般也不会轻易受到婚姻风险的影响。
2. 保费与保额、现金价值之间存在一定差距，让保单持续有效是有利于夫妻双方的，因此，在离婚时随意退保并不是明智之举，还是由投保人继续持有保单并补偿另一方更为适宜。

# 04 税务编

本编作者：田　园[①]

① 田园，美国会计学硕士，曾任职于某5A级税务师事务所，拥有6年中、美两国税务申报及咨询工作经历。

# 编首语

“人生有两件事是无法避免的：一个是死亡，另一个是税收。”这句话道出了税收在我们生活中的不可避免。人性倾向于追求收益，却并不喜欢付出成本，我们总是希望收益越高越好，成本越低越好。在很多人心目中的利润表里，税收总是作为一项不讨喜的成本存在，于是我们看到了一些利用信息不对称、虚假交易、隐匿收入等方式逃税的案例。

回归到税收的重要功能和作用：税收收入是财政收入的重要来源，取得充足的财政收入，才能为经济发展提供必要的公共商品，建立正常的生产关系，为社会经济发展创造良好的环境。

放眼全球，相当一段时间以来，部分人群通过离岸架构的私密性进行“税务规划”，但随着科技的发展，信息的获取和交换也越来越便捷。2008 年国际金融危机之后各国面临的财政困难，也促使全球建立起了国际反避税网络。聚焦国内，随着金税工程的发展、国税地税机构合并，以及共同富裕的不断推进，税收征管环境日益严格。在全球税务透明、国内税收大数据精准监管的时代背景下，税收的合规和优化更加引起人们的重视。

2021 年 3 月 24 日，由中共中央办公厅、国务院办公厅印发的

《关于进一步深化税收征管改革的意见》明确提出，要“依法加强对高收入高净值人员的税费服务与监管”。近期一系列涉税违法案件的曝光，也使人们更加深刻地认识到税务合规的重要性。在私人财富管理领域，人们也更加深刻地认识到通过合法的方式取得且合规地缴纳过税款的财富，才是高质量的私人财富。

2021 年 8 月 17 日召开的中央财经委员会第十次会议，专题研究扎实促进共同富裕问题。会议指出，要坚持以人民为中心的发展思想，在高质量发展中促进共同富裕，正确处理效率和公平的关系，构建初次分配、再分配、三次分配协调配套的基础性制度安排。

在整个国民收入分配过程中先后有三次分配，分别对应三个主要部门——市场（重效率）、政府（重公平）和公益（重道德）。[①]

初次分配往往是由市场力量主导的，而如果放任市场对收入进行配置，长期来看会拉大社会的贫富差距。

为了调节这种收入的贫富差距，政府部门需要制定好再分配体系，具体的形式包括税收、转移支付、社会保障等，其中税收对高收入人群的财富调节十分值得关注。

最后是三次分配，需要公益慈善组织和志愿者来做一些补充。三次分配以自愿为原则，以道德力为驱动。[②]

税收，这项在历史上存在了几千年的制度，在信息交换更便捷化、监管方式更科技化、人们生活更富足的今天，势必会发挥越来越重要的作用。

---

① 引自《共同富裕：三次分配的内外对比》，金融界，2021 年 8 月 20 日，参见 https://www.163.com/dy/article/GHQT819B0519QIKK.html。

② 同上。

# 第八章 税收中的“潜力股”——个人所得税

## 引　言

近年来，不论是明星偷逃税典型案件的曝光，还是个人所得税改革后一年一度的个人所得税综合所得汇算申报，都让个人所得税的话题备受关注。根据财政部公布的《2021 年财政收支情况》，2021 年全国税收收入 172 731 亿元，同比增长 11.9%。其中，个人所得税 13 993 亿元，同比增长 21%。从中我们可以看出，个人所得税增长速度高于全国税收收入的增长速度。

但是通过计算我们也会发现，目前我国个人所得税占全国税收收入比重仅为 8% 左右。在《中华人民共和国国民经济和社会发展第十四个五年规划和 2035 年远景目标纲要》中，提到了“完善个人所得税制度，推进扩大综合征收范围，优化税率结构”，“健全直接税体系，完善综合与分类相结合的个人所得税制度，加强对高收入者的税收调节和监管”。

可以说，个人所得税是我国税收中的一只“潜力股”。业界普遍认为，未来个人所得税将在税收构成中扮演越来越重要的角色。

# 第一节　新个税法知多少

## 案　例[①]

2022年3月1日到了，身边的许多朋友开始登录个人所得税App（应用程序），进行“2021综合所得年度汇算”申报，赵女士了解到周围有同事退税9 000多元，自己却需要补税10 000多元，表示十分不解，于是找到税务师钱先生进行咨询。经过钱先生的解释，赵女士还是感到似懂非懂。钱先生解释道，不掌握个人所得税的基本原理，就不容易理解为什么会产生不同的结果，还得从头讲起。赵女士说：“好呀，那从咱们国家的个人所得税基本制度开始说吧。”

1. 我国目前的个人所得税采用的是什么样的制度？
2. 个人所得税综合所得汇算清缴，多退少补的原理是什么？
3. 保险代理人的个人所得税是如何计算的？
4. 个人所得税综合所得汇算清缴，如果需要补缴税款，坚持不申报，有什么风险吗？
5. 我国未来个人所得税改革趋势如何？
6. 新时代深化税收征管体制改革的主要目标是什么？

① 因部分读者在以往了解税法的过程中认为税法晦涩难懂，为帮助读者更好地理解税法内容，并与自身的实际生活产生联系，本章部分内容以对话形式展示。在本章的对话中，税务师钱先生所表述的内容为本书立场。

## 问题 1

## 我国目前的个人所得税采用的是什么样的制度？

### 解　析

我国目前采用的是综合与分类相结合的个人所得税制度。

2018 年 8 月 31 日，第十三届全国人民代表大会常务委员会第五次会议通过了《全国人民代表大会常务委员会关于修改〈中华人民共和国个人所得税法〉的决定》。这是《个人所得税法》自 1980 年出台以来的第七次修正，也开启了我国个人所得税制度的一次根本性变革。这次修改对居民个人取得的部分劳动性所得实行综合征税，也更加健全了个人所得税征管制度。

我国自 2019 年 1 月 1 日起施行的个人所得税制度，是综合与分类相结合的个人所得税制度。根据收入的性质，将不同类型的收入分成以下九类：（一）工资、薪金所得；（二）劳务报酬所得；（三）稿酬所得；（四）特许权使用费所得；（五）经营所得；（六）利息、股息、红利所得；（七）财产租赁所得；（八）财产转让所得；（九）偶然所得。

如图 8-1 所示，居民个人取得第一项至第四项所得为综合所得，按纳税年度合并计算个人所得税。对于综合所得，适用 3%~45% 的七级超额累进税率；对于经营所得，适用 5%~35% 的五级超额累进税率；利息、股息、红利所得，财产租赁所得，财产转让所得和偶然所得，均适用比例税率，税率为 20%。

一些朋友会感到困惑，为什么个人所得税最高边际税率有时候是 45%，有时候是 35%，有时候是固定的 20%？在确定税率以前，我们需要做的是确定自己所取得的收入属于哪一类，是属于综合所得、经营所得，还是其他类型的所得，然后根据收入的性质并结合具体的情况，来计算应纳税额。

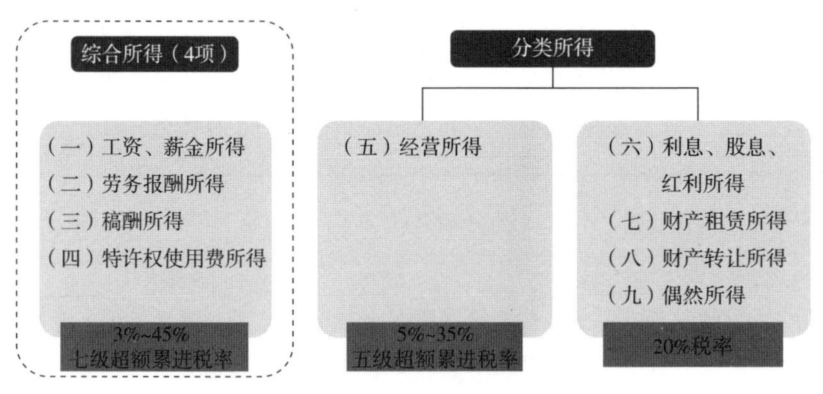


图 8-1 我国个人所得税制度

资料来源：作者依据《个人所得税法》整理。

### 参考资料

《中华人民共和国个人所得税法》。

### 问题 2

个人所得税综合所得汇算清缴，多退少补的原理是什么？

### 解 析

赵女士在了解我国目前个人所得税的基本制度之后，清楚了自己取得的收入主要为"工资、薪金所得"。赵女士是居民个人，她所取得的"工资、薪金所得"属于"综合所得"，按纳税年度合并计算个人所得税。3 月 1 日至 6 月 30 日，赵女士可以通过个人所得税 App 进行居民个人综合所得年度汇算申报，即针对（一）工资、薪金所得，（二）劳务报酬所得，（三）稿酬所得，（四）特许权使用费所得这四类所得汇算申报。

赵女士接着问钱先生："个人所得税综合所得汇算清缴，多退少补的原理是什么呀？"钱先生回答说："比如 2021 年，你应该缴纳 10 000 元的税款，之前你只预扣预缴了 9 000 元，那么你需要补

1 000 元的税款；如果你应该缴纳 10 000 元的税款，之前预扣预缴了 12 000 元，那么你可以申请 2 000 元的退税，多退少补的原理就是这么简单。”赵女士接着问：“听着是挺简单的，但是具体怎么算我也不太懂，你能给我科普一下吗？”钱先生说：“那就需要先了解一下居民个人综合所得（年度）的计税公式了。”于是写下了下列公式：

应纳税额 =（全年综合所得收入额 – 60 000 元 – 专项扣除 – 专项附加扣除 – 依法确定的其他扣除 – 符合条件的公益慈善事业捐赠）× 适用税率 – 速算扣除数

赵女士看了看公式说：“字都认识，但是什么含义我并不明白。”钱先生说：“主要是不明白公式里的概念呗。”赵女士回答道：“对呀，像收入额、专项扣除、专项附加扣除都是什么意思呀？”钱先生回复道：“首先说收入额，收入不一定等于收入额，它们的关系是这样的。”钱先生边说边画起表格（见表 8–1）来。

表 8–1　居民个人综合所得收入额计算方法

| 综合所得项目 | 收入额 |
| --- | --- |
| 工资、薪金所得 | 全额（100%）计入收入额 |
| 劳务报酬所得 | 实际取得收入 ×（1–20%） |
| 特许权使用费所得 | |
| 稿酬所得 | 实际取得收入 ×（1–20%）× 70% |

钱先生边画表格边解释道：“如果你取得了 10 万元的工资，那么这 10 万元都会计入收入额；如果你取得 10 万元的劳务报酬，或者是特许权使用费，那么会有 8 万元［10 万元 ×（1–20%）= 8 万元］计入收入额，你可以简单地把它理解为是打了 8 折。如果是 10 万元的稿酬所得，那么会有 5.6 万元［10 万元 ×（1–20%）× 70% = 5.6 万

元］计入收入额，相当于打了 5.6 折。”赵女士说：“原来不同类型的收入，对应的收入额还不一样呀！那么专项扣除又是什么呢？”钱先生答道：“专项扣除包括社会保险费里的基本养老保险、基本医疗保险和失业保险，还有住房公积金，就是咱们常说的三险一金。”赵女士说：“专项附加扣除我知道，就是房贷那些呗。”钱先生接着说：“专项附加扣除是考虑到纳税人的基本情况制定的一些税收扣除项目，很多人上有老、下有小，还背着房贷或租着房子，还有一些人可能得了重病，考虑到大家的经济压力，相应地可以享受一些税收扣除——赡养老人、子女教育、住房贷款利息或住房租金、大病医疗、继续教育，每一项分别都有对应的扣除规则和标准。为了鼓励生育，为生育家庭减压，2022 年 1 月 1 日起，3 岁以下婴幼儿照护费用也被纳入了个人所得税专项附加扣除，这些和咱们的日常生活都息息相关呀！”赵女士说：“感觉学到了不少东西，更多的细节还是得静下心来看书了解。”钱先生说：“是的，税率表我也发给你看看，你可以结合自己的情况算一算 2021 年的应纳税额是怎么算出来的。”个人所得税税率表一（居民个人综合所得适用）如表 8–2 所示。

表 8–2　个人所得税税率表一（居民个人综合所得适用）

| 级数 | 全年应纳税所得额 | 税率 (%) | 速算扣除数 |
| --- | --- | --- | --- |
| 1 | 不超过 36 000 元的 | 3 | 0 |
| 2 | 超过 36 000 元至 144 000 元的部分 | 10 | 2 520 |
| 3 | 超过 144 000 元至 300 000 元的部分 | 20 | 16 920 |
| 4 | 超过 300 000 元至 420 000 元的部分 | 25 | 31 920 |
| 5 | 超过 420 000 元至 660 000 元的部分 | 30 | 52 920 |
| 6 | 超过 660 000 元至 960 000 元的部分 | 35 | 85 920 |
| 7 | 超过 960 000 元的部分 | 45 | 181 920 |

### 参考资料

《中华人民共和国个人所得税法》。

### 问题 3

保险代理人的个人所得税是如何计算的?

### 解　析

赵女士计算清楚了自己 2021 年的个人所得税，又想到了一个问题：“听说在同样的收入和情况下，保险代理人的个人所得税比劳动合同制下的员工的个人所得税要少，这是怎么回事呢？”钱先生回答道：“你还记得我之前给你讲的收入额的概念吗？”赵女士说：“记得呀，工资薪金所得全额计入收入额，像劳务报酬所得，80% 计入收入额。”钱先生说：“你已经能分析出其中一个原因了。保险营销员的佣金收入属于劳务报酬所得，劳务报酬所得是‘实际取得收入 ×（1–20%）’，也就是 80% 计入收入额。”赵女士接着问：“还有什么其他原因吗？”

钱先生回答道：“这就涉及保险营销员特别的个人所得税政策了，保险营销员、证券经纪人取得的佣金收入，属于劳务报酬所得，以不含增值税的收入减除 20% 的费用后的余额为收入额，收入额减去展业成本以及附加税费后，并入当年综合所得，计算缴纳个人所得税。保险营销员、证券经纪人展业成本按照收入额的 25% 计算，用公式总结就是‘保险营销员并入综合所得的金额 = 不含增值税收入 ×（1–20%）×（1–25%）– 附加税费’，这个公式中的 25% 就是考虑到保险营销员需要维护客户关系的展业成本。在不考虑附加税费的情况下，公式就是‘保险营销员并入综合所得的金额 = 不含增值税的收入 ×（1–20%）×（1–25%）’，也就是不含增值税收入的 60%。”

赵女士说：“我明白了，在同样的收入和情况下，保险代理人比劳动合同制下的员工个人所得税要少的原因有两点。一是劳动合同制下的员工取得的是工资、薪金，100% 计入收入额；而保险代理人取得的佣金收入属于劳务报酬所得，80% 计入收入额。二是保险代理人的展业成本，按照收入额的 25% 计算，因此，在同样的收入和情况下，保险代理人的佣金收入比劳动合同制下员工的工资、薪金所得并入综合所得的金额更低。”

**参考资料**

《关于个人所得税法修改后有关优惠政策衔接问题的通知》（财税〔2018〕164 号）。

**问题 4**

**个人所得税综合所得汇算清缴，如果需要补缴税款，坚持不申报，有什么风险吗？**

**解　析**

赵女士看到自己需要补缴个人所得税 10 000 多元，感到十分心疼，于是问钱先生：“如果需要补税，我就不申报了，会有什么风险吗？”钱先生说：“给你看个案例吧。”于是点开了国家税务总局深圳市税务局的官网，赵女士看到了一则公告——《国家税务总局深圳市税务局第三稽查局〈税务行政处罚事项告知书〉公告（李某某）》，并点开相关附件——《国家税务总局深圳市税务局第三稽查局税务行政处罚事项告知书》（深税三稽罚告〔2022〕98 号），附件内容如下。

李某某：

对你的税收违法行为拟做出行政处罚决定，根据《中华人民共和国税收征收管理法》第八条，《中华人民共和国行政处罚法》第四十四条、第六十三条、第六十四条规定，现将有关事项告知如下：

一、税务行政处罚的事实、理由、依据及拟做出的处罚决定

（一）违法事实、理由及法律依据

经查，你经通知申报而拒不完成 2020 年度个人所得税汇算清缴，造成 2020 年度少缴个人所得税 33 796.31 元，上述行为违反了《中华人民共和国个人所得税法》第一条、第二条、第六条及第十条，《国家税务总局关于办理 2020 年度个人所得税综合所得汇算清缴事项的公告》（国家税务总局公告2021年第2号）第一条、第三条、第五条、第十条第（二）项以及《中华人民共和国税收征收管理法》第六十三条第一款的规定。

（二）拟做出的处罚决定

根据《中华人民共和国税收征收管理法》第六十三条第一款规定，你经通知申报而拒不完成 2020 年度个人所得税汇算清缴，造成少缴个人所得税的行为是偷税，对你处少缴税款百分之五十的罚款 16 898.16 元。

二、你有陈述、申辩的权利。请在我局做出税务行政处罚决定之前，到我局进行陈述、申辩或自行提供陈述、申辩材料；逾期不进行陈述、申辩的，视同放弃权利。

三、若拟对你罚款 2 000 元（含 2 000 元）以上，或符合《中华人民共和国行政处罚法》第六十三条规定的其他情形的，你有要求听证的权利。可自收到本告知书之日起五个工作日内向我局书面提出听证申请；逾期不提出，视为放弃听证权利。

二〇二二年三月一日

从上述处罚事项告知书中我们可以看出，李某某因为拒不完成 2020 年度个人所得税汇算清缴，造成少缴个人所得税的行为是偷税，被处以少缴税款 50% 的罚款。尽管罚款金额并不算高，但是相信没有人愿意看到自己的名字出现在税务局官网公示的税务行政处罚事项

告知书中。通过这个案例我们更加清楚地知道，依法纳税是每个公民应尽的义务，如果在个人所得税申报时发现确实应该补缴税款，不要抱有侥幸心理，否则不仅需要补缴税款，加收滞纳金，还有可能涉及罚款，如果因此对个人信用产生影响，就更加得不偿失了。

参考资料

《国家税务总局深圳市税务局第三稽查局税务行政处罚事项告知书》（深税三稽罚告〔2022〕98 号）。

### 问题 5
我国未来个人所得税改革趋势如何?

解　析

根据财政部公布的《2021 年财政收支情况》，2021 年全国税收收入 172 731 亿元，同比增长 11.9%。其中，国内增值税 63 519 亿元，同比增长 11.8%；企业所得税 42 041 亿元，同比增长 15.4%；个人所得税 13 993 亿元，同比增长 21%。

可以看出，个人所得税增长速度高于全国税收收入的增长速度。

但是目前我国个人所得税占全国税收的比重如何呢？通过计算，我们会发现，国内增值税占全国税收收入的比重约为 37%，企业所得税占比约为 24%，个人所得税占全国税收收入的比重仅为 8% 左右（见图 8–2）。业界普遍认为，随着我国经济的发展和个人所得税制度的完善，个人所得税占全国税收收入的比重应该会逐渐提升。

在《中华人民共和国国民经济和社会发展第十四个五年规划和 2035 年远景目标纲要》中，如果我们搜索关键词“个人所得税”，会定位到以下两句话：“完善个人所得税制度，推进扩大综合征收范围，优化税率结构。”“健全直接税体系，完善综合与分类相结合的个人所得税制度，加强对高收入者的税收调节和监管。”由此，对于我国个人所得税制度的发展，我们可以总结出两大趋势：一是扩大综合征收范围，二是加强对高收入者的税收调节和监管。

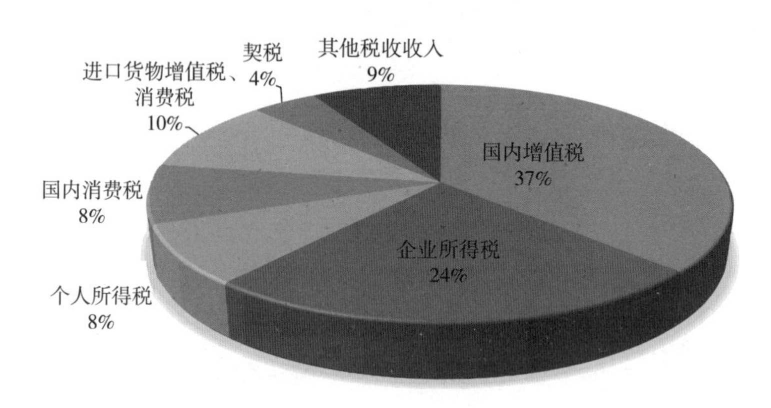


图 8-2　2021 财年中国税收构成

资料来源：财政部。

扩大综合征收范围，就是除工资薪金收入、劳务报酬、稿酬、特许权使用费之外，将其他符合条件的收入也纳入综合所得的范畴。而扩大综合所得的征收范围，会对各类人群产生怎样的影响呢？

综合税制比起分类税制，更能强化税收对于收入分配的调节功能。在分类税制下，如“偶然所得”一律按 20% 的税率纳税，如果高收入人士张某中了 10 万元的彩票，则需要缴纳 2 万元的个人所得税，如果低收入人士王某也获得了 10 万元的彩票收入，其也需要缴纳 2 万元的个人所得税。

但如果在综合税制下（假设偶然所得也被纳入综合所得），同样获得了 10 万元的彩票收入，高收入人士张某可能为此需要缴纳个人所得税 4.5 万元，低收入人士王某可能为此需要缴纳个人所得税 3 000 元甚至不需要缴纳（如果收入低，可抵扣项目又很多）。由此可见，扩大综合征收范围后，高收入者可能会按照收入能力多缴税，而中低收入者可能会因此进一步减税降费。

国务院发展研究中心宏观经济研究部副部长冯俏彬在《强化税收的调节功能》一文中表示：“适当增加专项附加扣除项目，将近年来社会关心的婴幼儿照护费用、养老保险支出等纳入扣除范围。加强对重点领域、重点人群的税收管理。对近年来高净值人群集中的家族财产信托、海外信托、资本利得、演艺等，加快完善制度，填补这些领域的税收空白。”

在人口少子化、老龄化的背景下，很多专家学者呼吁未来应给予育儿成本、养老保险更多的税收优惠。同时，对高收入人士的税收严监管，加快完善对于资本利得收益的税收制度。在这样的趋势下，在资产配置中遵循“控制应税资产，适当增加免税资产”的原则，是高净值人士面对未来变化和趋势的明智选择。

参考资料

《中华人民共和国国民经济和社会发展第十四个五年规划和2035年远景目标纲要》《强化税收的调节功能》。

## 问题 6
## 新时代深化税收征管体制改革的主要目标是什么？

### 解　析

2021年3月中共中央办公厅、国务院办公厅印发的《关于进一步深化税收征管改革的意见》指出：“到2022年，在税务执法规范性、税费服务便捷性、税务监管精准性上取得重要进展。到2023年，基本建成‘无风险不打扰、有违法要追究、全过程强智控’的税务执法新体系，实现从经验式执法向科学精确执法转变；基本建成‘线下服务无死角、线上服务不打烊、定制服务广覆盖’的税费服务新体系，实现从无差别服务向精细化、智能化、个性化服务转变；基本建成以‘双随机、一公开’监管和‘互联网＋监管’为基本手段、以重点监管为补充、以‘信用＋风险’监管为基础的税务监管新体系，实现从‘以票管税’向‘以数治税’分类精准监管转变。到2025年，深化税收征管制度改革取得显著成效，基本建成功能强大的智慧税务，形成国内一流的智能化行政应用系统，全方位提高税务执法、服务、监管能力。”

参考资料

《关于进一步深化税收征管改革的意见》。

### 专家建议

针对本节所涉及的相关问题，笔者提出如下建议：

在税收严监管的趋势之下，合规经营，依法纳税，才能具有长期竞争力。在共同富裕背景下，我们需要记住的关键词是“稳定”“规范”“责任”。当我们面临一些实际问题、人生的抉择以及选择专业服务机构的时候，这三个关键词会告诉我们答案。

## 第二节　股权转让有什么节税的方法吗？

### 案　例

程先生大学毕业后开始创业，与妻子一起成立了一家医疗设备销售公司。经过多年的努力，该公司在当地小有名气。2021年，一家大型医疗设备销售公司找到程先生，表达了想以5亿元的价格收购程先生和程太太的公司全部股份的诉求。由于常年承受巨大的压力，程先生近几年身体状况欠佳，所以也有将公司卖掉的想法，但并不清楚是否需要就股权转让缴纳高额的税款？有没有什么税收筹划的方法？中介小李找到了程先生和程太太，称其有“税收筹划高招”。欲知后事如何，且看本节分解。

1. 个人转让非上市公司股权，如何缴纳个人所得税？
2. 非上市公司股权转让中，如果是以实物、有价证券和其他形式的经济利益来进行交易，该如何确认收入额呢？
3. 如果通过个人独资企业、合伙企业持有非上市公司股权，股权转让如何缴纳个人所得税？
4. 程先生觉得股权转让收入需要缴纳的个人所得税高，希望找到“节税”的方式进行股权转让。中介小李找到了程先生，自称有“税收筹划高招”。小李告诉程先生：“可以通过平台持股，然后申请核定征收，税负率要多低有多低。”程先生问：“这是怎么操作的？”
5. 程先生听完这个方案，表示欣喜的同时也有一丝顾虑，这样做会不会有风险呀？中介小李拍着胸脯说：“没什么风险，很多人都是这么做的。”可没过多久，《财政部　税务总局关于权益性投资经营所得个人所得税征收管理的公告》发布，该公告的施行，对程先生有什么影响？
6. 税收严监管下，税收筹划还能做吗？

### 问题1

个人转让非上市公司股权，如何缴纳个人所得税？

## 解 析

以下税务处理中所称的股权是指自然人股东（以下简称个人）投资于在中国境内成立的企业或组织（以下统称被投资企业，不包括个人独资企业和合伙企业）的股权或股份。

个人转让股权，以股权转让收入减除股权原值和合理费用后的余额为应纳税所得额，按“财产转让所得”缴纳个人所得税。

相应的计算公式是：应纳税额 =（股权转让收入 – 股权原值 – 合理费用）× 20%。

根据程先生的情况，股权转让收入为 5 亿元，股权原值和合理费用约 1 000 万元，他需要缴纳个人所得 9 800 万元。

应纳税额 =（500 000 000 – 10 000 000）× 20%=98 000 000（元）。

像程先生这样的情况，股权大幅度增值后转让，将面临高额的个人所得税。

## 参考资料

《关于发布〈股权转让所得个人所得税管理办法（试行）〉的公告》（国家税务总局公告 2014 年第 67 号）。

### 问题 2

非上市公司股权转让中，如果以实物、有价证券和其他形式的经济利益来进行交易，该如何确认收入额呢？

## 解 析

税务机关常用的方法有以下两种。

一是净资产核定法。股权转让收入按照每股净资产或股权对应的净资产份额核定。被投资企业的土地使用权、房屋、房地产企业未销售房产、知识产权、探矿权、采矿权、股权等资产占企业总资产比例超过20%的，主管税务机关可参照纳税人提供的具有法定资质的中介机构出具的资产评估报告核定股权转让收入。

二是类比法。参照相同或类似条件下同一企业同一股东或其他股东股权转让收入核定。参照相同或类似条件下同类行业企业股权转让收入核定。

如果税务机关采用以上两种方法核定股权转让收入存在困难，也可以采用其他合理的方法来核定。

**参考资料**

《关于发布〈股权转让所得个人所得税管理办法（试行）〉的公告》（国家税务总局公告2014年第67号）。

**问题3**

**如果通过个人独资企业、合伙企业持有非上市公司股权，股权转让如何缴纳个人所得税？**

**解　析**

自2000年1月1日起，对个人独资企业和合伙企业停征企业所得税，只对其投资者的经营所得征收个人所得税。

股权转让的增值部分，会被认为是个人独资企业/合伙制企业的所得。个人独资企业的个人投资者或自然人合伙人需要按经营所得5%~35%五级超额累进税率缴纳个人所得税。

如果程先生成立了个人独资企业，通过个人独资企业持有A公司的股权，对应所需要缴纳的个人所得税计算方式如下：500 000 000－10 000 000＝490 000 000（元），490 000 000×35%－65 500＝171 434 500（元）。也就是说，程先生通过个人独资企业持有公司的股份，在查账征收的方式下，股权转让需要缴纳个人所得税约1.7亿元。

### 参考资料

《财政部　国家税务总局关于印发〈关于个人独资企业和合伙企业投资者征收个人所得税的规定〉的通知》（财税〔2000〕91号）。

### 问题4

传说中股权转让的税收筹划方案是怎样的？

### 解　析

程先生觉得股权转让收入需要缴纳的个人所得税高，希望找到“节税”的方式进行股权转让。中介小李找到了程先生，自称有“税收筹划高招”。小李告诉程先生：“可以通过平台持股，然后申请核定征收，税负率要多低有多低。”

程先生问：“这是怎么操作的？”小李给出的方案如下。

首先，通过持股平台（如成立个人独资企业/合伙制企业）持有公司的股权，再通过核定征收的方式，核定应税所得率。程先生按“经营所得”缴纳个人所得税。

就程先生的情况来说，如果采用这种核定方式：应纳税所得额=收入总额×应税所得率，如果核定的应税所得率为10%，应纳税所得额=500 000 000×10%=50 000 000（元）；按“经营所得”缴纳个人所得税，50 000 000×35%－65 500=17 434 500（元）。

这比按“财产转让所得”需要缴纳98 000 000元个人所得税的情况少了80 565 500元。

### 问题5

传说中股权转让的税收筹划方案有风险吗？

**解　析**

程先生听完这个方案，表示欣喜的同时也有一丝顾虑，这样做会不会有风险呀？中介小李拍着胸脯说："没什么风险，很多人都是这么做的。"可没过多久，《财政部　税务总局关于权益性投资经营所得个人所得税征收管理的公告》发布，其中明确规定："持有股权、股票、合伙企业财产份额等权益性投资的个人独资企业、合伙企业（以下简称独资合伙企业），一律适用查账征收方式计征个人所得税。"

可以说，该公告基本将各种权益资产转让利用核定征收的漏洞补上了。因此，中介小李为程先生推荐的方案将难以起到"节税"的效果。

**参考资料**

《财政部　税务总局关于权益性投资经营所得个人所得税征收管理的公告》（财政部　税务总局公告2021年第41号）。

**问题6**

**税收严监管下，税收筹划还能做吗？**

**解　析**

回顾2021年，一些知名人士偷逃税案件引起了社会广泛关注。这些偷逃税人士会通过所谓的税收筹划达到少缴纳税款的目的，最终面临行政处罚，甚至刑事处罚。看到"税收筹划"四个字，很多人也将其和偷税漏税画上了等号，那么税收筹划还能不能做呢？答案是：当然可以。合理的税收筹划是基于真实的交易关系和合理的商业逻辑，是能够向税务机关披露完整的真实信息并探讨税务处理合理性的交易方案。但是简单利用信息不对称、虚假交易、隐匿收入等方式进行的"筹划"，存在被认定为逃税行为的可能。一些人采用了所谓的税收筹划，不仅没有实现节税的效果，还被税局要求追缴税款、加收滞纳金并处罚款，得不偿失。

合理的税收筹划一般是基于实际情况，通过利用各种税收优惠政策实现的。税收优惠政策通常是为了起到对纳税人的导向作用。比如研发费用加计扣除政策，是为了鼓励研发，使纳税人更加重视研发，加大了其享受相关税收优惠政策的力度，从而实现了政策的正向引导目的。比如，对于残疾人工资加计100%扣除，是为了鼓励和保护残疾人就业，当企业雇用了残疾人并支付其工资，就享受了该项税收优惠政策，实现了政策的正向引导功能。

突破合规底线的筹划方案就有可能涉及偷逃税款，比如通过虚假交易、隐匿收入等方式进行的“筹划”，还有通过钻税法空子的方式进行所谓的筹划，而这些行为在大数据税务稽查时代和税收严监管的背景下，未来将会面临越来越高的违规风险。

## 专家建议

针对本节所涉及的税务风险相关问题，笔者提出如下建议：

1. 专业的事情，要找专业的人、专业的机构来做。有些纳税人的税收筹划方案被税务机关推翻，不仅没有达到节税的效果，反而需要补缴税款和罚款，得不偿失。在选取服务机构的时候，应选取知名度较高、信誉良好的机构，合法合规地进行筹划。
2. 《国务院关于2020年度中央预算执行和其他财政收支审计查出问题整改情况的报告》指出，“对高收入人员套用核定征收方式逃税问题，税务总局选取核定征收情况较多的地区进行试点，将符合一定情形的个人独资、合伙企业调整为查账征收，加强对个人股权转让逃避税的监管，增设日常监控指标，提高精准监管能力”。

3. 在税收制度越来越健全，对于高净值人士的税收监管越来越严格的背景下，高净值人士更应该重视税务合规，只有依法纳税，才能行稳致远。在资产配置的过程中，不仅需要考虑收益，还需要综合考虑持有、交易该资产对应的税收和其他成本。

## 第三节　为“避税”，家企混同风险高

### 案　例

张先生是中国税收居民，从事 IT（信息技术）咨询行业，是 ABC 有限责任公司的股东。凭借着多年的努力，公司的生意蒸蒸日上。公司的企业所得税税后利润分配给股东张先生。

1. 股东分红有什么“避税”方式吗？
2. 家企混同有什么风险？
3. 张先生有什么方式可以对家庭资产进行保护，对企业债务风险可能蔓延到家庭资产的状况提前做有效的筹划？

**问题 1**

股东分红有什么“避税”方式吗？

#### 解　析

公司为股东张先生分红 1 000 万元，根据我国《个人所得税法》相关规定，应按“利息、股息、红利所得”缴纳个人所得税 200 万元

（1 000 万元 × 20% = 200 万元）。张先生觉得辛辛苦苦打拼赚到的钱，要拿出 200 万元缴纳个人所得税，心有不甘，于是考虑采用其他方式来“规避”这 200 万元的个人所得税。

张先生考虑向公司借款来“规避”分红所需要缴纳的个人所得税，他询问了税务师。税务师钱先生告诉他：“纳税年度终了后既不归还，又未用于企业生产经营的，其未归还的借款可视为企业对个人投资者的红利分配，依照‘利息、股息、红利所得’项目计征 20% 个人所得税。”

“还是要缴税。”张先生想了想说，“那就换一种方式，公司用留存收益转增资本，是不是就不用缴纳个人所得税了？”税务师钱先生告诉他：“在商业世界里这样做看似是一个步骤，但是在税务的世界里，这样做要分为两件事看：第一件事是公司先用未分配利润向自然人股东分红，第二件事是股东用取得的分红再投资到企业。这样做还是需要代扣代缴 20% 的个人所得税的。所以说股东分红确实要依法纳税啊。”

**参考资料**

《财政部　国家税务总局关于规范个人投资者个人所得税征收管理的通知》（财税〔2003〕158 号）。

**问题 2**

**家企混同有什么风险？**

**解　析**

分红需要按“利息、股息、红利所得”缴纳个人所得税，张先生想：“那就不分红了，直接用公司的名义买一套 1 000 万元的房子，自己和家人住，这样就不用缴纳 200 万元的个人所得税了吧？”

如果张先生这样做，由此带来的风险会是什么？一旦企业负债，张先生以公司名义购买的这套房产，有可能用来偿债吗？答案是肯定的。张先生以公司名义购买的房产属于公司的资产，一旦公司负债，这套房产是很有可能被用来偿还公司债务的。

假如张先生的企业发生资不抵债的情况，债权人有没有权利直接要求张先生以其个人或家庭资产偿还债务呢？在回答这个问题之前，我们首先需要确定企业类型，在我国按照责任制度划分，企业可以分为两类：有限责任和无限责任。

个体工商户、个人独资企业和合伙制企业中的普通合伙人属于无限责任类型，通常无法隔离债务风险，一旦企业发生资不抵债的状况，企业主往往需要用个人或家庭资产来偿还企业债务。

有限责任公司和股份有限公司属于有限责任类型的企业，在一般情况下是可以隔离债务风险的。但是在企业经营存在不规范行为时，比如案例中的张先生，用公司的资金购买房产，但并非用于企业经营，而是作为自己和家人的住宅使用，导致了家企混同的情形，这时股东可能会对企业债务承担无限连带责任。也就是说，一旦张先生的企业发生资不抵债的状况，张先生是有可能需要用个人或家庭资产来偿还企业债务的。

**问题 3**

张先生有什么方式可以对家庭资产进行保护，对企业债务风险可能蔓延到家庭资产的状况提前做有效的筹划？

**解　析**

张先生需要注意提升纳税遵从意识。在税务监管越来越严格的环境下，只有合规经营、依法纳税，才能行稳致远。而保单和信托等法律工具，经过妥善设计，可以实现一定债务隔离的功能，为家庭资产构筑一道屏障。

以终身寿险为例，投保人掌握保单的现金价值，受益人享有保单的保险金，被保险人既不掌握保单的现金价值，又不掌握保单的保险金，被保险人一旦出现资不抵债的状况，当债权人要求追偿债务时，既不会执行这张保单的现金价值，也不会执行这张保单的保险金，因此可以把债务风险较高的人（如张先生）设置成被保险人，把债务风险较低的张先生的母亲或张先生的女儿设置成投保人，把债务风险较低的张先生的女儿设置成受益人。张先生只做被保险人，其债务风险不会影响这张保单的安全性。

根据《个人所得税法》第四条，保险赔款免征个人所得税。假如张先生发生风险，身故理赔金（受益人为中国税收居民）免征个人所得税。

张先生也可以在财务状况良好时，借助家族信托或保险金信托等工具提前对企业债务风险进行有效隔离。

## 专家建议

针对本节所涉及的税务及法律相关风险，笔者提出如下建议：

1. 案例中的张先生，希望通过公司的名义购买房屋，自己和家人把房屋作为住宅使用，这会导致家企混同的情形。为了“节省”200万元的税款，可能对其上千万元的家庭资产构成风险，一旦发生风险，得不偿失。
2. 提高纳税遵从意识，注意税务合规风险。运用合法合规的方式保护好自己的合法财产，对于高净值人士来说，是更为有意义的事情。而具有一定税务筹划、债务隔离功能的金融工具，则可以成为企业家商海沉浮中的坚强后盾。

## 第四节　创业投资企业个人合伙人所得税

### 案　例

程女士是某创业投资企业的合伙人，她听说创业投资企业个人合伙人所得税政策有特别的规定。

1. 个人合伙人来源于创业投资企业的所得，如何缴纳个人所得税？
2. 在单一投资基金核算和创投企业年度所得整体核算下，应纳税所得额计算方式有何不同？

**问题 1**
个人合伙人来源于创业投资企业的所得，如何缴纳个人所得税？

**解　析**

创业投资企业可以选择按单一投资基金核算，或者按创业投资企业年度所得整体核算，对其个人合伙人来源于创业投资企业的所得，计算个人所得税应纳税额。

创业投资企业选择按单一投资基金核算的，其个人合伙人从该基金分得的股权转让所得和股息红利所得，应按照 20% 的税率计算缴纳个人所得税。

创业投资企业选择按年度所得整体核算的，其个人合伙人从创业投资企业取得的所得，应按照“经营所得”项目 5%~35% 的五级超额累进税率计算缴纳个人所得税。

**参考资料**

《财政部　税务总局　发展改革委　证监会关于创业投资企业个人合伙人所得税政策问题的通知》（财税〔2019〕8 号）。

**问题 2**

**在单一投资基金核算和创投企业年度所得整体核算下，应纳税所得额计算方式有何不同？**

**解　析**

单一投资基金核算内容如下。

一是股权转让所得。单个投资项目的股权转让所得，按年度股权转让收入扣除对应股权原值和转让环节合理费用后的余额计算，股权原值和转让环节合理费用的确定方法，参照股权转让所得个人所得税有关政策规定执行；单一投资基金的股权转让所得，按一个纳税年度内不同投资项目的所得和损失相互抵减后的余额计算，余额大于或等于零的，即确认为该基金的年度股权转让所得；余额小于零的，该基金年度股权转让所得按零计算且不能跨年结转。

个人合伙人按照其应从基金年度股权转让所得中分得的份额计算其应纳税额，并由创投企业在次年 3 月 31 日前代扣代缴个人所得税。如果符合《财政部　税务总局关于创业投资企业和天使投资个人有关税收政策的通知》（财税〔2018〕55 号）的规定条件，创投企业个人合伙人可以按照被转让项目对应投资额的 70% 抵扣其应从基金年度股权转让所得中分得的份额后再计算其应纳税额，当期不足抵扣的，不得向以后年度结转。

二是股息红利所得。单一投资基金的股息红利所得，以其来源于所投资项目分配的股息、红利收入以及其他固定收益类证券等收入的全额计算。

个人合伙人按照其应从基金股息红利所得中分得的份额计算其应纳税额，并由创投企业按次代扣代缴个人所得税。

三是除前述可以扣除的成本、费用，单一投资基金发生的包括投资基金管理人的管理费和业绩报酬在内的其他支出，不得在核算时扣除。

创投企业年度所得整体核算内容如下。

创投企业年度所得整体核算，是指将创投企业以每一纳税年度的收入总额减除成本、费用以及损失后，计算应分配给个人合伙人的所得。如果符合《财政部　税务总局关于创业投资企业和天使投资个人有关税收政策的通知》（财税〔2018〕55号）的规定条件，创投企业个人合伙人可以按照被转让项目对应投资额的70%抵扣其可以从创投企业应分得的经营所得后再计算其应纳税额。年度核算亏损的，准予按有关规定向以后年度结转。

按照“经营所得”项目计税的个人合伙人，没有综合所得的，可依法减除基本减除费用、专项扣除、专项附加扣除以及国务院确定的其他扣除。从多处取得经营所得的，应汇总计算个人所得税，只减除一次上述费用和扣除。

**参考资料**

《财政部　税务总局　发展改革委　证监会关于创业投资企业个人合伙人所得税政策问题的通知》（财税〔2019〕8号）。

### 专家建议

针对本节所涉及的税务风险相关问题，笔者提出如下建议：

1. 对于税务问题，采用方法一更好还是方法二更好，通常不存在绝对的答案，在选择测算方式时应当综合考虑，根据自身情况选择适合自己的方式。
2. 在实际经营过程中，不同企业、不同项目涉及的情况较多，而且比较复杂。要结合企业及项目的实际情况进行分析、测算，尽量选择口碑和信用良好的专业服务机构，在对企业及项目情况进行深入分析及研究后，结合丰富的实践经验，做出合适的选择。

## 第五节　其他投资方式的个人所得税处理

### 案　例

杨先生喜欢炒股，不仅购买中国内地上市公司的股票，而且通过沪港通、深港通投资香港联交所上市股票。除此之外，他还投资"美股"。杨先生的父亲最近转让限售股，以及杨太太购买银行理财取得的收益，都需要缴纳个人所得税吗？有哪些明确免税的项目？

1. 转让中国内地上市公司的股票，需要缴纳个人所得税吗？个人通过沪港通、深港通投资香港联交所上市股票，需要缴纳个人所得税吗？个人转让"美股"，需要缴纳个人所得税吗？

2. 杨先生的父亲转让限售股，需要缴纳个人所得税吗？
3. 杨太太购买银行理财取得的收益，需要缴纳个人所得税吗？
4. 根据目前的《个人所得税法》，购买保险需要缴纳个人所得税吗？

**问题1**

转让中国内地上市公司的股票，需要缴纳个人所得税吗？个人通过沪港通、深港通投资香港联交所上市股票，需要缴纳个人所得税吗？个人转让“美股”，需要缴纳个人所得税吗？

**解　析**

首先，转让中国内地上市公司的股票，根据相关政策，对个人在上海证券交易所、深圳证券交易所转让从上市公司公开发行和市场取得的上市公司股票所得，继续免征个人所得税。通俗地说，就是目前在二级市场买卖股票赚到的差价，不用缴纳个人所得税。

其次，根据相关政策，对内地个人投资者通过沪港通、深港通投资香港联交所上市股票取得的转让差价所得和通过基金互认买卖香港基金份额取得的转让差价所得，自2019年12月5日起至2022年12月31日止，继续暂免征收个人所得税。

最后，如果中国税收居民转让“美股”，对于转让境外上市公司股票而获得的收入，应按财产转让所得项目，适用20%的税率征收个人所得税。

**参考资料**

《财政部　国家税务总局　证监会关于个人转让上市公司限售股所得征收个人所得税有关问题的通知》（财税〔2009〕167号）第八条，《财政部　税务总局　证监会关于继续执行沪港、深港股票市场交易互联互通机制和内地与香港基金互认有关个人所得税政策的公告》（财政部　税务总局　证监会公告2019年第93号）。

**问题2**

杨先生的父亲转让限售股，需要缴纳个人所得税吗？

**解　析**

个人转让限售股，以每次限售股转让收入，减除股票原值和合理税费后的余额，为应纳税所得额，即“应纳税所得额＝限售股转让收入－（限售股原值＋合理税费）”“应纳税额＝应纳税所得额 ×20%”。限售股转让收入，是指转让限售股股票实际取得的收入。限售股原值，是指限售股买入时的买入价及按照规定交纳的有关费用。合理税费，是指转让限售股过程中发生的印花税、佣金、过户费等与交易相关的税费。

如果纳税人未能提供完整、真实的限售股原值凭证，不能准确计算限售股原值，那么主管税务机关一律按限售股转让收入的15%核定限售股原值及合理税费。

举个简单的例子。如果限售股转让收入是100万元，杨先生的父亲不能提供完整、真实的限售股原值凭证，不能准确计算限售股的原值，那么根据规定，核定的股权原值及合理税费为100万元 ×15%＝15万元，这种情况下，对应的个人所得税应纳税额为（100万元－15万元）×20%＝17万元。

### 参考资料

《财政部　国家税务总局　证监会关于个人转让上市公司限售股所得征收个人所得税有关问题的通知》（财税〔2009〕167号）第三条。

### 问题3

杨太太购买银行理财取得的收益，需要缴纳个人所得税吗？

### 解　析

如果从银行理财产品中取得了收益，是否需要缴纳个人所得税？目前该问题存在争议。青岛等地对此进行了明确。《青岛市地方税务局关于印发〈2012年度所得税问题解答〉的通知》中有这样的内容，"银行自行开发的理财产品，有银行代信托公司或保险公司代销的产品，还有委托贷款。经请示总局，对个人取得的上述收益现暂不征收个人所得税"。

对于与青岛市没有隶属关系的其他地方，不能直接依据青岛市地方税务局的文件做出具体行政行为。遇到此类情况时，建议咨询当地税务局。

### 参考资料

《青岛市地方税务局关于印发〈2012年度所得税问题解答〉的通知》（青地税二函〔2013〕1号）。

### 问题4

根据目前的《个人所得税法》，购买保险需要缴纳个人所得税吗？

### 解　析

根据我国《个人所得税法》第四条，保险赔款免征个人所得税。也就是说，中国税收居民作为保单的受益人，收到保险赔款是不用缴纳个人所得税的。

对于从保单里取得的分红是否需要缴纳个人所得税，目前国内税法并没有明确规定，在业界仍存在争议。

### 参考资料

《中华人民共和国个人所得税法》。

## 专家建议

针对本节所涉及的税务风险相关问题，笔者提出如下建议：

从个人财富层面来看，税收属于二次分配的工具，有对收入分配的调节功能。随着税收监管日趋严格，在资产配置中更应遵循“控制应税资产，适当增加免税资产”的原则，按时检视已有财富架构，并借助结构合理的金融工具，结合自身情况，适当对资产配置结构做出调整，控制相关的税务风险，优化税务成本。

# 第九章
# 房产相关的税务问题

## 第一节　中国境内房产的涉税处理

### 案　例

房先生是中国税收居民，在国内持有多套房产。想到未来如何将房产传承给自己的儿子小房（中国税收居民），房先生有很多税务方面的问题。

1. 赠与还是继承，如何将房产传承给子女更省税？
2. 在国内的房产，通过买卖过户的方式给子女，会涉及什么税费？
3. 上海、重庆试点的房地产税是如何规定的？
4. 未来的房地产税改革，对“我”的影响大吗？

**问题 1**

赠与还是继承，如何将房产传承给子女更省税？

### 解　析

在通过法定继承的方式继承房产的情况下，儿子小房如果在父母过世后继承房产，需要按“产权转移书据”的税目缴纳 0.05% 的印花税，并不需要缴纳个人所得税、增值税和契税等。

如果房先生生前将房屋赠与儿子，对比法定继承的方式，除了需要缴纳 0.05% 的印花税外，还需要缴纳契税。契税税率为 3%~5%。契税的具体适用税率，由省、自治区、直辖市人民政府在前款规定的税率幅度内提出，报同级人民代表大会常务委员会决定，并报全国人民代表大会常务委员会和国务院备案。假如房先生的房产在市场上的交易价格为 1 000 万元，适用的契税税率为 3%，那么通过赠与的方式比起法定继承的方式，需要多缴纳 30 万元（1 000 万元 × 3%=30 万元）的契税。

若单纯从税收的角度看，通过法定继承的方式税收成本要低于赠与的方式。

### 参考资料

《财政部　国家税务总局关于个人无偿受赠房屋有关个人所得税问题的通知》（财税〔2009〕78 号），《中华人民共和国契税法》第二条、第三条、第六条，《中华人民共和国印花税法》印花税税目税率表。

**问题 2**

在国内的房产，通过买卖过户的方式给子女，会涉及什么税费？

### 解　析

可能会涉及个人所得税、契税、增值税及附加税费、印花税、土地增值税。

第一，个人所得税。

当满足“满五唯一”的条件时，免征个人所得税。满五，是指个人购房至转让房屋的时间达 5 年以上。唯一，是指同一省、自治区、直辖市范围内纳税人（有配偶的为夫妻双方）仅拥有一套住房。

当不满足“满五唯一”的条件时，分以下两种情况：一是假如卖家能够提供房屋原值或者税务机关能够核实房屋原值，那么以房产转让价格减除房屋原值、转让住房过程中缴纳的税金和有关合理费用的差额，以 20% 的税率征收个人所得税；二是如果卖家未能提供完整、准确的原值凭证，不能正确计算房屋原值和应纳税额，那么以房产转让收入实行全额征收个人所得税，税率为 1%~3%。

第二，契税（由买方交契税）。

对个人购买家庭唯一住房（家庭成员范围包括购房人、配偶以及未成年子女，下同），面积为 90 平方米及以下的，减按 1% 的税率征收契税；面积为 90 平方米以上的，减按 1.5% 的税率征收契税。

如果购置第二套房，契税税率为 3%，满足一定条件可以享受契税优惠政策。

对个人购买家庭第二套改善性住房，面积为 90 平方米及以下的，减按 1% 的税率征收契税；面积为 90 平方米以上的，减按 2% 的税率征收契税。（北京、上海、广州、深圳四个城市无法享受该优惠政策。）

第三，增值税及附加税费。根据《营业税改征增值税试点过渡政策的规定》，个人住房转让实施差别政策。

在北京、上海、广州和深圳之外的地区，销售个人购买不足 2 年的住房，按照 5% 的征收率全额缴纳增值税；销售个人购买 2 年以上（含 2 年）的住房，免征增值税。

在北京、上海、广州、深圳四个城市，销售个人购买不足 2 年的住房，按照 5% 的征收率全额缴纳增值税；销售个人购买 2 年以上（含 2 年）的非普通住房，以销售收入减去购买住房价款后的差额按照5%的征收率缴纳增值税；销售个人购买2年以上（含2年）的普通住房，免征增值税。

第四，印花税。

销售个人住房暂免征收印花税；销售个人非住房，买卖双方需要按“产权转移书据”税目缴纳0.05%的印花税。

第五，土地增值税。

销售个人住房暂免征收土地增值税；销售个人非住房，卖方需要依法缴纳土地增值税。

### 参考资料

《营业税改征增值税试点过渡政策的规定》，《财政部　国家税务总局　住房城乡建设部关于调整房地产交易环节契税　营业税优惠政策的通知》（财税〔2016〕23号）。

### 问题3

上海、重庆试点的房地产税是如何规定的？

### 解　析

根据《上海市开展对部分个人住房征收房产税试点的暂行办法》和《重庆市关于开展对部分个人住房征收房产税改革试点的暂行办法》，从2011年1月28日起，上海和重庆作为改革试点地区，率先施行了对符合相关规定的个人住房征收房产税（见表9–1）。

通过上述规定，我们可以看出以下内容。

上海主要对于2011年1月28日起新购买的住房征税，如果我们用两个字概括就是“新购”。对于上海市居民家庭，新购的第二套及以上的住房会被纳为征收对象，如果我们用五个字概括就是“二套及以上”。

对于重庆，被纳为征收对象的独栋商品住宅和新购高档住房，我们用两个字概括为“高档”。无户籍、无企业、无工作的个人新购的首套及以上的普通住房，笔者理解为可能是非重庆户籍人士以投资为目的在重庆购置的住房，用两个字概括为“投资”。适时纳入个人高档住房和多套普通住房，我们可以总结的关键词是“高档”和“多套”。

表 9-1　上海和重庆个人住房征收房产税改革试点

| 项目 | 上海 | 重庆 |
| --- | --- | --- |
| 征收对象 | 2011 年 1 月 28 日起新购买的住房<br>· 上海市居民家庭：在上海市新购且属于该居民家庭第二套及以上的住房（包括新购的二手存量住房和新建商品住房）<br>· 非上海市居民家庭：在上海市新购的住房 | 首批纳入：<br>· 个人拥有的独栋商品住宅<br>· 个人新购的高档住房<br>· 在重庆市同时无户籍、无企业、无工作的个人（“三无”人员）新购的首套及以上的普通住房<br>适时纳入：<br>· 个人高档住房、多套普通住房 |
| 适用税率 | 0.6% 或 0.4% | 0.5%、1% 或 1.2% |
| 计税依据 | · 应税住房的市场交易价格（试点初期）<br>· 参照应税住房的房地产市场价格确定的评估值 | · 房产交易价<br>· 房产评估值（条件成熟时） |
| 应纳税额的计算 | 新购住房应征税的面积 × 新购住房单价 ×70%× 税率 | 应税建筑面积 × 建筑面积交易单价 × 税率 |

可见，从上海和重庆对于房产税征收对象的规律来看，拥有多套房产、房产价值高的高净值人群，更有可能为其所拥有的住房缴纳房产税。

税基：从目前上海和重庆的房产税试点情况来看，上海的计税估值依据是房屋交易价格的 70%，重庆的计税估值依据是房屋交易价格。

税率：我们看到不同地方不同条件下有不同的税率，如果我们研读上海和重庆相关的暂行办法，共同点是，对于面积交易价格越高的住房，越有可能适用更高一档的税率；对于面积交易价格越低的住房，越有可能适用更低一档的税率。

上海和重庆均设置了一定的免税面积，根据上述规则，如果一个家庭房产套数越多，房屋面积越大，越有可能需要缴纳较多的房产税。

**参考资料**

《上海市开展对部分个人住房征收房产税试点的暂行办法》《重庆市关于开展对部分个人住房征收房产税改革试点的暂行办法》。

**问题 4**

**未来的房地产税改革，对“我”的影响大吗？**

**解　析**

很多人会觉得我们国家还没有开征房产税，但其实房产税在我国已经施行超过 30 年了。《中华人民共和国房产税暂行条例》（简称《房产税暂行条例》）是依据《中华人民共和国税收征收管理暂行条例》制定的配套税暂行条例。由国务院于 1986 年 9 月 15 日发布，自 1986 年 10 月 1 日起施行。2011 年 1 月 8 日根据国务院令第 588 号《国务院关于废止和修改部分行政法规的决定》修订。

《房产税暂行条例》已经施行了 30 多年，为什么很多人没有感受到它的存在呢？原因在于，在《房产税暂行条例》中，对于个人所有非营业用的房产，免纳房产税。最常见的情况是，根据《房产税暂行条例》，对于我们居民的自住房，是免纳房产税的。而房地产税改革很重要的一项考核内容，就是对于在《房产税暂行条例》中免税的个人所有非营业用的房产（比如居民自住房），考虑开征房产税。

2021 年 10 月 23 日,《全国人民代表大会常务委员会关于授权国务院在部分地区开展房地产税改革试点工作的决定》发布。我们可以看出，试点地区的房地产税征税对象为居住用和非居住用等各类房地产。也就是说，在房地产税试点地区，将居住用的房产也纳入了房地产税的征税范围。尽管房产税是保有环节的税种，不涉及买卖环节，可一旦对居住用房征收房产税，就会增加保有环节持有房产的成本。

关于房地产税改革的目的，我们可以总结出以下三条。

第一,《全国人民代表大会常务委员会关于授权国务院在部分地区开展房地产税改革试点工作的决定》中提到“促进房地产市场平稳健康发展”。可见，房地产税改革的宗旨，不是为了使房价大跌，更不会使房价大涨，而是更多地起到稳定房价的作用。房价大跌或大涨都不会促进房地产市场平稳健康发展。

第二，税收可以调节收入或财富分配，起到促进社会公平的作用。在共同富裕背景下，房地产税的试点改革，在一定程度上可以起到调节财富分配，促进社会公平的作用。业界普遍认为，房地产税改革试点工作的开展，对于试点地区房产套数多或房产价值高的高净值家庭，会产生一定影响，增加持有房产的成本；而对于只有一套普通住房的普通家庭，也许影响甚微。

第三，健全地方税体系，培育壮大地方税税源。2020 年 5 月 11 日,《中共中央　国务院关于新时代加快完善社会主义市场经济体制的意见》发布，文件指出，“稳妥推进房地产税立法。健全地方税体系，调整完善地方税税制，培育壮大地方税税源，稳步扩大地方税管理权”。房地产税的改革和立法，有利于培育壮大地方税税源，用来满足政府提供公共服务的需求。

正如我们前文所说的，房地产税的改革和试点，对于试点地区房产套数多或房产价值高的高净值家庭，会增加持有房产的成本，而对于只有一套普通住房的普通家庭，也许影响甚微。高净值家庭在资产配置的过程中，应尽量控制应税资产，适当增加免税资产，提前做好资产的多元化配置，更加从容地面对充满不确定的未来。

2022 年 3 月 16 日，财政部有关负责人表示："综合考虑各方面的情况，今年内不具备扩大房地产税改革试点城市的条件。"

未来房地产税会不会试点呢？我们认为，从土地财政到房地产税转型是大势所趋。房地产早已从增量时代到存量时代。房地产税的征收势在必行，但其改革试点时间或需关注宏观经济情况。


**参考资料**

《全国人民代表大会常务委员会关于授权国务院在部分地区开展房地产税改革试点工作的决定》。


## 专家建议

针对本节所涉及的内容，笔者提出如下建议：

1. 房产相关的涉税处理，需要考虑多个环节和多个税种。购置房产环节，可能涉及契税和印花税，持有环节可能涉及房产税。资产配置需要对相关收益和成本进行综合考量。
2. 房地产短期看金融，中期看土地，长期看人口。[①] 未来对于人口流入的核心城市、核心区域，房产的持有具有一定抗通胀的能力。对于人口净流出的区域，未来核心区域的房价会出现更为明显的两极分化。

① 引自"泽平宏观"公众号。

## 第二节　美国购房相关税务问题

### 案　例

赵女士的女儿移民美国，现在已经拿到了美国绿卡，她准备在美国购置房产，因此想要了解在美国与房产相关的税收处理。

1. 美国房地产税是如何征收的？
2. 在美国投资房产，是以个人名义持有好，还是以 LLC（Limited Liability Company，有限责任公司）的形式持有好？
3. 在美国持有不动产还有哪些成本？

**问题 1**

美国房地产税是如何征收的？

**解　析**

房地产税是房产在持有期间所需要缴纳的税款，也就是说买卖房产的时候不会涉及房地产税，但是房地产税会增加房产持有的成本。

美国房地产税的计算公式是，房地产税 = 房地产的评估市场价值 × 当地的房地产税税率 × 评估比率。

假如你 2019 年 1 月 1 日在美国投资了一套房产，房产的市值是 100 万美元，如果当地房地产税的实际有效税率是 2%，那么 2019 年你的房地产税账单约为 100 万美元 × 2% = 2 万美元。

2020 年新冠肺炎疫情暴发后，受多重因素影响，美国很多地方的房价呈上涨趋势。假定 2020 年，你在美国的房产市值被评估为 150 万美元，那么 2020 年，你的房地产税账单约为 150 万美元 × 2% = 3 万美元。

在这样的模式下，房产价值越高，对应的房地产税也就越高。根据公开消息，美国著名歌手碧昂丝和JAY–Z夫妇在美国加利福尼亚州的豪宅，每年相应的房地产税税负约为105万美元。

美国各州和地区的房地产税税率不尽相同。根据美国税务基金会（Tax Foundation）对2018年美国各州平均房地产税有效税率的统计，新泽西州最高，2018年新泽西州平均房地产税有效税率为2.21%；夏威夷州最低，2018年夏威夷州平均房地产税有效税率为0.3%。简单概括就是，美国各州的房地产税税率在0%~3%之间。

**问题2**

在美国投资房产，是以个人名义持有好，还是以LLC的形式持有好？

**解　析**

对于美国税务居民在美国投资房产，是以个人名义持有好，还是以LLC的形式持有好这个问题，通常没有绝对的答案，需要结合实际情况来分析。

假设在美国投资房产，且将房产出租给租客，如果房东和房客之间产生纠纷，可能会涉及官司。理论上，如果通过LLC持有一套房产，对于房东最大的影响是公司名下的这套房产的价值，而不会牵涉到房东名下的其他资产。当然也有例外情况，比如当被认定为刺破公司面纱（pierce the corporate veil）。

LLC除了存在注册成本之外，每年也会有存续费用。如果你投资了多套房产，那么还是建议以LLC的形式持有可能会更好一些，多套房产更加需要加强防范保护。具体的税务/法律意见也建议结合实际情况咨询当地税务/法律专业机构。

## 问题 3
## 在美国持有不动产还有哪些成本？

### 解　析

在美国持有房产，除了持有期间的房地产税，还需要考虑各种维护费用。有观点认为，每年应该预期房屋价值的 1%~4% 作为预算来进行房屋的维护。例如，价值 100 万美元的房产，每年的维护成本为 1 万 ~4 万美元。具体取决于很多因素，比如房屋的年龄、地理位置、房屋的大小等。如果房子比较新，房屋的维护成本通常会低于 20 年、30 年的房屋。如果是在极端气候地区的房屋，通常维护成本要高于在气候温和地区的房屋。面积大的房屋，维护成本通常高于面积更小的房屋。

除了日常的维护费用之外，有时还会产生房屋维修（注意不是维护，而是维修）成本，比如更换房顶、修缮地基。

美国的房子都需要购买保险，强制购买的保险只能保障房主最基本的利益。还有一些保险，比如洪灾保险、火灾保险、地震保险并不是强制购买的。2017 年 8 月，美国得克萨斯州的休斯敦市因受到哈维飓风的影响，很多房产遭受了洪水的危害。因为休斯敦市不属于洪水高发区域，所以洪灾保险并非强制购买的保险。据统计，在哈维飓风的受害者中，超过 80% 的家庭没有为自己的房屋购买洪水保险。那些没有为房屋购买洪水保险的家庭，损失较大。

### 参考资料

How Much Money to Budget for Home Maintenance；About 80% of Hurricane Harvey victims do not have flood insurance, face big bills.

## 专家建议

针对本节所涉及的内容，笔者提出如下建议：

在海外购置投资性房产，需要进行多方面考量。海外房产投资中，需要从资产安全性出发，并适时寻求专业机构的帮助，在对当地的法律和税收政策全面了解后，考虑税务居民身份、未来居住地、投资回报率、持有成本、变现难易程度、外汇管制等相关因素，做好全局规划。

# 第十章
# 全球税务透明背景下的资产配置原则

## 引　言

一段时间以来，高净值人士依赖于离岸架构和离岸账户的私密性进行个人财富的规划和“税务规划”。由于其他国家难以获得境外账户名下的资产情况，所以有些高净值人士利用这种信息不透明来进行一些“隐秘的筹划”。但随着科技的发展，各个国家税务机关的合作加深，税收领域也渐渐进入了“透明时代”。尤其是2008年国际金融危机之后，一些国家面临财政困难，让世界迅速建立起国际反避税、反洗钱的网络。著名的《海外账户纳税法案》（FATCA）和《金融账户涉税信息自动交换多边主管当局间协议》（简称《多边自动情报交换协议》）的出台，推动着世界进入一个新的透明时代。

## 第一节　CRS 的起源背景

### 案　例

张先生是国内一家广告公司的老板，家在北京。10 多年前，通过投资移民，张先生一家获得了加拿大枫叶卡。张先生的妻子和儿子长期定居在加拿大，而张先生大部分时间在中国，进行企业的日常经营与管理，在新冠肺炎疫情暴发前，他经常去加拿大探望妻子和儿子。

张先生听说身边有位移民加拿大的朋友被加拿大税务机关“查”了，要求补税，张先生也有点紧张起来。

1. 什么是 CRS？
2. 国籍不等于税收居民身份吗?
3. CRS 对“我”有什么影响?
4. 为什么美国没有参与 CRS？

**问题 1**

什么是 CRS？

**解　析**

CRS 是 Common Reporting Standard 的缩写，翻译为“统一报告标准”，是经济合作与发展组织（OECD）推出的用于指导参与该协议的税收管辖区，定期对辖区内的非税收居民的金融账户信息进行交换的准则。

CRS 的详细规则非常复杂，但其基本原则相对比较易于理解，就是参与 CRS 的辖区，由辖区内金融机构通过尽职调查，识别其他税收管辖区的税收居民在其机构内开立的账户，按年向辖区税务主管当局报告该类账户的信息，再由辖区税务主管当局与该纳税人居民国税务主管当局开展信息交换，帮助居民国税务主管当局掌握本国税收居民在境外金融账户的信息，最终实现对各国跨境税收的有效监管。

在本案例中，张先生持有中国护照，长期居住在北京，主要的收入来源也在国内，经过张先生的税务师对其综合情况的分析，认为张先生是中国税收居民。如果张先生在加拿大 A 银行存有 100 多万加元，加拿大的开户银行识别出张先生是中国税收居民，而非加拿大税收居民，那么会将张先生的账户信息报告给加拿大主管税务机关，加拿大税务机关再将信息交换给中国税务机关，由此，中国税务机关就能掌握张先生在加拿大 A 银行存有 100 多万加元的信息。

**参考资料**

Standard for Automatic Exchange of Financial Account Information in Tax Matters.

**问题 2**

国籍不等于税收居民身份吗？

**解　析**

是的，国籍不等于税收居民身份。在对问题 1 的解析中，我们提到了税收居民身份这个概念。有人误认为持有了一国国籍，就一定是这个国家的税收居民，或者不持有一国国籍，就一定不是这个国家的税收居民，这样的理解是不准确的。如果张先生的妻子拥有中国国籍，但是符合加拿大税收居民的条件，也有可能被认为是加拿大税收居民。

很多跨境高净值人士所涉及的情况往往是十分复杂的，比如拥有中国国籍，取得了加拿大枫叶卡，一年中在加拿大和中国境内居住的时间基本都为半年左右，在中国和加拿大都有资产和收入，这时税收居民身份的判定就更为复杂。如果一个人既符合中国税收居民身份的认定，也符合其他国家税收居民身份的认定，就需要引入“加比规则”，根据双边税收协定，甚至是双方的主管税务机关进一步协商解决。

简单总结，国籍不等同于税收居民身份，而税收居民身份的判定是一件专业的事情，尤其当情况比较复杂时，税收居民身份的判定也会比较复杂，因此建议咨询对当地法律法规有一定了解的专业机构。

**参考资料**

《中华人民共和国个人所得税法》第一条，《中华人民共和国个人所得税法实施条例》第二条。

**问题 3**

**CRS 对“我”有什么影响？**

**解　析**

如前所述，CRS 将报告非税收居民持有的金融账户信息，因此对于中国人来说，只要在涉及 CRS 信息交换的国家拥有资产或收入，就需要注意 CRS 的影响。

情形一。如果张先生是中国税收居民，他在中国境内有房产、银行存款，还购买了银行理财产品、年金险、终身寿险、基金和股票。如果张先生在中国境外没有任何资产和收入，那么他不会受到 CRS 的影响。

情形二。如果张先生是中国税收居民，他在中国境内有房产、银行存款，还购买了银行理财产品、年金险、终身寿险、基金和股票。

如果张先生在加拿大也有银行账户，有投资的房产，房产租金收入定期存入加拿大银行账户，那么加拿大税务机关会将张先生在加拿大的相关金融资产信息交换给中国税务机关。

情形三。如果张先生未来定居加拿大，并且成了加拿大税收居民，但在中国有银行账户，具有现金价值的年金险、终身寿险、基金和股票等金融资产，张先生在中国的金融资产信息有可能会被交换给加拿大税务机关。

情形四。如果张先生未来定居加拿大，并且成了加拿大税收居民，如果他在加拿大境外没有任何金融资产，那么他不会受到 CRS 的影响。

### 问题 4

为什么美国没有参与 CRS？

#### 解　析

美国实施的是《海外账户纳税法案》，是美国为防止美国纳税人通过离岸账户和离岸架构逃避美国纳税义务而制定的一项法案。

美国的《海外账户纳税法案》于 2010 年由美国国会通过，于 2014 年 7 月 1 日起生效。美国实施的《海外账户纳税法案》，要求外国金融机构向美国税务部门报告美国人的账户信息，否则外国金融机构在接收来自美国的付款时将被扣缴 30% 的惩罚性预提税。OECD 以美国的《海外账户纳税法案》为蓝本，设计了多边信息交换机制，强调统一、多边、自动的信息交换。

#### 参考资料

FATCA Information for Foreign Financial Institutions and Entities，https://www.irs.gov/businesses/corporations/information-for-foreignfinancial-institutions.

### 专家建议

CRS 不仅涉及税务问题，它与反洗钱、资产保全等问题也密切相关。因此，不仅需要关注税务问题的筹划，还需要将税务问题与资产保全和财富传承结合起来综合考虑。

## 第二节 税收居民身份

### 案 例

赵先生家是典型的"联合国"家庭，赵先生本人在中国境内经营企业，拥有中国国籍；赵先生和妻子早年在加拿大读书的时候相识，赵先生的妻子拥有加拿大国籍；赵先生的大儿子定居英国，目前在英国全职工作；赵先生的二儿子目前在澳大利亚做生意；赵先生的女儿在美国出生，拥有美国国籍，现在在美国读大学。赵先生一家五口涉及了五个国家，这五个国家对于税收居民身份又是怎么规定的呢？

1. 什么是税收居民？
2. 中国税收居民身份的判定标准是什么？
3. 美国税收居民身份的判定标准是什么？
4. 加拿大税收居民身份的判定标准是什么？
5. 澳大利亚税收居民身份的判定标准是什么？
6. 英国税收居民身份的判定标准是什么？

**问题 1**

**什么是税收居民？**

**解　析**

税收居民是指依照某个税收管辖区税收居民认定标准，在该国或地区负有全面纳税义务的自然人或实体。各个税收管辖区均在税法中规定了对于税收居民的判定标准。税收居民身份我们也可以通俗地理解为“税籍”，而“税籍”不同于国籍，比如一个人持有中国国籍，却有可能是其他国家的税收居民。

国籍不等于税收居民身份。在第一节中，我们提到了税收居民身份这个概念。有人误认为持有了一国国籍，就一定是这个国家的税收居民，或者不持有一国国籍，就一定不是这个国家的税收居民，这样的理解是不准确的。

一个人有可能持有中国国籍，却是海外某个国家的税收居民，反之一个人持有海外某个国家的国籍，也有可能是中国税收居民。跨境高净值人士的情况可能比较复杂，如果一个人同时符合中国和海外某个国家的税收居民判定，那就可能需要引入双边税收协议，甚至需要双方的主管税务当局进一步协商解决。因此，税收居民身份的判定是一件专业且复杂的事情，建议咨询个人的税务师或律师结合具体情况做出专业的认定。

**问题 2**

**中国税收居民身份的判定标准是什么？**

**解　析**

我国的《个人所得税法》（特指根据 2018 年 8 月 31 日第十三届全国人民代表大会常务委员会第五次会议《关于修改〈中华人民共和

国个人所得税法〉的决定》第七次修正)，明确引入了居民个人和非居民个人的概念，并将在中国境内居住的时间作为判定居民个人和非居民个人的概念，根据《个人所得税法》第一条，“在中国境内有住所，或者无住所而一个纳税年度内在中国境内居住累计满一百八十三天的个人，为居民个人”。

关于中国税收居民的身份，居民个人与非居民个人的判定标准，主要包含以下两点：一是在我国境内是否有住所，二是在我国境内的居住时间。

而这里所称的“住所”，也不同于我们的房产或住处。根据《中华人民共和国个人所得税法实施条例》，“个人所得税法所称在中国境内有住所，是指因户籍、家庭、经济利益关系而在中国境内习惯性居住”。而如何定义习惯性居住？根据《国家税务总局关于印发〈征收个人所得税若干问题的规定〉的通知》，“所谓习惯性居住，是判定纳税义务人是居民或非居民的一个法律意义上的标准，不是指实际居住或在某一个特定时期内的居住地。如因学习、工作、探亲、旅游等而在中国境外居住的，在其原因消除之后，必须回到中国境内居住的个人，则中国即为该纳税人习惯性居住地”。

我们可以看出，对于“住所”的定义不是一个非黑即白的标准，是一个范围较广，同时内涵相对较宽泛的概念。

以上仅是关于中国税收居民身份的判定标准，每个国家或税收管辖区对其税收居民都有自己的判定标准。如果一个人既符合中国税收居民身份的判定，又符合其他税收管辖区税收居民身份的判定，则需要参看双边税收协议，结合综合情况判断。

### 参考资料

《中华人民共和国个人所得税法》第一条，《中华人民共和国个人所得税法实施条例》，《国家税务总局关于印发〈征收个人所得税若干问题的规定〉的通知》(国税发〔1994〕89号)。

## 问题3

**美国税收居民身份的判定标准是什么?**

### 解 析

根据美国相关规定，符合如下情形之一的，视为美国税收居民：美国公民；美国绿卡持有者；该申报年在美停留超过31天，并且三年以内的加权平均超过183天（申报年在美停留的每一天都算，申报年前一年算1/3的天数，申报年的再前一年算1/6的天数，累计超过183天）[①]。

第一个条件和第二个条件相对比较容易理解，第三个条件相对比较抽象，为了便于理解，我们举一个简单的例子。

林女士既不是美国公民，也不是美国绿卡持有者。2019年她在美国停留120天，2020年她在美国停留123天，2021年她在美国停留90天，那么根据规定，林女士三年以内的加权平均天数为：$90 + 123 \times 1/3 + 120 \times 1/6 = 90 + 41 + 20 = 151$（天），151天小于183天，因此，不拥有美国国籍、不持有美国绿卡，在美国停留天数也不满足条件的林女士，在2021年不满足美国税收居民的条件。

### 参考资料

https://www.irs.gov/individuals/international-taxpayers/substantial-presence-test.

---

① 持有特定类型签证的人士，在美国的停留天数不计入上述计算。

### 问题 4
加拿大税收居民身份的判定标准是什么？

#### 解　析

在加拿大，个人的税收居民身份认定需要结合具体情况来具体分析。加拿大的个人税收居民可以分为普通居民（也称为事实居民）和视同居民。判断个人税收居民身份的时候，需要根据其整体情况和所有相关事实来考虑，并参照加拿大税法和法庭的判定来认定。

加拿大税收居民包括在加拿大经常或习惯性居住并生活的个人。与加拿大的关联，比如家在加拿大、在加拿大有社会与经济利益，以及其他与加拿大的关联（如俱乐部会员、宗教组织成员、驾照等），都是考量因素。

此外，还有视同认定规则，视同认定规则适用于不在加拿大居住但与加拿大有联系的个人，例如，一个纳税年度在加拿大境内停留时间在 183 天以上。

如果一个人既符合加拿大税收居民身份的认定，又符合其他国家税收居民身份的认定，在这种情况下，通常需要引入“加比规则”来判定税收居民身份。

#### 参考资料

OECD Canada Residency.

### 问题 5
澳大利亚税收居民身份的判定标准是什么？

#### 解　析

一般情况下，判断一个人是否为澳大利亚税收居民，需要根据普通法和成文法并结合具体情况确定。

普通法下，澳大利亚税收居民是指在澳大利亚“居住”的个人，需要综合考虑这个人在相应纳税年度的综合情况，包括在澳大利亚停留的意图或目的，个人的家庭、商业、雇佣关系和澳大利亚的关联程度，个人资产所在地，社会和生活安排。

成文法下，如果个人不满足普通法下对于澳大利亚税收居民的认定，但符合以下三条成文法的任意一条，仍应该被认定为澳大利亚税收居民：第一，在澳大利亚有住所（除非被认定在境外有永久性住所）；第二，在澳大利亚一个纳税年度住满 183 天（除非被认定在境外有住所，并且没有在澳大利亚长期居住的意图）；第三，参加澳大利亚退休金计划的个人或其配偶，或 16 岁以下的子女。

### 参考资料

OECD Australia Residency.

### 问题 6

英国税收居民身份的判定标准是什么？

### 解　析

如果满足英国税收居民测试的任意一条，同时不满足非英国税收居民测试的所有标准，那么就满足了英国税收居民自动测试。

英国税收居民测试包括：一个纳税年度中至少有 183 天在英国；个人唯一的“家”（home）在英国，一年中至少 91 天在英国；在英国全职工作 365 天（全职工作特指在英国每周平均工作超过 35 个小时）；去世前三年是英国税收居民，在英国有“家”。

非英国税收居民测试包括：如果前三个税务年度是英国税收居民，在该纳税年度，在英国停留时间少于 16 天；如果前三个税务年度不是英国税收居民，在该纳税年度，在英国停留时间少于 46 天；如果该纳税年度在海外全职工作，在英国工作的天数少于 31 天（这里特指在英国每天工作超过 3 个小时），在英国停留时间少于 91 天；去世的前两年不是英国税收居民，该年度在英国停留少于 46 天。

### 专家建议

国籍并不一定等于税收居民身份，税收居民身份是判断一切纳税义务的基础。尤其对于既符合 A 国 / 地区又符合 B 国 / 地区的跨境人士而言，税收居民身份的判定是一件专业且复杂的事情，建议寻求专业税务 / 法律机构，结合自身情况对税收居民身份进行筹划或判定。

## 第三节　CRS 对高净值人士的影响

### 案　例

企业主郑先生是中国税收居民，经营的企业和大多数资产都在中国境内。郑先生的妻子傅女士听说中国香港地区的保险不错，因此欲购置香港保险。郑先生还准备去海外投资房产，因为房产不属于 CRS 的交换范围。

1. 听说中国香港地区的保险不错，打算赴香港投保，CRS 对“我”有什么影响？
2. 郑先生还准备去海外投资房产，因为房产不属于 CRS 的交换范围，相关信息肯定不会被交换回中国吗？

3. 如果某人被中国税务机关认定需要补缴税款，而他不按照要求缴纳，税务机关有权对他在境内的资产实行强制措施吗？

问题 1

听说中国香港地区的保险不错，打算赴香港投保，CRS 对“我”有什么影响？

解　析

CRS 对于准备去中国香港买保险的客户的影响是，你在香港购买的具有现金价值的保单信息可能会被交换回内地。自 2017 年 1 月 1 日开始，中国香港金融机构按照 CRS，收集非香港税收居民在中国香港的金融账户信息并上报至中国香港税务机关。中国香港和内地于 2018 年完成了 CRS 首次信息交换。

在 CRS 信息交换的背后，相关部门会关注资金来源是否合法合规、资金出境的途径是否合法合规、资金出境前是否完税等一系列问题。

如果郑先生和傅女士在中国香港购买具有现金价值的保险产品，其保单信息（包括保单号、保单金额，以及委托人以及受益人的姓名、出生日期、纳税识别号等）属于需要报告的信息，则可能会被交换回内地。

参考资料

《香港就税务事宜自动交换金融账户资料咨询文件》。

问题 2

郑先生还准备去海外投资房产，因为房产不属于 CRS 的交换范围，相关信息肯定不会被交换回中国吗？

### 解　析

CRS 信息交换的覆盖范围主要是金融资产，如银行存款、证券账户、具有现金价值的保险合同、信托等。房产不属于 CRS 信息交换的范围，因此个人直接持有的境外房产信息不会通过 CRS 被交换回中国。

但是如果将房产出租，出租房产所产生的租金存入当地银行，而银行认定你是该国的非税收居民，那么银行会将收取租金收入的账户信息自动交换回中国。

**问题 3**

**如果某人被中国税务机关认定需要补缴税款，而他不按照要求缴纳，税务机关有权对他在境内的资产实行强制措施吗？**

### 解　析

税务机关可以对他在境内的资产实行强制措施。

根据《中华人民共和国税收征收管理法》，对“纳税担保人未按照规定的期限缴纳所担保的税款，由税务机关责令限期缴纳，逾期仍未缴纳的，经县以上税务局（分局）局长批准，税务机关可以采取下列强制执行措施：（一）书面通知其开户银行或者其他金融机构从其存款中扣缴税款；（二）扣押、查封、依法拍卖或者变卖其价值相当于应纳税款的商品、货物或者其他财产，以拍卖或者变卖所得抵缴税款。税务机关采取强制执行措施时，对前款所列纳税人、扣缴义务人、纳税担保人未缴纳的滞纳金同时强制执行。个人及其所扶养家属维持生活必需的住房和用品，不在强制执行措施的范围之内”。

情形一：如果他是生产经营的纳税人，税务机关可以直接行使税收强制执行权。根据《中华人民共和国税收征收管理法》第三十七条、第三十八条、第四十条，税务机关强制执行的对象是从事生产经营的纳税人、扣缴义务人，这是国家赋予税务机关的强制执行权，因此在一般情况下，如果当事人拒不依法缴纳应补税款及滞纳金，可由税务机关依法采取强制执行措施，无须申请人民法院强制执行。

情形二：如果他是非从事生产经营的纳税人，税务机关可以依法申请人民法院行使。《最高人民法院关于执行〈中华人民共和国行政诉讼法〉若干问题的解释》第八十七条规定，法律、法规没有赋予行政机关强制执行权，行政机关申请人民法院强制执行的，人民法院应当依法受理。

情形三：如果他有税收罚款未缴纳，税务机关既可以依法自行采取强制执行措施，也可以依法向人民法院强制执行。《中华人民共和国税收征收管理法》第八十八条规定，当事人对税务机关的处罚决定逾期不申请行政复议也不向人民法院起诉、又不履行的，做出处罚决定的税务机关可以采取本法第四十条规定的强制执行措施，或者申请人民法院强制执行。

参考资料

《中华人民共和国税收征收管理法》《最高人民法院关于执行〈中华人民共和国行政诉讼法〉若干问题的解释》。

## 专家建议

随着《海外账户纳税法案》、CRS的签署，以及《实施税收协定相关措施以防止税基侵蚀和利润转移的多边公约》(简称《BEPS多边公约》)的签订、金税工程的发展、个人收入和财产信息建设的推进，可以看出税务信息透明化无论是在国内还是国外，都呈现势不可当的趋势。如果部分人群依然通过虚假交易、隐匿收入等方式进行“筹划”，会承担更大的风险。

# 第十一章
# 各国传承税费知多少

## 案　例

胡先生，56 岁，20 世纪 80 年代移民美国，凭借敏锐的商业洞察力和多年打拼，现已资产上亿。胡先生近期在考虑财富传承的问题。

1. 各国的遗产税都有哪些形式？
2. 美国联邦遗产税是如何征收的？
3. 美国联邦遗产税的免税额度通常很高，是不是非超高净值家庭不需要考虑遗产税？
4. 遗产税和慈善捐赠有什么关系？

问题 1

各国的遗产税都有哪些形式？

### 解　析

国际上主要的遗产税税制模式有总遗产税制、分遗产税制和混合遗产税制。

总遗产税制，通常是以死者所遗留的财产总额来计税再进行遗产分配的税收法律制度。总遗产税制度下，纳税人通常为死者（的遗产），在实践中往往由遗嘱执行人或者遗产管理人来缴纳。在遗产处理程序上，表现为“先税后分”，即先缴清遗产税，再分配遗产。总遗产税制的典型代表有美国、英国等国家。

分遗产税制，又称继承税制。分遗产税制是对遗产继承人或遗产受赠人就其分得的那一部分遗产总额课税。通俗地解释，在分遗产税制之下，遗产税由“继承人”缴纳，其形式表现为“先分后税”。除此之外，分遗产税制的纳税人不是单一的遗产管理人或遗嘱执行人，而是实际的遗产继承人。各遗产继承人因血缘亲疏远近而适用不同的税率，通常血缘关系越亲近，税率则越低；血缘关系越疏远，税率则可能越高。

### 问题 2

美国联邦遗产税是如何征收的？

### 解　析

遗产税是按照逝者去世时所拥有财产的市场价值征收的税种。

对于美国税收居民，遗产税征税范围包括全球资产：现金、证券、房地产、保险、信托、年金、商业利益等。

对于非美国税收居民，遗产税征税范围仅包括美国的资产：美国的房地产、有形资产、美国公司的股票等。（对于非美国税收居民，联邦遗产税的免税额仅为 6 万美元。）

美国橄榄球队迈阿密海豚队的创始人乔·罗比于 1990 年去世时，其家人因没有足够易变现的资产用来缴纳 4 700 万美元的遗产税，所以不得不于 1994 年以 1.09 亿美元折价卖掉乔·罗比创建的橄榄球队和他生前以 1.15 亿美元自有资金建立的以他的名字命名的体育场——

乔·罗比体育场。其家人因巨额遗产税的缴纳而产生的遗产处置问题引起了家族矛盾。2008 年，当年的购买者以 11 亿美元的价格将迈阿密海豚队及体育场转卖给了一位纽约房地产巨头，是乔·罗比家族当年卖出价格的 10 倍。

对于高净值家庭而言，美国的遗产税不仅“贵”，而且特别提醒大家注意的是，美国联邦遗产税采用总遗产税制，即先缴清遗产税税款，再分遗产。因此，准备充足的现金流对于继承大额遗产来说十分重要。

在美国，遗产税筹划比较常见的方式有两种：购买人寿保险和设立信托。很多高净值家庭通过设立不可撤销型人寿保险信托（Irrevocable Life Insurance Trust，ILIT）来避免人寿保险包含在遗产税的计算范围内。

**问题 3**

美国联邦遗产税的免税额度通常较高，是不是非超高净值家庭不需要考虑遗产税？

**解　析**

美国联邦遗产税的免税额度通常较高，如 2022 年度，美国联邦遗产税的免税额为 12 060 000 美元（免税额每年可能有所调整，如 2021 年度，美国联邦遗产税的免税额为 11 700 000 美元）。因此，是不是非超高净值家庭不需要考虑遗产税呢？首先，美国联邦遗产税对于遗产税定义下的美国税收居民而言，免税额度确实较高，但是对于非美国税收居民，免税额度仅为 6 万美元。其次，在“拜登提案”下，美国联邦遗产税免税额度为 350 万美元。此外，除了美国联邦遗产税（目前最高边际税率为 40%），美国的一些州还有州层面的遗产税或继承税。美国 50 个州中，12 个州和华盛顿特区征收州层面的遗产税，6 个州征收州层面的继承税。其中，马里兰州是唯一既征收州遗产税，又征收州继承税的州。

在征收州层面遗产税的各州中，夏威夷州和华盛顿州的遗产税最高边际税率最高，为 20%。8 个州和华盛顿特区的遗产税最高边际税率为 16%。马萨诸塞州和俄勒冈州免税额度较低，为 100 万美元；康涅狄格州免税额度相对最高，为 710 万美元。

在 6 个征收继承税的州中，内布拉斯加州的最高边际税率最高，为 18%；马里兰州的最高边际税率最低，为 10%。所有这 6 个州都给予配偶继承税免除，一些州给予近亲属免除或部分免除。

### 参考资料

Tax Foundation: Does Your State Have an Estate or Inheritance Tax?

## 问题 4

遗产税和慈善捐赠有什么关系？

### 解　析

据韩联社消息，李健熙的遗属于 2021 年 4 月 28 日在遗产税缴纳时限即将到来之际发布遗产回馈社会计划。三星方面将出资 1 万亿韩元设立传染病专科医院，帮助患有癌症、稀有疾病的儿童接受治疗。三星还将向韩国国家美术馆等机构捐赠李健熙生前收藏的 2.3 万件美术作品。

三星家族的回馈社会计划，可以从多个角度进行理解。也许这是三星家族继承人们怀着回馈社会的美好心愿做出的慷慨捐赠，也许是韩国目前的法律、税收制度鼓励他们这样做的，具体原因我们不在此深入探究。

但值得注意的是，在一些国家，对于慈善捐赠有相对较完善的配套法律、税收制度。比如对符合条件的慈善捐赠给予一定的税收抵扣，同时设置遗产税、赠与税等相关制度，加大财富传承过程中的税费成本。

笔者在英国政府官网上看到一句话，翻译过来的大致意思是：英国的继承税标准税率为40%，如果在你的遗嘱中，将10%及以上的净价值进行慈善捐赠，那么在（继承）某些资产时将享受36%的优惠税率。

知名经济学家贾康表示："遗产税虽然属于第二次分配的范畴，但是会促使一些富裕人群做选择题，是把钱捐出去建立公益性基金会，还是身后接受遗产税的调节？政府在第三次分配能做什么，遗产税就是一个很典型的例子，通过税收调节，促成自愿'第三次分配'。"

## 专家建议

针对本章所涉及的内容，笔者提出如下建议：

1. 在美国，遗产税筹划比较常见的方式有两种：购买人寿保险和设立信托。很多高净值家庭通过设立不可撤销型人寿保险信托来避免人寿保险包含在遗产税的计算范围内。
2. 高净值人士热门移民国家之一的加拿大，目前没有遗产税，但是加拿大继承遗产可能会涉及个人所得税，因此传承税费并不一定以"遗产税"的形式存在，不论是遗产税还是以其他税种或其他形式存在的传承税费，保证资产中有充足的现金流去支付传承的税费成本，对于财富的传承会起到至关重要的作用。

# 05 养老编

本编作者：王文钊[①]

① 王文钊，美国南加州大学戴维斯老龄学学院老龄学硕士。拥有7年中美CCRC（持续照料退休社区）实战经验，专注国内外养老产业研究和养老模式分析。

# 编首语

“养老”一词，出现在财富管理的书籍中恐怕会引起很多人的好奇。为何在个人和家庭的财富管理中要对养老有所关注和认识呢？其实，每个人作为生命个体，在一生中通常会经历少年、青年、中年、老年这样的“生老病死”生命周期，这是大自然的规律。但殊不知，人这一生其实还有一个“生命周期”，就是人类在社会和经济属性当中必不可少的“财富生命周期”。通过进行合理的规划和有序的管理，让财富在生命的各个时期发挥应有的作用，才是财富管理的核心价值所在。

2021 年中国人民银行发布的《金融从业规范　财富管理》对财富管理有过相关定义。财富管理是在一个人的生命周期中，通过“创造、保有和传承”来实现财富的良性循环。而创造财富、保有财富和传承财富，其实就对应着人的生命周期中的三个时期：青年时通过努力奋斗，创造大量财富；中年时通过有效管理，守护家庭财富；老年时通过合理安排，有效地传承财富。

而笔者认为，在这三个时期中，还应有一个在人生中享受财富的时期，即“享富期”。意思就是在老年退休时通过合理消费，享受人生积累的财富，享受养老时期的幸福时光。如何通过有效的方式和合理的金融工具提前筹划养老资金、规划养老资源，便成为本编探讨的核心关键内容。

本编将聚焦刘先生在中年时期面临的困惑与挑战，通过运用财富管理中的实用工具，有针对性地规划未来养老将面临的实际问题。

# 第十二章
# 开启新时代的养老序幕

## 引　言

随着中国经济的发展、医学技术的进步、公共卫生的改善、社保制度的健全、人均 GDP 的提升，中国人的寿命也在不断延长。到 2020 年，中国人均预期寿命已经超过 77 岁，比新中国成立初期提升了一倍之多。2021 年的《政府工作报告》就提出要在“十四五时期”将中国人均预期寿命再提高 1 岁。目前，部分发达城市，例如北京、上海、天津、广州的人均预期寿命更是突破了 80 岁。在人人皆可“古稀”的新时代，中国人的寿命在以每 10 年增长 2 岁的速度延长，可谓“躺着就能长寿”。

除此之外，伦敦商学院的琳达·格拉顿和安德鲁·斯科特两位教授共同撰写的《百岁人生：长寿时代的生活和工作》一书中提到，现在的“00 后”，有 50% 以上的概率能活过 100 岁。传统生命周期会经历三个阶段——学习、工作、退休，随着寿命的延长，这三个阶段的界限将会逐渐模糊。25 岁不再是学习的终点，60 岁也不再是工作的终点。人们可能会在百岁人生里终身学习，终身创造价值。

2021年11月24日，中共中央、国务院印发《关于加强新时代老龄工作的意见》，用8个部分、24条意见明确指出未来一段时间国家及地方政府的发展方向。树立积极老龄观，将健康老龄化的理念融入社会经济发展全过程当中。这让人们再一次看到了“国家行动”的号召和力量。假如在不久的将来，人人皆可过上百岁人生，可曾想过长达40年的退休生活该如何度过？可曾想过寿命的延长不仅带来了岁月静好的时光，也有可能带走辛苦攒下的人生积蓄？

新时代下的养老问题其实在财富管理中便可找到答案。未雨绸缪，在人生奋斗期做好百岁人生的打算，方可从容不迫尽享颐养天年的幸福生活。

## 第一节　走下神坛的“炒房时代”

### 案　例

---

刘先生是一家大型民营企业的高级管理者，年薪百万。年过半百的刘先生事业顺风顺水，与妻子相敬如宾、恩爱有加。夫妻双方均有健在且年迈的父母，也有儿女一双，可谓家庭和睦。工作了20余年，刘先生为家庭积累了不少财富，但由于他的投资理念仍停留在“炒房时代”，故将家中大部分资产投入楼市中，买了不少房子，房产占家庭资产的比重接近80%，而手中的现金类资产并不充裕，不到15%。在他的认知里，眼见为实的不动产更能让他获得安全感，无论今后夫妻二人的养老问题，还是双方父母照护的问题，甚至子女留学创业的问题，都可以依靠“卖几套房子”解决。

然而，在近些年国家提出“房住不炒”的信号后，多地政府随即提高购房门槛，“限购”“限贷”政策层层加码，再加上房产税扩大试点范围、增加炒房者的持房成本等一系列因素的影响，刘先生原本“以房养老”“以房养家”的想法逐渐开始动摇。刘先生不禁开始考虑以下几个问题：

1. 在新时代下，刘先生“以房养老”的观念是否依旧可行？
2. 以房产为主要家庭资产的刘先生，是否需要重新调整家庭资产结构？
3. 在新时代下，不是国家“体制内”编制的刘先生，未来能否依靠社保养老金满足退休后的日常生活开销？

**问题 1**

**“以房养老”在当下社会是否可以成为养老金的唯一来源？**

**解 析**

“以房养老”不能成为养老金的唯一来源。

根据案例中的描述，刘先生的投资理念仍停留在“炒房时代”，故将家中大部分资产投入楼市中，购买了不少房产，而手中现金类资产并不充裕。不动产之所以被称为不动产，顾名思义就是不方便流动、不方便转化的资产，如果家中发生重大、危急事件，则无法及时变现加以应对。同时，刘先生及其爱人的养老问题迫在眉睫，如果仍停留在“卖几套房子”就可以安享晚年的观念上，恐怕未来的养老资金将出现大量缺口。

虽然在国家监管机关和相关部委的政策支持和鼓励之下，效仿西方国家开创了“住房反向抵押养老保险”（将自有房产抵押给保险公司从而获得保险公司给付现金流的一种保险产品）供消费者选择，但此类保险仍处在试水阶段，并未受到广大消费者的青睐。主流的养老金来源仍应该通过多种金融工具共同为国家基本养老金进行补充。例如，以养老为目的的理财产品、信托产品、基金产品、保险产品等，都是不错的选择。随着中央政府的顶层设计和舆论宣传，个人养老金的第三支柱在不久的将来会有更多优惠、便民的产品上市。比如“税收递延型”的商业养老保险，不仅可以为消费者提供持续终身的稳定现金流，同时大概率可以兼顾“税优”的利好政策。

**问题 2**

以房产为主要家庭资产的刘先生，是否需要重新调整家庭资产结构?

**解　析**

需要。

根据案例中的背景描述，刘先生家庭资产中的房产占比接近80%，实在过高。应将非自住属性的房产转化为金融类资产，增加现金流储备和养老金储备。

为发展养老保险体系第三支柱，政府在近几年的《政府工作报告》中也开始规划、出台系列政策性产品，以扩充养老金融产品，例如养老目标基金、银行养老理财产品、养老信托产品，而最广为人知的、最常见的、历史最悠久的，当数商业养老保险产品。

政府在近几年推出过“个人税收递延型商业养老保险”，并在三个试点地区进行推广，但由于受惠人群较少、税收扣除额度较低、税负偏高等一系列情况，在试点期到期之后，目前暂未推出新的相关产品和政策。

而商业养老保险产品相对来说比较稳定，也是我国居民最重要的养老金储备工具之一。这一般是指人寿保险公司发行的年金型保险产品，其特点就是对投保人储蓄的资金进行长期的、统一的投资管理规划，在达到预设的养老年龄后，保险金受益人可定时、定量地领取养老金，为国家基本养老金进行补充，提高个人养老金替代率。

从刘先生的案例中不难看出，作为民营企业高管的他，在养老金的筹备中稍显准备不足，并且他对中国的养老金体系一窍不通。接下来，笔者将在本节中简单为各位读者介绍中国养老金体系的构成，以及为何单独依靠国家基本养老保险不足以满足刘先生退休后的养老金需求。

**问题 3**

**在新时代下，中国的养老金体系由什么构成?**

**解　析**

中国的养老金制度与结构一直在不断发展与完善，到 20 世纪 90 年代才出现较为完善的体系，而现有的养老金体系并非由中国发明，而是起源于西方。1889 年，德国政府第一个建立起养老保险体系，之后被很多国家模仿，这就包含了第一支柱的国家基本养老保险。在我国，基本养老保险又分为两种：城乡居民基本养老保险和城镇企业职工基本养老保险。养老金体系中的第二支柱是企业年金或职业年金，而第三支柱为个人养老金。中国的养老金体系就是由这三根柱子支撑起来的。

在中央政府不断深化改革的背景下，中国养老金体系也越发趋于成熟，但目前仍然面临第一支柱占比过高、第二支柱发展较为缓慢、第三支柱储备严重不足的情况。在中国养老金体系“晚熟”的条件下，仍需针对第二支柱和第三支柱进行“从上至下”的制度化改革。从政策细节进行完善，到地方政府狠抓落实，让老百姓了解不同支柱的区别和作用。如此，才能有效改善中国养老金体系不平衡的问题。

## 问题 4

## 国家基本养老保险分为哪两类，有什么区别？

### 解 析

中国社会养老保险制度经历了农村社会养老保险（老农保）、新型农村社会养老保险（新农保）和城镇居民社会养老保险后，在2014 年 2 月，国务院发布了《关于建立统一的城乡居民基本养老保险制度的意见》。这项养老保险改革制度改变了中国农村居民和城镇居民参加两项社会养老保险制度的历史，并在全国范围内建立推广城乡居民基本养老保险。这类保险的参保范围比较广泛，只要是年满16 周岁且不是在校学生的城乡居民、非国家机关和事业单位工作人员及不属于企业职工基本养老保险制度覆盖范围的城乡居民，都可以参保。这一基本养老保险制度，打破了以往农村和城镇居民需参保不同保险的问题。

而另一种国家基本养老保险则是城镇企业职工基本养老保险。这也属于社会保险中的一种，是指国家通过立法，多渠道筹集资金，对劳动者在年老、失业、患病、工伤、生育而减少劳动收入时给予经济补偿，使城镇职工能够享有基本生活保障的一种社会福利制度。这种国家基本养老保险的参保范围相对较窄，但保障力度更大，包含各类企业职工、个体工商户以及灵活就业人员。

城乡居民养老保险的领取条件需要满足以下三条：年满 60 周岁，累计缴费满 15 年，未领取国家规定的基本养老保障待遇。

城镇职工养老保险的领取条件需要满足以下三条：达到法定退休年龄条件；累计缴费满 15 年；男性年满 60 周岁，在管理（技术）岗位的女职工满 55 周岁，女工人满 50 周岁。

**参考资料**

《国务院关于完善企业职工基本养老保险制度的决定》(国发〔2005〕38号)。

**问题5**

**国家基本养老保险能否满足刘先生一家的日常开销?**

**解　析**

如果仅靠国家提供的基本养老保险,显然是不足以支撑刘先生一家在退休后的日常开销的。

刘先生为大型民营企业的高管,妻子是全职太太。刘先生为家庭收入来源的顶梁柱。假设刘先生的年薪为120万元,折合每月10万元的收入。假设家庭支出为收入的80%,即每月有8万元的支出。为了保障家庭生活品质不会有太大下降,养老金替代率[①]应达到75%,即退休金应至少达到每月7.5万元,才可满足退休后刘先生及其爱人对生活品质的要求。

所谓养老金替代率,是衡量居民退休后收入水平的一项重要数据。根据世界银行的建议,养老金替代率应达到75%才可以满足退休之后与退休之前的生活水平无异。而国家基本养老金(包含上一问中提到的两种养老保险制度)目前的累计结余仅不到5万亿元,且国家社保养老金目前的替代率不足45%,这很难满足刘先生一家75%的养老金替代率要求。养老金替代率相对较低,亟须通过综合配置养老金体系三支柱来提高。

① 养老金替代率=退休后平均养老金收入/退休前平均工资收入。

参考资料

The World Bank, International patterns of pension provisionⅡ: a worldwide overview of facts and figures, https://documents.worldbank.org/.

### 问题 6

**国家基本养老金替代率如此之低，未来能否满足退休人群的基本生活水平?**

### 解　析

国家基本养老保险的作用是保基础、保民生，让退休人群能有最基础的生活保障。

但如果按照当下第一支柱独大的养老金结构，不进行调整和改善，那么未来很有可能面临没有养老金可以领取的尴尬境地。2019年，中国社科院世界社保研究中心发布了一篇养老金测算报告，名为《中国养老金精算报告 2019—2050》。这份报告指出，未来十几年内，全国城镇企业职工基本养老保险基金当期结余在维持一定时间的正数积累后，在 2027 年达到峰值 6.99 万亿元后将迅速下降，赤字规模不断扩大，到 2035 年累计结余将归零。这也就意味着 1980 年出生的女性同胞，在2035年（55岁）退休的时候将无养老金可以领取,"80后"真正开始面临"未富先老"的困局。

但这份报告是基于理论模型和现阶段国家养老金模型测算出的，结果仅供参考。而现实情况则是，社保养老金由国家作为支撑，国家进行宏观调控与统筹调剂，除非政府倒闭，退休人员的养老金就一定可以进行支付。但是，能发放出来并不意味着不用担忧养老金充足性，国家基本养老金并不能解决不同人群对养老生活品质差异化追求的问题，所以大多数人仍然需要为自己的养老生活品质进行提前储备和规划，以应对人口老龄化、少子化带来的"未富先老"的挑战。

参考资料

《中国养老金精算报告 2019—2050》，中国社科院世界社保研究中心。

## 专家建议

针对本节所涉及的养老金来源相关问题，笔者提出如下建议：

1. 应对家庭资产中的各类资产进行评估。如果不动产占比较大，在如今“房住不炒”的战略方针前提下，组合拳式的应对政策和法律法规相继出台。例如，中国房产税已经开始在试点城市征收，针对家庭中拥有多套房产的，需按人均面积进行计算，超出部分则应缴纳一定比例的房产税。这一系列举措将增加房产交易成本、房产交易增值部分的税负等不必要的额外资金成本和时间成本。应将占比过多的不动产有计划地转化为金融类资产，并通过财富管理进行合理、科学的资产配置，从而提升家庭和个人的终身现金流水平。
2. “体制内”（一般指国家政府机关、企事业单位、军队、院校、医院等系统的工作人员）的公务人员，由于其劳务关系的特殊性，相对“非体制内”职工有较高的养老金替代率，可以保证退休后与退休前的生活品质不会有较大差距。而企业职工若仅依靠国家基本养老保险作为退休生活的主要资金来源，其养老金替代率相对较低，会与退休前的工资收入有较大差距，从而影响退休后的生活品质。因此，应提前通过多种渠道及金融工具弥补养老金缺口，从而实现养老金替代率大于世界银行建议的 75% 标准线，稳定退休后的养老资金来源。

## 第二节　谁动了我的养老金?

### 案　例

在了解到第一节内容中关于“以房养老”的局限性、中国养老金体系构成以及养老金替代率不断降低等话题之后，特别关注经济动向和国家大事的刘先生在看到第七次全国人口普查数据后，越发感到老年人口增多，劳动力供给不断下降，这将给社会经济带来长久的影响。

在快速老龄化、少子化的当下，同时还有新闻不断报道中国正在面临“未富先老”的困境，还有不到 10 年就要退休的刘先生不禁开始考虑以下几个问题：

1. 什么是“未富先老”的困境，刘先生和妻子是否会面临这类问题?
2. 刘先生和妻子二人未来究竟需要多少养老金，才能满足与退休前同等的生活品质?
3. 若刘先生想要获得踏实、安全、可以持续一生的养老现金流，他该通过哪些财富管理工具来实现这一目的?

**问题 1**
“未富先老”的困境从何而来?

## 解　析

很多人尚未意识到，中国正在面临“未富先老”的困境。以下是中国“未富先老”问题的简单推演，可供参考。

第一，人口总和生育率下降。在世界各国，存在着一个普遍的经济学现象，那就是随着社会经济的不断发展，人口总和生育率（适龄女性一生中生育的子女数量）在不断下降，例如印度 2.2、墨西哥 2.1、美国 1.8、中国 1.7、德国 1.6、日本 1.4、新加坡 1.1。可以发现，经济越发达的国家，总和生育率越低。少子化成了经济发达国家和地区的共性特点。

第二，人均预期寿命上升。经济越发达，社会福利保障体系和公共医疗服务体系越完善的国家，人均预期寿命也越高，例如日本 84 岁、新加坡 83 岁、德国 81 岁、美国 79 岁、中国 77 岁。预期寿命增长就意味着这个国家或地区的老年人数量会逐渐增多，并且会出现老年人数量大于青少年人群数量的现象。

第三，老龄化发展速度快。人越来越长寿其实不可怕，可怕的是一些国家的人口结构会在短时间内产生大量退休老年人。这里要引入一个老龄化程度转变的时间表。按照联合国的定义，当一个国家 65 岁以上的老年人口占总人口的比重大于 7% 时，就可以判断这个国家已经处于“进入老龄化”阶段，而当这个数值达到 14% 时，就认定这个国家已经处于“深度老龄化”阶段。

有些国家，例如日本、韩国、新加坡、中国，只用了 20~25 年就完成了这一进程的转变；而有的国家，例如法国、瑞典、美国则用了 70~100 年才读完这一进度条。这相对来说很“不公平”，老龄化慢的国家可以有时间慢慢调整养老金体系，积累养老金规模；而老龄化快的国家则来不及完善养老金体系，也无法积累养老金规模，只能硬着头皮面对快速老龄化带来的后果。

综合以上三点因素，再结合国家基本养老金“现收现付”的制度，即当年收缴的养老金用于发放当年需要领取的养老金，未来缴纳养老金的年轻人将越来越少，领取养老金的老年人则越来越多，这必然导致实际拿到的养老金数额下降，社保养老金替代率逐步下降。中国老人则处于“未富先老”的困境中。

**问题 2**

**相比于西方发达国家，中国的养老金储备量有多少？**

**解 析**

在西方发达国家，例如美国，养老金三支柱各自的作用和占比如下：第一支柱国家养老金保基础，第二支柱企业年金为养老基金的主要构成，第三支柱个人退休账户为辅助养老金。个人退休账户的养老金占比达到养老金总量的 25%。同时，美国的养老金累计金额已经占全国 GDP 的 145%，而 OECD 国家平均占比也高达 49.7%（见图 12–1），处于“边富边老”的状态。

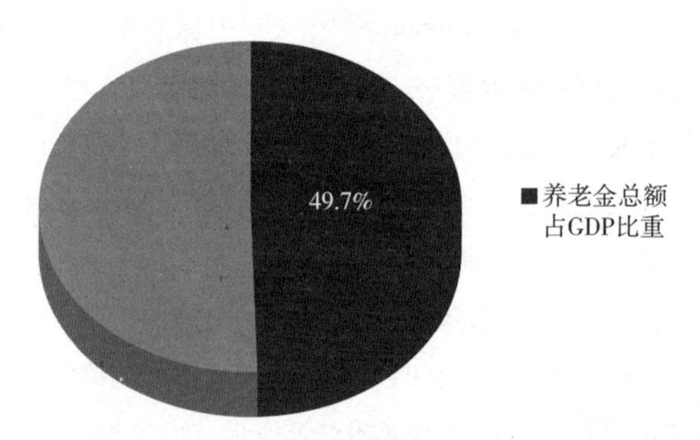


图 12–1 OECD 国家养老金占 GDP 比重平均值

而中国的养老金制度发展较为缓慢，基本表现为“起步晚、发展缓、储备少”。

第二支柱企业年金和职业年金从 2005 年前后才在国内开展，仅有少部分企业和政府机关、事业单位参与其中，故体量不大，仅占养老金累计结余总量的22%。

而第三支柱个人养老金2018年才开始在上海、苏州等几个城市试点，累计收入保费仅10亿元左右，很难形成规模，几乎可以忽略不计。在这样一个养老金结构之下，中国的养老金占GDP的比重仅为11.7%（见图12-2）。

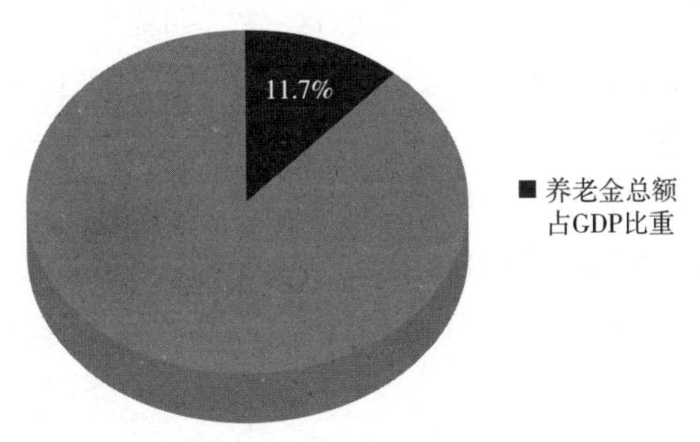


图12-2　2019年中国养老金占GDP比重

参考资料

《中国养老金发展报告2020》，中国社科院世界社保研究中心。

> 问题3
>
> 刘先生一家需要准备多少养老金，才能满足与退休前同等的生活品质并且度过未来可能到来的百岁人生？

解　析

刘先生一家为了满足养老金充足性的要求（养老金替代率达到75%），需要进行如下计算。

根据案例中的背景描述，刘先生为大型民营企业的高管，妻子是全职太太。刘先生为家庭收入来源的支柱。假设刘先生的年薪为120

万元，折合每月 10 万元的收入。假设按照家庭养老金替代率为 80% 计算，高于世界银行建议的 75%，则退休金应为每月 8 万元，才可满足一家的日常开销。

通过总量控制法计算，假设刘先生在 60 岁退休，并且刘先生身体健康，无重大疾病，过上了百岁人生，那么他退休的时间就有 40 年。通过简单计算得出，刘先生一家至少需要 3 840 万元（$80\ 000 \times 12 \times 40 = 38\ 400\ 000$ 元）。这一数字可能会让读者感到震惊不已。但试想退休后的生活与工作时期基本等长，同时，随着年龄增大而来的还有更多的医疗、护理、康复等项目支出，这笔钱对于刘先生这样的高净值人士来说也应当合理。

通过总量控制法我们得出了刘先生一家粗略的养老金总量，那如果具体到养老金的构成，我们需要通过下一个问题进行深入的计算和分析。

**问题 4**

如果刘先生想知道自己具体需要补充多少养老金才能实现养老金目标，第一步就需要知道他在退休后能拿到多少国家基本养老金。国家基本养老金的计算公式是什么？

**解　析**

在本章第一节“问题 3”中，笔者曾解答到国家基本养老保险分为两类，分别是城乡居民基本养老保险和城镇企业职工基本养老保险。由于刘先生是某大型民营企业的高级管理人员，他属于缴纳城镇企业职工基本养老保险的范畴，所以在此先不讨论如何计算城乡居民基本养老保险。

1997 年，国务院发布第 26 号文件《国务院关于建立统一的企业职工基本养老保险制度的决定》，正式拉开了企业职工养老保险改革的大幕。2005年，国务院发布第36号文件《国务院关于进一步加强就业再就业工作的通知》，补充完善了职工养老保险制度的计算方式。

职工养老保险的管理模式为混账管理，即社会统筹账户加个人储蓄账户。目前，企业职工的工资条中应该会写明单位替职工缴纳的养老保险金为当月工资的20%，而个人只需缴纳当月工资的8%[①]。那么，当企业职工退休时，每个月能领多少养老金呢？

这是一个很复杂的公式（见图12-3），下面笔者来详细分解一下这个庞大又复杂的公式。

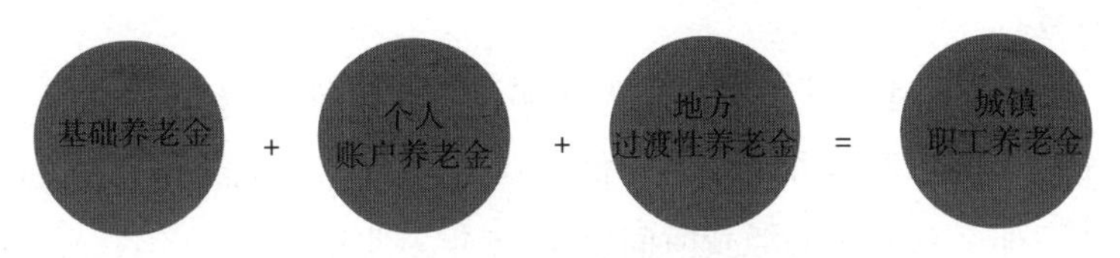


图12-3　城镇企业职工基本养老保险计算公式

基础养老金＝（社会平均工资＋本人指数化月平均工资）/2×累计缴费年限（含视同缴费工龄）×1%，其中，本人指数化月平均工资＝社会平均工资 × 历年本人实际工资与社会平均工资之比的算术平均数（最低为0.6，最高为3）；个人账户养老金＝个人账户储蓄额/计发月数，其中，计发月数＝（当时人口平均寿命－退休年龄）×12；地方过渡性养老金一般为地方规定的按视同缴费工龄计算的养老金补贴。

以上为城镇企业职工基本养老保险的计算公式，在下一问中，笔者将以刘先生为例，计算他在退休后到底能拿到多少国家养老金。

### 参考资料

《国务院关于建立统一的企业职工基本养老保险制度的决定》（国

① 各企业、各地方政府的缴纳比例并不统一，如需咨询当地国家基本养老保险详情，请拨打人力资源和社会保障咨询服务热线12333。

发〔1997〕26号），《国务院关于进一步加强就业再就业工作的通知》（国发〔2005〕36号）。

问题5

刘先生在退休后能拿到多少国家基本养老金呢？

解　析

根据上一问中的计算公式，我们可以将刘先生的月薪带入公式进行计算。

假设刘先生家住北京，他从2000年，也就是25岁时开始工作并开始缴纳国家基本养老保险。他计划于2034年，也就是60周岁时退休，那么刘先生的缴费时间就是35年。北京市2020年社会平均工资达到了9 407元，假设以每年5%的社会平均工资增长率计算，到2034年，社会平均工资将约为51 889元。假设刘先生在2020年时月薪为100 000元，他的工资复合增长率为7%，那么到2035年刘先生在退休前的月薪为275 903元。那么他能拿到多少国家基本养老金呢？

首先，我们先来算一下刘先生的基础养老金能拿多少。

情景A：假设他的指数化月平均工资为0.6（可理解为月平均工资为社会平均工资的0.6倍），则有（51 889+51 889×0.6）/ 2×35×1%=14 528.92元

情景B：假设他的指数化月平均工资为1.0（可理解为月平均工资为社会平均工资的1倍），则有（51 889+51 889×1.0）/ 2×35×1%=18 161.15元

情景C：假设他的指数化月平均工资为3.0（可理解为月平均工资为社会平均工资的3倍），则有（51 889+51 889×3.0）/ 2×35×1%=36 322.30元

由此可见，退休后能拿多少职工基本养老金，是有很多决定因素的，例如地区社会平均工资、缴费年限、本人指数化月平均工资（范围为 0.6~3 倍）等。

其次，我们来算一下刘先生从个人账户养老金中能领多少。

在退休的时候，个人缴费的累计额度就确定了。但在这里我们假设，刘先生平均每年从工资里缴纳 12 万元的养老保险，那么他至少会有 420 万元的累计额度，再加上利息，假设他一共有 600 万元，用这 600 万元除以计发月数就得到了每月个人账户养老金的领取额。

根据表 12–1，当退休年龄为 60 岁时计发月数为 139 个月。

表 12–1　城镇企业职工基本养老保险计发月数

| 城镇职工养老保险计算方式 | | | |
|---|---|---|---|
| 退休年龄 | 计发月数 | 退休年龄 | 计发月数 |
| 50 | 195 | 61 | 132 |
| 51 | 190 | 62 | 125 |
| 52 | 185 | 63 | 117 |
| 53 | 180 | 64 | 109 |
| 54 | 175 | 65 | 101 |
| 55 | 170 | 66 | 93 |
| 56 | 164 | 67 | 84 |
| 57 | 158 | 68 | 75 |
| 58 | 152 | 69 | 65 |
| 59 | 145 | 70 | 56 |
| 60 | 139 | | |

个人账户养老金 = 6 000 000/139 ≈ 43 165.47 元。

由于刘先生从 2000 年开始缴纳职工基本养老保险，不涉及过渡性养老金，所以过渡性养老金为 0 元。

那么，我们把以上三个部分加起来，第一部分按情景 C 测算，就可以得到：36 322.30 + 43 165.47 + 0 = 79 487.77 元 / 月。

在中国，若只依靠政府提供的职工基本养老金，很难满足养老金充足性的要求。从刘先生的例子来看，退休前个人月平均工资为 275 903 元，连续缴费 35 年，退休后在北京只能领到 79 487.77 元的养老金，仅占退休前月平均工资的 28.8%。这与国际上对于养老金的充足性要求（退休前工资的 75%）相差甚远，也与刘先生要求的养老金替代率 80% 相差甚远。

**问题 6**

哪些财富管理工具可以帮助刘先生一家实现养老金充足性的要求?

**解　析**

在资产配置与财富管理当中，我们应当遵循“专款专用”的原则为将来特定时间、特定目的之下的资金使用场景进行合理规划。例如，以养老为目的的财富管理工具，应当遵循专款专用、强制储蓄、收益稳健、规避风险、终身领取等原则，目的是在退休之后能作为养老金第一支柱的有效补充，提升养老生活水平。

目前我国养老金第一支柱占比较大，第二支柱发展缓慢、积累不足，第三支柱刚刚起步、规模甚微。为发展养老金第三支柱，政府在近几年的《政府工作报告》中也开始规划、出台系列的扶持政策和政策性产品，以扩充养老金融产品，例如养老目标基金、养老理财产品、养老信托产品，而最广为人知的、最常见的、历史最悠久的当数商业养老保险产品了。

政府在近几年推出“个人税收递延型商业养老保险”，并在三个试点地区进行推广，但由于受惠人群较少、税收扣除额度较低、税负偏高等一系列情况，在试点期到期之后，目前暂未推出新的“税延型”相关产品和政策。

而商业养老保险产品，相对来说比较稳定，也是我国居民最重要的养老金筹划工具之一，一般是指人寿保险公司发行的年金型保险产品。其特点就是对投保人储蓄的资金进行长期的、统一的投资管理规划，在达到预设的领取年龄后，保险金受益人可定时、定量地领取养老金，为国家基本养老金进行补充，提高个人养老金替代率。

通过合理的企业年金及商业养老保险配置，刘先生一家想要实现养老金充足性的要求指日可待。下一节，笔者将重点讲述第二支柱企业年金的由来及其在我国的发展，并介绍在长寿时代背景下的最优筹资模式。

## 专家建议

针对本节所涉及的养老金充足性相关问题，笔者提出如下建议：

1. 即将退休或已经退休的人群应格外关注中国目前普遍存在的“未富先老”的挑战。养老金总量不足，养老金替代率逐渐降低，以第一支柱为主要构成的养老金体系不足以满足不同家庭对养老生活品质的要求，因此更应该根据家庭实际支出情况、生活水平及生活品质要求提前预判养老金的总量需求。
2. 根据目前的情况来看，要想提升个人或家庭的养老金替代率，仅依赖国家基本养老金肯定是不足的，那么就需要充分发挥第二支柱和第三支柱的重要作用，以提升或补充退休后的养老金收入水平。用企业年金和个人养老金来补充养老金替代率缺口，则是应对“未富先老”的不二法则。
3. 由于我国第二支柱企业年金制度引入时间较晚，发展尚不成熟，参与企业较少，目前只占养老金累计结余的 21% 左右，约 2.1 万亿元，并不能覆盖大部分企业职工，所以此时就更需要依靠第三支柱个人养老金来为个人及家庭储备和补充一笔养老的专属资金。而在个人养老金中较为成熟的金融工具产品以商业养老保险为主，其一般具有对资金进行长期规划、统筹管理的作用，在达到预设的养老年龄后，保险金受益人可定时、定量地领取养老金，为国家基本养老金进行补充，提高个人养老金替代率。

4. 寻求专业人士规划养老金。如果各位读者对养老金计算公式、养老金替代率、养老金三支柱等一系列专业名词依旧不明所以，我们还可以寻找身边的专业人士帮助自己尽早规划养老储蓄。这笔储蓄就像一座高山一样矗立在远方，是我们人生旅途的必经之路，只有我们尽早去规划路径，选择登顶的道路，才能在更缓的坡道上，更加轻松地达到山顶。而那些尚未准备、秉持着“车到山前必有路”心态的人，将会为攀爬这座高山的悬崖峭壁付出更多的辛苦和努力。

## 第三节　养老金缺口知多少？

### 案　例

在了解到上一节内容中关于中国“未富先老”的困境以及以养老为目的的财富管理工具后，笔者通过刘先生的案例为各位读者演算了一遍国家基本养老金的计算过程，各位读者朋友可以参考其中的计算公式，算一算自己未来能领多少养老金。

刘先生在得知自己从国家基本养老保险，也就是第一支柱中能拿到的养老金只有退休前工资的28.8%后，倍感惊慌。他担心自己和妻子在未来退休后的生活品质会大打折扣，因此特地让朋友老吴介绍了保险代理人小王替他做出相应的测算和养老金规划。

刘先生面对冷冰冰的养老金替代率数字，急忙问小王以下几个问题：

1. 养老金缺口该如何弥补？养老金第二支柱是什么？
2. 通过第一支柱和第二支柱的共同努力，如果养老资金仍然不够又该如何？
3. 在长寿时代的背景之下，如何为自己规划一个可以持续一生的养老现金流？

**问题1**

**中国的养老金第二支柱是什么？**

**解　析**

中国的养老金第二支柱一般是指企业年金或职业年金。企业年金是指企业及其职工在依法参加企业职工基本养老保险的基础上，自主建立的补充养老保险制度，是我国多层次养老保险制度的重要组成部分。而职业年金则是政府机关事业单位及其工作人员在基本养老保险的基础上建立的补充养老保险制度，参保具有强制性。

企业年金或职业年金是中国建立多层次养老保险制度体系的重要实践。合理区分政府、单位和职工的养老保险责任，是我国积极应对人口老龄化、促进养老保险制度可持续发展的迫切需要，也是我国未来养老保险制度改革的重要任务和目标。建立多层次养老保险制度，是职工分享经济社会发展成果，提高养老保障待遇水平的重要途径。

刘先生在了解到中国养老金第二支柱的概念后，对其产生了浓厚的兴趣。他秉持着“知其然知其所以然”的研究态度，向保险代理人小王提出了更多追本溯源的问题。

### 参考资料

《企业年金办法》。

### 问题 2

企业年金在国外养老金体系中的地位如何？它的起源又是什么？

### 解　析

小王在了解到刘先生的求知欲与好奇心后，耐心为刘先生解释，作为中国养老金体系第二支柱的企业年金，目前在养老保险基金累计结余中的占比仅有 21% 左右，在 2019 年的时候集结资金超 2.3 万亿元。而在美国，企业年金的比重高达 64%，成为美国养老金体系中最为重要的一个支柱。

美国的企业年金发展较早，并且分为多种类型，主流的美国企业年金可分为 DB 型和 DC 型。DB 型是退休后企业根据工龄和岗位给付固定金额的退休金，DC 型则是企业和职工定期缴纳一定比例的保险费。

DB 型企业年金，也就是 Defined Benefit，称为确定给付型企业年金。该类型企业年金按照职工退休前的职级、工龄长短、平均工资等因素给付确定金额的退休金。例如，一家公司给普通员工的基础退休金为 1 000 美元，部门经理为 2 000 美元，同时工龄每满一年就增加 50 美元。那么假设公司某员工退休前的职位是部门经理，工龄 20 年，那么该员工的 DB 型企业年金就是 2 000+50 × 20=3 000（美元）。

而DC型企业年金，也就是Defined Contribution，称为确定缴费型企业年金。企业首先确定缴费水平，再由企业和职工按规定的比例共同出资，计入员工个人账户。这种类型的企业年金的优点是投资方向比较灵活，可以由个人掌控养老金的投资方向和投资比例。

最著名的DC型企业年金就是美国的401（k）计划。401（k）计划是指美国1978年《国内税收法》新增的第401条k项条款的规定。该法规在20世纪90年代得到了迅速发展，逐渐取代了传统的社会保障体系的地位，成为美国诸多企业主首选的社会保障计划，适用于私人营利性公司，其特点是缴费固定、风险自担、税收延迟，但也有一定的不足。根据统计数据，2008年美国次贷危机时，由于401（k）计划中有56%的资金投入了股市当中，所以受影响程度较大，个人亏损严重。金融危机后，有53%的个人将账户中的资金从股票市场转入非股票领域。

对比以上两种类型的企业年金的优势及劣势后，可以发现DB型企业年金通过确定一定的收入替代率，能保障职工获得稳定的企业年金，同时基金的积累规模和水平会随着工资增长幅度进行调整，但是企业将会承担因无法预测的社会经济变化而引起的企业年金收入的波动风险。

而DC型企业年金，职工退休时领取的养老金则取决于其个人账户中的养老金数额，同时个人账户中的养老金受投资环境和通货膨胀的影响比较大，风险需由个人承担。而在领取养老金时，如果职工在退休年龄前提前支取养老金，则会面临较高的惩罚性税收政策。

**参考资料**

《金融危机对美国401（k）计划的影响及其对我国企业年金发展的启示》，王坦然，浙江大学公共管理学院，2009年发表于《改革与开放》杂志。

**问题 3**

**在中国，如果靠养老金第一支柱和第二支柱仍满足不了养老金充足性要求，那该如何是好？**

**解 析**

通过小王的介绍，刘先生对养老金体系第二支柱有了充分的了解，并且也意识到企业年金的重要性，但由于平时忙于工作，无心顾及每个月工资单的具体构成。刘先生通过问询自己的秘书得知，自己为之奋斗了 20 余年的公司早在 10 年前就响应国家号召为企业职工设立了企业年金制度，并且还是按照《企业年金办法》中规定的企业支付最高额度 8% 进行缴纳的，刘先生个人缴纳工资的 4%。

如此算来，假设刘先生这 10 年间的平均工资为 10 万元每月，则企业年金每年累计有 14.4 万元在账户中。10 年的时光，本金加企业年金基金适度管理产生的投资收益，共计近 200 万元。这为刘先生的养老金储备又增加了一份信心。

但通过小王的精心计算，即使再工作 15 年，企业年金假设共有 500 万元，对于刘先生的养老金规划来说也是杯水车薪。第一支柱与第二支柱总和的养老金替代率也仅能达到 40%，距离养老金替代率充足性要求的 75% 仍相差 35%。

察觉到刘先生的顾虑和担忧，小王马上解释道，除了养老金体系第一支柱与第二支柱，刘先生还可以通过养老金体系第三支柱为百岁人生筹划与生命等长的现金流。

**问题 4**

**养老金第三支柱如何起到有效补充的作用？**

## 解　析

养老金第三支柱主要体现为个人储备的专款专用的养老资金。广泛来说，个人储备的专门为养老做准备的资金，都可以算作养老金第三支柱。这就包括养老基金、养老信托、个人储蓄、商业养老保险等。在西方发达国家，例如美国，养老金体系三个支柱的比例大致为1∶6∶3。第一支柱为社会保障金，第二支柱为企业年金［以401（k）计划为主］，第三支柱为个人退休账户。个人退休账户在养老金累计结余中的占比高达养老金总量的25%。

我国的养老金制度发展较为缓慢，第二支柱2005年前后才在国内开展，仅有少部分企业和政府机关、事业单位参与其中，故体量不大，仅占养老金累计结余总量的22%。而第三支柱中类似美国个人退休账户制度的"个人税收递延型商业养老保险"，2018年才开始在上海、苏州等几个城市试点。经过两年的试点，累计保费收入仅10亿元左右，尚未形成规模。

大力发展第三支柱，从功能上来说，可以大致分为三点：第一，个人商业养老保险是养老金的补充收入，可以提高国民的养老金待遇水平，满足老年人对于退休生活的品质要求；第二，可以减轻第一支柱国家基本养老金的压力，有助于国家推行养老金体系结构性改革的目标，实现养老金三方——国家、企业、个人——责任共同承担机制；第三，推动国民的养老理念转变，从传统的依靠子女和政府养老，转变为形成长期养老规划和储蓄的理念，通过长期投资带来的稳定收益率激励国民积极参与养老金第三支柱的发展。

随着中国养老金商业化改革的持续推进，历来具有独特政策优势的大型保险公司成为中国养老金市场中的重要参与方。凭借全面的牌照资质、出色的保险产品服务能力和长期险资管理经验，保险公司具有明显的先发优势。

**参考资料**

《关于经营个人税收递延型商业养老保险业务保险公司名单（第一批）的公示》。

**问题 5**

中国的社会养老保险与商业养老保险有什么区别？

**解　析**

通过小王的详细介绍，刘先生知晓了养老金第三支柱的重要性，以及个人税收递延型商业养老保险能够带来的好处。但刘先生非常关心社会养老保险与商业养老保险在本质上有什么区别。小王从以下三个方面进行了说明。

第一，在保障制度方面，社会养老保险是国家强制实施的保障制度，其目的是维持社会稳定，保证员工退休后基本的生活保障；商业养老保险是人们自愿向保险公司交纳保费，保险公司对于约定的老年风险的发生给付保险金的一种商业行为。

第二，在保障功能方面，两者具有共同点，都是保障老年人退休后生活的机制。区别在于，社会养老保险，是我国多层次社会保障体系的主体；商业养老保险，可以作为对社会保险的补充，是多层次社会保障体系的一个组成部分。

第三，在保障水平方面，社会养老保险只能保证被保险人退休后基本的生活水平，因此领取的养老金基本上是固定的；商业养老保险则可以根据投保人的要求满足不同层次的保障需求。

**问题 6**

如何构建与生命等长的现金流？什么又是百岁人生的最优筹资模式？

## 解　析

针对养老金缺口剩余的35%，刘先生希望通过获得一份与国家社会养老保险一样的，能够每月按时领取的，并且可以终身领取的养老金来提升自己和家人的被动收入。与主动收入不同，主动收入需要通过辛勤的劳动换取相应的报酬，而被动收入则是可以“躺着数钱”的收入。只需通过前期的规划和储备，在达到领取年龄之后就可以享受与社保养老金类似的功能。

无论是社会养老保险，还是以养老为目的商业养老保险，都有一个共同的特点，那就是可以终身领取，实现构建与生命等长的现金流的特点。而随着中国人均预期寿命的不断延长，这种需求便显得格外重要。

2021年8月，泰康保险集团创始人、董事长兼首席执行官陈东升先生在泰康集团大厦报告厅举办了《长寿时代》新书发布会。在主题为“长寿时代　商业向善”的发布会中，多位中国顶级经济学家，以及养老领域、大健康领域的专家共同探讨“人类未来健康与财富的新机遇”这一话题。

随着长寿时代的到来，人类社会中最基本的单位——“人”也发生了改变，最显著的特点就是，世界人口数量增速放缓，人类预期寿命不断增长。中国有句古话“人生七十古来稀”，而在当今社会中人活到七十岁仿佛只是一个习以为常的现象。

人们渴求更长久的寿命，以更好地观察这个世界，享受生活中的美好，实现更高层次的价值。但随之而来的痛点便是，超预期的寿命对个人的养老、健康和财富管理提出了更高层次的需求。

随着寿命的自然延长，人们的工作和退休时间也会被拉长。这会使更多人着眼于超预期的退休生活所带来的支出压力。面对长寿时代的新挑战，一个能降低“未富先老”和“老后破产”风险的百岁人生最优筹资模式便格外重要。

归属于养老金第三支柱的商业养老年金保险，便成了一个非常合适且理想的解决方案。在购买商业养老年金保险后，客户不仅能获得保险保障的功能属性，同时通过时间的积累、保险公司专业化的投资，客户还可以享受“复利之花”的成果，在长寿时代来临的时候，利用滚雪球效应，逐步积累充足的养老资金，进而从容地应对新时代的新挑战。

**参考资料**

《长寿时代》，陈东升，第 111 页至第 119 页。

## 专家建议

针对本节所涉及的养老金缺口相关问题，笔者提出如下建议：

1. 中国即将不可避免地迎来长寿时代，2022 年 1 月国家统计局公布的人口数据显示，中国 65 岁及以上人口占比已经超过 14%，这意味着中国正式进入深度老龄化社会。老年人口的快速增加，伴随着新生儿数量的快速下降，将导致老龄化程度越来越高。国家医疗、福利保障体系将难以匹配正在变化的人口结构。
2. 人均预期寿命快速增长，但人均 GDP 不及同时期发达国家，难以支撑个人退休期间的消费水平，或将导致“未富先老”“老后破产”的社会现象。2019 年中国人均 GDP 突破 1 万美元大关，而美国、日本、韩国老年人口占比与中国相同之时，人均 GDP 均在 2.4 万美元以上，是中国的 2~4 倍。因此，提前做好养老规划和养老储备，在长寿时代来临之时显得尤为重要。
3. 随着长寿时代的到来，按照每 10 年人均预期寿命增长 2~3

岁推算，21 世纪末之前，全社会大概率将迎来百岁人生。假设退休年龄不变，大部分人将拥有长达 40 年的退休养老生活，养老支出将大大增加。此外，个人的工作及投资能力将随着年龄的增长而下降，应在人生奋斗期提前规划和储备好一份安全稳定、保值增值、按时领取、与生命等长的现金流，增加退休后的被动收入，规避“未富先老”的风险。

4. 在长寿时代来临的时候，我们不仅应该做好养老资金的筹划，确保拥有一份与生命等长的、满足养老金充足性的现金流，同时还应该做好养老、健康、医疗资源准备。这里，笔者将为下一章的内容做一些铺垫。首先，20 世纪八九十年代施行的人口计划生育政策对当今社会产生了深远的影响。大多数家庭只有一个孩子，加之人均预期寿命的增长，“4–2–1”家庭结构[①]所产生的家庭养老挑战将逐渐展现。“80 后”“90 后”这一代中的独生子女，未来大概率将需要赡养和照护多达 6 位老年人，而一对“双独”夫妻，可能需要赡养和照护多达 12 位老人，家庭将面临“养儿不能防老”的挑战。其次，随着慢性疾病逐渐低龄化，人人将带病生存很长一段时间，长寿时代下的家庭健康管理、慢性病管理、药物管理需求将呈现井喷式增加的态势。在未来，医疗、养老、护理资源将逐渐成为社会的稀缺资源，每个家庭都需提前进行合理的规划和安排。

---

① “4–2–1”家庭结构指 4 个老人、1 对夫妻、1 个孩子的结构。

# 第十三章
# 长寿时代下的养老新篇章

## 引　言

在养老编的第一个章节中，笔者通过大型民营企业高管刘先生的养老金规划案例，详细讨论和阐述了长寿时代背景下中国养老金体系将发生的变革，以及对个人和家庭而言需要做出的改变和准备。在人生的“两个周期”中，我们通过第一章基本涵盖了财富管理周期当中的“创富”和“守富”环节，通过百岁人生的最优筹资模式，让刘先生了解到规划一份与生命等长的现金流的重要性。只有做好全生命周期的财富管理，才能真正做到在退休之后可以和家人一起安享幸福美满的“享老”时光。

在这一章中，笔者将继续通过刘先生一家对于养老规划的案例，为大家阐述长寿时代之下的另一种稀缺资源——长寿社区，也叫作持续照料退休社区（CCRC）——的重要性，以及我们需要未雨绸缪提前布局养老资源的重要原因。

## 第一节 从“小家”看“大家”

### 案 例

在刘先生的家庭成员中，他最关心的就是他的爱人刘太太的身体健康，他的父母和爱人的父母虽然都已年近八旬，但身体较为健康，仅有一些老年人常见的慢性疾病需要定期关注，其他生活方面尚可独立，而他的一双儿女也远赴大洋彼岸深造学习。这使刘先生可以将大部分精力放在事业上，同时爱人的全力支持也让他倍感安心。而且，父母较为健康的身体和独立生活的状态让他从未考虑过今后的退休生活会有除了在家养老以外的其他选择。

然而，一件意外事故的发生，彻底改变了他的想法。一天清晨，母亲的一通电话让他得知，之前一直患有高血压的父亲，突然出现头晕、乏力、一侧肢体无法自由活动的情况。对医学一窍不通的母亲见状没有先打 120 急救电话，反而先打给了儿子刘先生。刘先生通过症状的判断，觉得父亲可能是突发脑卒中，需要紧急就医治疗。于是他替母亲拨打了急救电话，并即刻赶往父母家旁边的急救中心。

好在救护车及时赶到，急救中心又离父母家不远。这才挽救了父亲的生命。但也由于抢救时间的耽搁，给父亲造成了一些后遗症，需要长期的康复治疗。经过这次意外事故的一番折腾，让刘先生产生了愧疚之情，他认为是自己没有陪伴在父母身边才导致这样的意外发生，也导致父亲没有得到及时的救治而留下了后遗症。他也不禁联想到自己和爱人未来的养老生活该如何是好。万一子女都在国外发展不在身边，只有妻子和自己相依为命，又万一发生一些意外情况，夫妻俩恐怕难以应对。

于是，刘先生开始考虑以下几个问题：

1. 奋斗了半辈子积累下来的财富，即使养老金准备得再多，没有健康的身体、安全的生活环境，恐怕也无福消受。如何做好全生命周期的健康管理变成了他的困扰。
2. 在刘先生退休之后，我国的老年人总体情况如何？未来万一需要到养老院生活，能否获得安全、放心、便利的养老资源呢？
3. 刘先生的“小家”尚且如此，全社会的“大家”是否也面临着同样的难题？
4. “他山之石，可以攻玉。”中国的养老资源挤兑问题可否通过国外的经验得到启发？

**问题 1**

在筹划好全生命周期的财富管理之后，如何构建好家人的全生命周期健康管理？

## 解　析

健康的身体是人们实现长命百岁不可或缺的重要基础。一般人们可能会觉得能不能长寿，基因很重要。家里要是有个百岁老人，那就是拥有了长寿基因，大概率其子孙后代也能长命百岁。

但殊不知，决定一个人能否健康长寿，拥有“长寿基因”只占到22%。除了“长寿基因”以外，我们更应该注重外在因素，例如医疗服务、个人生活习惯、生活环境等。

根据世界卫生组织提出的健康延寿模型——“方糖”模型可知，决定个人健康的因素分为内在因素和外在因素。

内在因素包括：基因遗传；个体特征，即个人生活方式、生活习惯。外在因素包括：医疗服务；社会因素，如人际关系、家庭关系；环境因素，如生活环境优劣。

内在因素其实只占到该模型中的很小一部分，所以我们平时更应该注重保持良好的生活习惯、获取优质的医疗服务、拥有良好的居住环境、提升人际交往和家庭关系等。关注这些外在因素，其实就是要做好全生命周期的健康管理。全生命周期的健康管理是将生病时才注重治疗的传统医学观念，转变为平时就要注重日常疾病预防和健康提升的现代医学理念。聚焦“方糖”模型的外在因素，延长健康预期寿命。

此外，世界卫生组织的报告显示，全球排名前十的死因已经从急性传染性疾病转变为慢性非传染性疾病。因此，我们更加应该注重平时的健康管理，在没病时做好疾病预防，在生病时获得优质医疗资源治疗疾病，在患慢性疾病时做好慢性病管理、药物管理，遵照专业医生的建议，合理膳食、适量运动、按时服药、定期复诊。要想让百岁人生更加健康、更加精彩，我们可以尽早做好健康管理和规划。

**参考资料**

《关于老龄化与健康的全球报告》，世界卫生组织；《长寿时代》，陈东升，第 57 页至第 63 页。

**问题 2**

整天忙于工作和事业的刘先生觉得最近的身体状况大不如前，但又感觉没有大的毛病，不需要看医生，那么到底有哪些健康困扰其实需要引起注意？

## 解　析

根据《2021 年中国中高净值人群医养白皮书》的数据，在接受调查的中国高净值人士中，有 40% 的男性高净值人士面临“睡眠不好”的困扰，同时还有 36% 的男性高净值人士或多或少会出现“记忆力下降”的问题。而通过调查发现，仅有 6% 的男性高净值人士声称自己尚未出现问题，但数据显示，出现的健康问题平均达到了 3.6 种。

而在问询中国女性高净值人士的时候，她们普遍反映自己出现最多的健康问题包括“记忆力下降”“容易疲劳乏力”“肩颈腰背酸痛”“睡眠不好”，甚至是“脱发”。在所有接受调查的女性高净值人士中，出现的健康问题的数量平均竟达到了 4.5 种，比男性高净值人士还要高出 0.9 种。这也意味着在“健康时代”来临的时候，刘先生不仅要关爱自己的身体健康，而且要更加关爱妻子的身体健康。

既然有这么多比例的中国高净值人士面临健康困扰，那么他们在面对健康困扰时，为什么不找专业的医生进行咨询呢？在数据面前，我们发现，有一半以上的高净值人士认为“对生活影响不大，可以忽略不计”，所以便没有去看医生。然而，正是这些对人们日常生活影响不大、可以忽略不计的“小毛病”，却是亚健康的罪魁祸首，并且假以时日，这些“小毛病”将有可能转变为让人后悔莫及的“大毛病”。很多高净值人士在意识到健康管理的重要性之后，纷纷表示会加强健康管理的力度。刘先生对此也表示高度赞同，但仍然不知道具体该怎么做才能获得好的健康管理。

个人健康与家庭健康息息相关，身处中年阶段的高净值人群更加肩负着照看家人健康的重任，但缺乏有效了解和管理家庭健康的手段。在这样的背景下，当提出“家庭医生”的概念时，98% 的高净值人士表示出了浓厚的兴趣，并且对家庭医生可以提供的服务，有多层次的需求。数据显示，高净值人群需求比例最高的三项服务内容是体检方案定制（45%）、家人健康统筹管理（44%）、日常疾病咨询（39%）。但从关注度最高的服务上来看，家人健康统筹管理（29%）排到第一位，足见高净值人群对家庭医生在家人健康统筹作用上的期待。

家庭医生服务一般是指与客户及其家庭进行签约的主动式医疗、健康管理服务，服务内容大致包括日常的健康管理、体检和就医相关的服务，以及病后恢复和慢性病长期管理等。调查显示，中国中高净值人士普遍对家庭医生有 14 个方面的多层次需求，其中包含日常健康、体检服务、看病就诊、病后管理四大类需求。

**参考资料**

《2021 年中国中高净值人群医养白皮书》，尼尔森咨询公司。

**问题 3**

在长寿时代之下，面对“4–2–X”家庭结构的时候，刘先生及其爱人的“小家”便会面临扶养 4 位老人的情况。未来 15 年后，在刘先生退休之时，“大家”的老龄化总体情况如何？

**解　析**

中国于 2000 年正式进入老龄化社会，至今已经过去了 22 年。2021 年 5 月第七次全国人口普查数据出炉，60 岁及以上人口为 2.6 亿人，占比达到 18.7%；而 2022 年 1 月，国家统计局公布的最新数据显示，中国 65 岁及以上人口占比已经从 2000 年的 7% 上升到 14.2%，达到深度老龄化阶段，并预计将在 2035 年进入“超级老龄化社会”。中国用短短 22 年的时间完成了西方发达国家 60~100 年老龄化的进程，可谓发展“迅速”。

在新中国成立之后，我国总共经历了三次人口浪潮。第一次人口浪潮发生在新中国成立初期的 1950—1958 年，在这段时期出生的人目前最年轻的已经 64 岁；第二次人口浪潮发生在 1962—1975 年，这一代人目前正是社会中的中流砥柱，但他们也是我国有史以来最多的一批中年人；第三次人口浪潮便是“60 后”“70 后”的孩子，虽然受到国家计划生育政策的影响，但在 1981—1997 年出生的人口数量依然很多，而这批青年人如今已经成为消费市场的主力人群。

那么，刘先生其实赶上了第二次生育浪潮的高峰，从 2022 年开始已经有第二批人口浪潮时期出生的人进入退休年龄，预计到 2035 年将会有超 3 亿人口达到退休年龄。于是，我们可以看到有些省份的地方政府已经开始研讨出台延迟退休的法案，增加工作时长，减缓养老金的压力。

同时，2021 年 11 月 24 日，中共中央、国务院印发《关于加强新时代老龄工作的意见》，用 8 个部分、24 条意见明确指出未来一段时间国家及地方政府的发展方向。树立积极老龄观，增加养老资源和养老床位，将健康老龄化的理念融入社会经济发展全过程当中。

面对“汹涌而来”的老年人，我国能否匹配充足的养老资源供给？未来 15 年内，养老资源是否会成为稀缺资源？预测未来，其实我们可以横向比较，看看世界上其他已经进入超级老龄化社会和进入长寿时代的国家是如何应对养老资源挤兑的。

**参考资料**

《第七次全国人口普查公报》，国家统计局；《中华人民共和国 2021 年国民经济和社会发展统计公报》，国家统计局；《关于加强新时代老龄工作的意见》；《长寿时代》，陈东升，第 33 页至第 37 页。

## 问题 4

**中国养老资源供给与需求是否匹配？未来是否会出现养老资源稀缺的问题？**

### 解　析

在上一问中，我们提到第七次全国人口普查数据显示，中国60岁及以上人口为2.6亿人，占总人口的18.7%，其中65岁及以上人口为1.9亿人，占总人口的13.5%。而2021年的数据便显示65岁及以上人口超过2亿人，占比超过14%，中国进入深度老龄化社会。这一结果超出了许多人口学专家的预测，他们没想到中国老龄化的进程又提前了。

在2022年，中国第二批生育浪潮的人开始进入退休阶段。据统计，在1962—1975年出生的人口多达3.3亿人，再过13年，他们将全部退休。这也就意味着到2035年，中国将面临有史以来最大的老龄化危机。面对如此庞大的老年人口基数，中国是否有充足的养老床位可以供给呢？ 2022年2月国务院印发的《“十四五”国家老龄事业发展和养老服务体系规划》显示，到2025年我国养老服务床位数量要达到900万张以上，并且养老机构护理型床位占比要达到55%。而《中华人民共和国2021年国民经济和社会发展统计公报》显示，我国养老服务床位数量仅为813万张，较2020年减少1%，距离“十四五”规划目标仍有一定差距（见图13–1）。

而根据联合国对于养老床位的相关建议，每千名老年人应有50张养老床位。相较其他国家，北欧国家每千名老年人拥有60~70张床位，美国、澳大利亚、英国以及法国是40~45张床位，东亚和南欧国家是20~25张床位。《2020年度国家老龄事业发展公报》的数据显示，截至2020年底，中国每千名老年人拥有养老床位31.1张，距离国际标准仍有较大差距。

有专家预测，到 2035 年，如果中国 60 岁及以上人口占比达到 30%，老年人数量达到 4.2 亿人，则相对应需要 2 100 万张养老床位。未来养老床位供不应求的现象大概率会出现，老年人排队入住养老机构也将变成一种习以为常的情况。

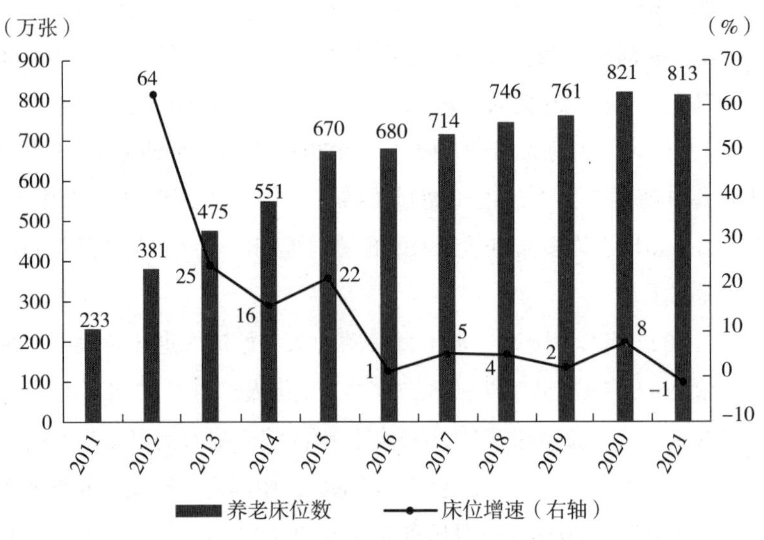


图 13-1　2011—2021 年全国养老床位数量

参考资料

《第七次全国人口普查公报》，国家统计局；《中华人民共和国 2021 年国民经济和社会发展统计公报》，国家统计局；《"十四五"国家老龄事业发展和养老服务体系规划》；《2020 年度国家老龄事业发展公报》，国家卫生健康委员会老龄健康司。

问题 5

"他山之石，可以攻玉。"中国的养老资源挤兑问题可否通过国外的经验有所启发？

## 解 析

日本是中国的邻国，同时还是世界上最长寿的国家。世界卫生组织统计，日本2019年人均预期寿命高达84.3岁，排名世界第一。同时，日本65岁及以上人口的占比也达到了史无前例的28.4%，按照陈东升董事长在书中对“长寿时代”的定义（65岁及以上人口占比超过25%），日本在2014年时，便已迈入长寿时代。

从人口结构层面来讲，日本的现在便是中国的未来。1950年的日本和中国都处于世界大战之后百废待兴的阶段，青少年人口数量大幅增加，人口结构图呈现金字塔形。而到了2020年，日本由于少子老龄化的快速发展，人口结构图呈现倒梯形；同期的中国也开始出现少子老龄化特征，预计到2050年，中国也将出现倒梯形的人口结构图。

因此，日本在长寿时代下的社会和经济变化，对中国有着极为重要的参考价值。具体可以体现在以下五个方面。

第一，劳动力供给下降。随着社会的进步、经济的发展、养育子女成本的增加，越来越多的日本夫妻不愿生孩子，这直接导致人口出生率大幅降低，并且使可用劳动力变得逐渐稀缺。据统计，日本2019年的人口年龄中位数已经高达48.4岁，整体社会年龄结构偏大，同时也导致劳动密集型企业招不到工人，逐渐倒闭。

第二，社会储蓄率下降。由于年轻人快速减少，为国家缴纳社保养老金的人数也在减少。据统计，日本在老龄化进程中，储蓄率由40%降低到了28%。

第三，抑制社会创新力。根据世界银行的统计，世界各国的独角兽企业市值占GDP的比重会随着国家老年人口抚养比的增加呈现负相关趋势。

第四，社会保障给付低。由于老年人越来越多，领取养老金的人也越来越多，而社保养老金的总量又在不断减少，因此日本养老金替代率不断降低。在2020年，日本政府宣布延迟起领养老金年龄至70岁。

第五，社会分化较严重。由于养老金替代率不断下降，日本出现了每4个老年人中就有1个处于贫困线以下的状况。日本广播协会（NHK）拍摄的纪录片《孤独死》反映出，每年有3万多名老年人孤独地在家中去世，直至数日后才被家人或朋友发现。

### 参考资料

《长寿时代》，陈东升，第123页至第137页。

### 问题6

日本为应对长寿时代，有哪些解决方案？

### 解　析

为了保障日本国民的身体健康，让每个人平等地获得医疗资源。在医疗政策方面，日本政府从1961年便开始推行全民医保制度，作为世界上为数不多的全民医保国家，这一政策的实施大幅提高了日本国民的平均预期寿命。在进入老龄化社会之后，日本政府又推行了针对老年人保健福祉的相关政策法规，完善老年医保体系。

在养老生活方面，日本的居家养老服务非常完善，各种类型的上门服务可满足老年人在家中的多数需求，例如上门助浴服务、上门清扫服务、上门康复服务、老年餐派送服务等。而在养老机构方面，日本的养老机构主要以中小型的护理机构为主，以满足大多数高龄老年人失能失智的护理和康复需求。但对于生活尚且能自理且较为独立的老年人来说，缺少了一定的文化娱乐活动和社交活动以满足精神需求。

综上所述，我们观察到，在面对长寿时代到来的时候，一方面，日本政府持续给予支持措施，推出国民健康管理计划，日本企业各自在医疗、医药、医保多方面显示出强大的“自我驱动力”，从政府到企业再到个人都做好了健康、长寿的准备；另一方面，日本对居家养老服务的供给还算充足，但对于护理床位资源和医疗资源的供给仍需补充，如果没有提前的安排，那么日本老年人面临“孤独死”的问题会更严峻。

**参考资料**

《长寿时代》，陈东升，第 138 页至第 150 页。

## 专家建议

针对本节所涉及的健康管理和养老资源相关问题，笔者提出如下建议：

1. 在人生奋斗期，要做好健康保障，通过金融工具分摊健康风险、筹措医疗资金，例如配置足额的重疾险、社保和商业医疗险、长期护理险等，以便在健康受到危害的时候，可以有充足的资金撬动世界先进的医疗技术。但同时，我们更应该在平日做好健康管理，预防重大疾病的发生。
2. 面对即将到来的“长寿时代”“健康时代”，更健康地延长寿命成了高净值人群永恒的话题。同时，这也激发了他们对于健康管理服务的主动意识。而在大健康产业逐渐成为国民经济支柱性产业的进程中，全科家庭医生就成了高净值人群高效连接优质医疗资源的桥梁，为客户提供全面综合的健康解决方案。
3. 在退休享老期，要尽可能地满足老年人的核心需求，使其在不生病的时候保持健康、保持活力，在带病生存的时候提升生命质量，获得优质的养老、护理资源。例如，泰康之家养老社区组建24小时待命的医护团队守护居民长者的身体健康。同时，长期照护体系和康复体系可以让居民长者从疾病中康复，在长期护理中获得尊严。并且通过增加社会活动的参与，改善失能失智长者的心理状态，提升其生命的活力。

4. 随着老龄化的快速到来，中国老年人基数逐渐增大，每千名老年人拥有的养老床位数量仅为31张，而以护理为刚性需求的养老床位数量更是不尽如人意。在养老资源、护理资源紧张的局面之下，提前规划退休后的养老生活场景就显得格外重要。无论是居家养老、社区养老还是机构养老，都需要为不断长寿的人生准备好一份确定的医养资源。此时我们不妨将视野拓宽到更广阔的世界中，看看世界上其他提前进入长寿时代的国家是如何应对逐渐稀缺的医养资源的。
5. 日本作为长寿时代的典型国家，为我们提供了宝贵的经验，也让我们看到了一个长寿社会所面临的问题和挑战。通过观察我们发现，日本社会在居家养老方面的服务做得非常完善，由于养老机构受到用地的限制，无法提供大量的床位，所以居家养老、居家护理便成了他们的解决方案。但在中国，由于护理人才短缺、护理床位有限，大多数失能失智的老年人只能选择在机构中养老，我们不知道未来会不会有充足的机构养老床位，因此更应该未雨绸缪、提前布局，做好健康资源和养老资源的储备，这样在长寿时代来临之时，方可笑看百岁人生。

## 第二节　放眼世界，聚焦中国

### 案　例

在父亲发生意外事故之后，刘先生找到保险代理人小王，希望从专业的角度，在帮助家庭做好全生命周期的财富管理的同时，也能帮他做好全生命周期的健康管理和养老资源规划。

了解了第一节提及的问题之后，刘先生又想从世界范围内养老模式做得好的国家入手，详细了解并加以判断分析，并计划在对国内的养老模式和资源分布进行详尽的了解之后，再决定如何选择自己和爱人的养老居所。

这时，刘先生对小王阐述了以下几个问题：

1. 横看全世界，哪些经济发达且老龄化程度较高的国家可以成为活力养老的典范并提供参考借鉴意义？
2. 在身体状况不错的时候，刘先生希望能够独立生活，享受惬意的退休生活，这时住在哪儿可以既发挥自己的兴趣爱好，又得到基本的医疗保障？
3. 在身体状况欠佳的时候，刘先生希望能在拥有医疗资源或临近医疗资源的养老机构生活，不想因身体状况的改变而搬家，中国目前有哪些养老模式？哪种能满足他的需求？
4. 在十几年之后，中国老年人口数量庞大，能否通过制度化的安排，提前锁定未来养老资源？

**问题 1**

**从全世界发达国家来看，有哪些国家的活力养老模式具备一定特色？**

### 解　析

由于中国在2000年才正式进入老龄化社会的行列，养老产业、大健康产业也刚刚起步，对于中国老年人需求的认识尚未完全明晰，再加上前期仍以低龄老年人为主要群体，所以针对老年友好型社会建设的理念和措施尚未健全。在养老产业发展的初期，许多服务内容和运营经验仍需借鉴国外成熟的养老项目。

2020年，中国60岁及以上人口中，60~69周岁低龄老年人口为1.47亿人，占比近56%；70~79周岁老年人口为8 082万人，占比达到30%；80周岁及以上老年人口为3 580万人，占比近14%。由此可见，低龄老年人口占老年人口比重过半，社会需关注活力老年人的核心需求。

本节将介绍美国、日本、欧洲部分国家的活力养老模式及其特色，为刘先生带来国际化视野，帮助其做出合理的判断。

### 参考资料

《2020年度国家老龄事业发展公报》，国家卫生健康委员会老龄健康司。

**问题 2**

**美国有什么特色的独立生活及活力养老模式？**

### 解　析

美国自20世纪40年代进入老龄化社会以来，老年人口持续增加，截至 2017 年，65 岁以上老年人口已占全国人口的 15.41%。老年人口的增加也带动了养老产业的迅猛发展，美国于 20 世纪 60 年代开始进入老龄产业的链式发展，在医、食、住、行、娱、护等方面均有涉猎。

其中，养老住房产业发展迅猛，养老机构种类全面、专业细分，应对不同年龄阶段的老年人均有适合的养老机构。从老年人刚退休时可选择居住的活力老年社区（Active Adult Communities），到针对年龄较大、行动不便的老年人的协助或专业护理机构（Assisted Living and Skilled Nursing Facilities），再到护理级别最高的、针对认知障碍患者的记忆照护机构（Memory Care Facilities），还有集上述养老机构于一体的综合一站式养老社区——持续照料退休社区。

在活力老年社区和持续照料退休社区的独立生活区中，都有形式多样且种类丰富的娱乐、教育、健身活动和课程供老年人选择参加。2017 年，美国老年住宅协会（ASHA）公布的排名前十的老年住宅公司中，有不少养老社区的活力养老方式十分新颖，例如，排名第一的布鲁克戴尔养老社区在全美国范围内开展“布鲁克戴尔心愿项目”，该项目与公益组织“平生心愿”（Wish of a Lifetime）合作，为社区居民提供六位一体（目标性的、情感性的、身体方面的、社交方面的、精神的、智力的）心愿达成服务。该项目已为美国 1 000 多家社区的 900 多位老年人完成心愿。其中，心愿内容包括但不限于：特殊的一天、观看一次日全食、学习 3D（三维）打印技术、104 岁退伍老人重返蓝天、乘坐热气球、在社区举办一次巴黎时装秀等。

该活力养老项目中的每一个心愿，都寄托着一份老人年轻时的激情。该养老社区期望通过此项目，让居住在社区里的长者永葆一颗年轻不老之心，使其不因身体的衰老而失去对生活的憧憬和激情。

此外，该公司在美国范围内大多数条件允许的社区每年举办一次“布鲁克戴尔庆典”项目。该项目每个月均有一个分支主题展示。

例如 2017 年举办的“时间的旅程”主题展览，每个月都有一个独特时期的背景介绍和相应年代所代表的事件和物件展示。比如，1 月举办“摇滚的历史”、4 月举办“大明王朝”、9 月举办“文艺复兴展览”等。

该项目旨在通过每年每月不同主题的庆典，丰富长者的日常精神生活，探索未知的时间节点、人文地域，回忆峥嵘岁月，纪念难忘往事。

最后，该老年住宅公司还为居住在社区的长者提供健脑项目（BrainFit）。该项目意在通过专业知识的讲座介绍和定制化的游戏体验，使居民了解到大脑健康的重要性，并且在拼图、迷宫、智力题等挑战活动中锻炼大脑，预防阿尔茨海默病等疾病的发生。

**参考资料**

The World Factbook, 2017；2017 ASHA 50 Owners, American Seniors Housing Association.

**问题 3**

**日本有什么特色的独立生活及活力养老模式？**

**解　析**

若要了解日本的活力养老模式，首先需要了解日本目前现有的养老住宅模式。由于目前日本 65 岁以上老人有 3 340 万（约占总人口的 27%），而 80 岁以上老人约有 1 000 万，占老年人口的 30% 左右，需要护理的失能失智老年人口达到了 967 万，所以“介护”一词在日本养老行业当中出现的频率很高，成为日本养老的关键词。

“介护”被翻译成中文就是“看护、护理”的意思，指在老人行动不便后需要人照顾饮食起居，这类服务就叫作“介护服务”，而介护服务在日本的普遍程度要大于中国。

在研究分析以日本损保 Care 株式会社、国王花园、鹤之苑为代表的 8 家养老社区之后，发现日本养老机构多以小而精的养老社区为主。平均每个养老社区拥有 30~50 张床位，且 8 家中的任何一个养老社区均有介护床位。由于户数少，所以针对不同养老需求的社区种类繁多，约有 11 种不同类型的养老社区，包括康复型、疗养型、日间临时型、短期寄养型、经济型、高级公寓型、集体住宅型、特别养护型等。

而日本的活力养老项目，则主要针对居住在介护型养老社区的老年人，其目的主要是鼓励社区当中的居民互帮互助，提高独立生活的能力，在精神层面尊重老年人的独立愿望，尽可能多地满足老年人融入社会和家庭的心理需求。根据这样的经营理念，多数养老社区在一些基础的活力养老课程和兴趣爱好小组之外又创新了新的"疗法"项目。例如，化妆疗法，旨在锻炼老年人的手脑协调能力，在刺激大脑、锻炼身体的同时，增加女性老年人的精神满足感；动物疗法，通过定期组织服务型宠物进社区的活动，消除老年人的孤独感，减少老年人的心理压力，治愈心灵，激发对美好生活的向往；料理疗法，旨在通过烹饪美食，恢复老年人的身心机能，有助于老年人安定情绪、恢复自信心、提升尊严；插花疗法，通过专业插花老师的指导，增强老年人手部精细动作能力，不仅能增强手指灵活度，刺激大脑，还能提升生活品质，提升老年人的幸福感；音乐疗法，旨在对患有认知障碍、有脑卒中后遗症的老年人进行音乐的熏陶，使其稳定精神状态、增强情绪管理能力；科技疗法，通过智能机器人、平板电脑、虚拟现实设备等先进智能装备增加老年人的社交学习能力，提升老年人的手脑灵活性，预防老年痴呆。

### 参考资料

Myo Nyein Aung, Yuka Koyanagi, Satomi Ueno, Sariyamon Tiraphat & Motoyuki Yuasa, “A Contemporary Insight into an Age-Friendly Environment Contributing to the Social Network, Active Ageing and Quality of Life of Community Resident Seniors in Japan”, *Journal of Aging and Environment*, 2020, 35（4）, 145–160, DOI: 10.1080/26892618.2020.1813232.

## 问题 4

欧洲部分国家有什么特色的独立生活及活力养老模式？

### 解　析

根据联合国网站发布的《世界人口展望》（2017 年修订版）的数据，到 2050 年，全球 60 岁及以上人口数量将达到 21 亿，增长速度超过年轻群体。中国和欧洲大部分国家将进入老龄化“第一梯队”，老年人口占总人口的比重至少达到 30%。

而欧洲一些发达国家对人口老龄化有清晰的认识、充足的准备时间以及完善的社会福利体系。拥有相对充足的时间去适应老龄化过程，使欧洲一些国家诞生了较为独特、较为创新的养老住宅模式和活力养老模式，值得中国学习。

一是鹿特丹生命公寓。

鹿特丹生命公寓被称为“世界上最好的 26 个养老住宅项目”之一，并被收录进《适老化设计》（*Design for Aging*）中，该书在西方养老界推崇备至。生命公寓是由汉斯·贝克博士于 20 世纪 90 年代创建的，而该项目则是贝克博士的学术研究成果，他将其研究成果落地实现，服务全世界的老年人。生命公寓成功的基础在于其独特的活力养老理念。社区有三大理念，首先是以尊重老年人为基础的快乐养老模式，其次是开放融合的社区环境，最后则是“用进废退”理念。

生命公寓这一模式被全世界多个国家效仿、建设，例如日本、丹麦、新西兰、澳大利亚等国家。而中国也引进该模式，在无锡太湖边选址建造世界上第 34 家生命公寓——“耘林生命公寓”。该公寓以售卖产权为运营模式，并向住户收取一定的物业管理费，为中国老年人提供衣、食、住、行、医的全方面照护。

二是阿姆斯特丹“老年痴呆村”。

在阿姆斯特丹，有一个人工建成的村子叫“Hogeweij”。这个村子被当地人称作“老年痴呆村”，同样也是出自荷兰银发产业“教主”贝克博士。

在该社区居住生活的老年人全都患有老年痴呆。Hogeweij 几乎和一般村子一样，有广场、剧院、邮局与超市等设施，比较不同的是，里面除了患有老年痴呆的居民之外，其余的人其实都是护理或医疗人员，只不过他们营造出真村子的感觉而已。

Hogeweij 将汉斯・贝克教授的理念完美表达，让患有记忆障碍和老年痴呆的老年人在有限的空间里感受到最大的自由和爱。这种模式的记忆照护社区完全打破了往常人们对失智机构的认知。住在这里的老年人不仅拥有自由、保障、尊严，更拥有活力。护理与活力养老并存的记忆照护机构，在荷兰独此一家。

### 参考资料

《世界人口展望》(2017 年修订版),《适老化设计》。

**问题 5**

中国目前有哪些养老模式？哪种模式可以更好地满足刘先生的需求？

## 解　析

在中国，由于快速老龄化的现实情况，从国家层面到社会层面都不得不考虑未来如何养老的问题。早在 2007 年，上海市人民政府便发布了《上海民政事业发展“十一五”规划》，其中便提到要在“十一五”期间达成家庭自我照顾老年人数量占老年人口比例的 90%，社区居家养老（照顾）服务对象占老年人口比例的 7%，享受机构养老服务的老年人占老年人口比例的 3%。在这之后，养老产业相关的公开报道中，便开始涌现“9073”的提法，并逐渐成为很多地方民政部门养老政策制定的基础性依据和发展目标。但是这一提法并未在国家层面以文件形式得到确认，并且在 2017 年 2 月 28 日国务院颁布的《“十三五”国家老龄事业发展和养老体系建设规划》中，已经将居家与社区进行合并表述，新的提法是“夯实居家社区养老服务基础”。

除了国家层面制定的养老规划之外，在社会层面其实还有很多新兴养老模式不断被智慧的人民群众所创造，例如抱团养老、旅居养老、候鸟养老等，根据养老形式的不同，取的名称也不尽相同，但这几种新兴模式都是在老年人身体较为健康、有较好的生活自理能力的活力养老时期才能实现的。一旦老年人身体状况出现问题，需要协助生活或者护理的时候，这几种养老模式便不再适用，老年人终究还是要回归以家庭为主的居家养老模式，或者是选择具备专业养老护理能力的养老机构模式。

根据本节案例中刘先生对于养老的核心诉求，即在身体状况不错的时候，希望能够独立自主，享受惬意的退休生活，在身体状况欠佳的时候，希望能在拥有医疗资源或临近医疗资源的养老机构生活，不想因身体状况的改变而搬家，那么适合刘先生的养老模式则可以参考前几问中提到的美国活力老年社区模式以及欧洲的生命公寓模式。在独立生活时期住进安逸舒适、环境优美，娱乐设施和活动丰富的活力老年社区，可以满足刘先生和刘太太对于退休生活的精神追求。在协助生活或者需要护理的时候，可以住进医养结合的养老机构享受全生命周期的照护模式。

参考资料

《上海民政事业发展“十一五”规划》《“十三五”国家老龄事业发展和养老体系建设规划》。

问题 6

在十几年之后，中国老年人口数量庞大，能否通过制度化的安排，提前锁定未来养老资源？

解　析

为了应对快速人口老龄化，国家一直在通过政策激励的方式，鼓励民营资本加大建设养老床位的力度。然而，我国养老床位数量仍不尽如人意，仅达到每千名老年人 31.1 张床位，远低于国际标准。那么在十几年后，当老年人数量超过 4 亿时，中国老年人大概率将面临护理型养老床位刚性挤兑的情况。因此，提前通过制度化的保障，锁定一份未来确定的养老资源就显得尤为重要。

2009 年泰康率先在新修订的《保险法》实施后拿下国内首个保险公司投资养老社区的试点项目。2010 年泰康之家投资有限公司成立，养老社区的战略布局正式落地。2011 年，泰康人寿推出“幸福有约终身养老计划”，将虚拟的保险产品与实体的养老社区入住权益相结合，为长寿时代提供解决方案。

北京大学钱理群教授在《长寿时代》的序言中提到，人类作为一个物种，不可回避地要面对生育率下降与预期寿命延长这两大变局，这也构成了“长寿时代”的主要特征。但我们应该用积极的态度，用“站在未来看未来”的思想，坚信人类能够应对未来的挑战。

参考资料

《长寿时代》，推荐序二、第六章。

## 专家建议

针对本节所涉及的养老模式和养老规划相关问题，笔者提出如下建议：

1. 通过对美国、日本、欧洲的各类养老机构的分析研究，可以了解到，在活力养老项目中，不应是以社区为主体只为年长居民提供刻板的娱乐活动，而应该从老年人本身出发，以人为本，根据老年人的心理需求开发丰富多彩的兴趣爱好俱乐部和心愿达成服务，从而激活老年人对生活的向往和激情。
2. 在护理型养老项目中应当重视老年人大脑的健康，30% 以上的 80 岁以上老年人患有阿尔茨海默病和其他老年痴呆症。这一惊人的数据应当提醒社区管理者加强对老年人大脑健康的管理。对日本介护养老中心进行研究后发现，结合文化特色和智能科技的疗法可以激发老年人学习新鲜事物的能力，锻炼老年人的手脑协调性。
3. 中国即将面临养老资源危机，大量老年人与有限的养老床位形成了鲜明的对比。中国中高净值人群应未雨绸缪，通过制度化的安排，为自己和家人提前锁定一份确定的养老资源，这样在长寿时代来临之时，方可尽享百岁人生，安心居住在全生命周期的长寿居所之中。

## 第三节　全生命周期的长寿居所

### 案　例

通过代理人小王的介绍，刘先生对国外先进的活力养老模式和全生命周期的照护养老模式十分感兴趣，并问小王中国是否有将两者结合的养老机构。他希望通过这种养老机构解决他和爱人的一站式养老问题。同时，刘先生考虑到自己的一双儿女万一未来要留在国外工作、生活，那他和刘太太就变成了“空巢老人”，而且随着年龄的不断增长，未来一定会需要有人 24 小时陪伴在侧，保障他们最基础的健康、医疗需求。因此，他们认为未来大概率会在高品质的医养融合社区中度过享老人生。

此时，刘先生的心中产生了以下几个问题：

1. 中国的养老机构大致分为哪几类？
2. 什么样的养老机构可以满足他们的核心诉求？
3. 这类养老机构有什么特点？
4. 面对市场上林林总总的养老机构，如何挑选适合他们的养老机构？

**问题 1**

**中国的养老机构大致分为哪几类？**

### 解　析

目前我国市场上的养老机构，按照性质分类，可大致分为公办养老机构、民营养老机构、公办民营养老机构。

公办养老机构，民政部门在城镇设立的社会福利事业单位，其任务是收养城镇丧失劳动能力、无依无靠、无生活来源的孤老、孤儿、弃婴和残疾儿童等。

民营养老机构，民营资本开设的养老院、养老公寓、护理院等机构，养老院的一切事务由民间机构运营，自负盈亏。

公办民营养老机构，政府和民间资本发挥各自优势，合作办的养老院。政府出资新建养老院，但具体运营由民间资本负责。

一般来说公办养老机构和公办民营养老机构是保证低收入人群的养老生活，基础设施以保证基本需求为主，私密性欠佳，护理医疗条件一般。由于价格亲民，政府背书，导致申请人数较多，排队等候期较长，多为10~15年。

**问题 2**

**如何挑选高品质的养老机构？**

### 解　析

在我国老龄化程度不断加剧和“4-2-1”家庭结构普遍化的现实问题面前，医养融合的养老机构逐渐进入高净值人群的视野。一方面考虑到对高品质养老生活和精神世界的追求，另一方面也考虑到减轻子女照料父母的压力和责任。

怎么才能帮助刘先生和刘太太挑选适合他们的养老机构呢？以下三个步骤可以作为参考。

第一，考虑护理级别。

根据家中老人的身体健康状况和护理级别，可以参考不同级别的养老机构，从护理级别和养老成本看，可以分为活力老年社区、辅助生活机构、记忆照护机构、私立养老护理院四个级别（见表 13-1）。高净值人群可以根据家中老人所需的护理级别和养老成本，选择相对合适的养老机构。

表 13-1　不同护理级别养老机构的成本与服务内容

| | 活力老年社区 | 辅助生活机构（社区养老机构） | 记忆照护机构（针对认知障碍患者） | 私立养老护理院（24 小时全天候护理） |
|---|---|---|---|---|
| | ¥¥ | ¥¥¥ | ¥¥¥¥ | ¥¥¥¥¥ |
| 房屋清扫 | √ | √ | √ | √ |
| 衣物清洗 | √ | √ | √ | √ |
| 膳食供应 | √ | √ | √ | √ |
| 社交娱乐 | √ | √ | √ | √ |
| 个人护理 | | √ | √ | √ |
| 记忆训练 | | | √ | √ |
| 专业护理 | | | | √ |

第二，确定经济承担能力。

由于养老成本会随着护理级别的上升而增加，一旦高净值人群了解了养老护理级别的需求，那么下一步就是要考虑选择哪种性质的养老机构了。

前一问中提到，根据性质不同，我国的养老机构可以分为公办养老机构、民营养老机构、公办民营养老机构，价格也随着性质的不同而改变。即便是家中资产规模较大的老人，可能也会因为个人习惯或家庭因素选择有国家政策补助的公办养老机构，而这一类养老机构的短板就是排队等候期太长。

然而，有的资产规模较大的家庭则会选择在环境优美、服务完善、设施健全、医疗便利且排队等候期相对较短的私立养老社区安享晚年。

第三，寻找位置合适的养老社区。

经过前面两个步骤，刘先生应该已经确定了自己或家人需要的护理级别和经济承担能力，那么最后一步就是考察养老机构的区位是否符合自己的需求。

多数养老机构会选择地理位置相对远离市区中心且环境优美的地方，但这些地方交通便利程度较差，购物需求无法得到满足，而且远离便利的医疗资源。那么选择一个区位优势较好的养老社区，就成了必要条件。

通过以上三个步骤，我们基本可以帮助刘先生确定他和家人想要的养老机构的类型。以刘先生的需求为例，他和爱人未来需要能够提供旅居养老、活力养老、全生命周期护理的高品质医养融合社区。那么这种社区，中国有没有呢？我们继续看下一问。

**问题 3**

**什么样的养老机构可以满足刘先生及其爱人对于活力养老和健康照护的核心诉求？**

**解　析**

持续照料退休社区这一养老模式被引入中国已有十余年。这是一个起源于美国的高品质养老社区，这种社区仅供符合入住年龄的老年人入住，并针对不同健康水平的老年人，专门建立了四种不同的居住区，或称为业态。

不同于传统的养老院、护理院，这种一体化、一站式的综合服务养老社区使老年人可以在他们熟悉的环境中度过绝大部分的享老人生。在保障了老年人身体健康的同时，持续照料退休社区更注重培养老年人积极的生活方式，以及满足老年人精神层面的需求。

畅享未来，百岁人生已不是梦，60 岁不再是退休门槛，人们将拥有更健康的身体、更长的寿命、更丰富的生活和更高的精神追求。

新时代的长者将拥有更多的养老选择，人们也将不再拘泥于传统的居家养老模式，告别“空巢老人”这一刻板印象，没有子女的照护，生活依旧可以精彩，养老依旧可以安心。

### 问题 4

**中国市场中的持续照料退休社区都有哪些类别？选择什么资本方的持续照料退休社区更放心？**

#### 解　析

近些年，越来越多的高净值人士开始考察市面上种类繁多、功能不同的养老机构。经过十几年的发展，持续照料退休社区在国内的发展可谓百舸争流、百家争鸣，多方“派系”均在争夺养老社区这一市场高地。在琳琅满目的养老项目中，如何在多方“派系”中选择高品质的医养融合养老社区？

目前，中国的持续照料退休社区大致有三大“派系”，分别是房地产企业派系、保险企业派系和外资企业派系。

首先是房地产企业派系。

房地产企业的持续照料退休社区在三大“派系”中可谓是“先行者”，其优势在于布局早、拿地快、建设快。据不完全统计，目前市场上有超 100 家房地产企业涉猎了养老机构的建设和运营，其中不乏广为人知的大型房企，例如远洋、万科、复星、恒大、亲和源等。大型房企在建设养老项目时，由于其企业发展方向不同，侧重点和模式选择也有所不同。这些项目种类繁多、功能不同，容易让人眼花缭乱。例如，有的房企建设养老社区，有的会建设养老公寓、养老酒店、养老中心、康养小镇等。

其次是保险企业派系。

保险企业在三大“派系”中起步较晚，在 2010 年原保监会公布

“两个办法”——《保险资金投资股权暂行办法》《保险资金投资不动产暂行办法》之后，才允许保险公司投资企业股权和不动产。保险企业投资养老社区这一商业模式，在全球范围内实属创新。保险企业因其优良的信用背书、雄厚的资金实力以及落地布局速度快，目前在养老社区总床位数量上已超越房地产企业。按照布局规模和床位数量进行排名，中国参与养老社区项目前十名的企业中，保险企业占据一半席位。据中国银保监会资金部的统计，截至2020年9月末，已有泰康人寿、中国人寿、太平人寿等10家保险企业投资47个养老社区项目，分布于北京、上海、海南、江苏、广东、安徽等20多个省区市，总床位规模约85 000张。

最后是外资企业派系。

2014年在国家政策开放和支持的背景下，多个省区市向包括外国独资公司在内的外国投资者开放中国养老产业，允许在华独资建设养老机构。据AgeLifePro（聚焦养老服务创新的研究媒体）统计，截至2020年12月31日，已有至少11个国家的40家公司进军中国养老市场，遍布17个省份，已建成44个项目，其中包括美国、日本、法国、荷兰、澳大利亚等国的著名养老企业。但经过20多年的探索和发展，国内房地产企业和保险企业快速布局养老地产，给不少外资企业造成了冲击和竞争，部分外资养老项目在试水和观望期之后逐渐退出市场，淘汰出局。

**参考资料**

《中国险企发展养老地产十年回顾及展望》，袁理；《泰康——养老社区股权投资计划》，泰康资产官网；《保险资金投资股权暂行办法》《保险资金投资不动产暂停办法》；《外资企业进军中国养老服务市场商战报告》，AgeLifePro。

问题 5

如何挑选更适合刘先生的持续照料退休社区？

**解　析**

根据本编当中刘先生家庭的案例，如果要满足刘先生和刘太太对于养老资金的需求，对于提前锁定养老资源的需求，以及对于活力养老、旅居养老、全生命周期照护养老的需求，保险企业的持续照料退休社区更具一些优势。

一是政策支持。由于国家政策支持，2009 年 11 月，泰康资产获准设立“泰康养老社区股权投资计划”，筹资总规模为 22 亿元，投资于北京昌平养老社区项目。该投资计划是新修订的《保险法》实施后，国内保险资金投资不动产的首个试点项目。可以说，这是具有全国性示范意义的创新试点，在全球范围内也可以说是创新典范。只有具备政策的支持，险资企业才能放心大胆地将保险资金投入长周期回报的养老社区项目中，也才能更好地将“长期主义”进行到底。

二是险资背书。以往由于保险公司的投资范围有限，为保证保险资金的安全性，资金主要进入银行存款、国债等短期投资渠道，投资渠道较为单一，造成资产负债期限的不匹配。而将保险资金投资到养老不动产项目中，可以将产业投资周期拉长 20~30 年，有利于保险业快速健康发展，更有利于完善社会保障体系建设，具有很好的经济效应和极强的社会效应，是重要的商业模式创新。同时，投资不动产这一长周期回报项目有利于缓解保险资金“长短错配”的压力。

养老是一个长周期的综合性服务事业，是“长期主义”的典型代表。投资养老社区需要一定的时间沉淀，只有深耕精细化服务，才能获得长者的信赖，保持较高的床位占有率，获得持续稳定的投资收益。两者匹配，相得益彰，相辅相成，共同获益。

三是医养结合。上文提到，目前有超过 10 家保险公司进军养老地产行业，并快速在全国核心城市布局养老社区。与此同时，为了完善产业链，扩展养老行业上下游产业，不少保险公司在投资建设持续照料退休社区的同时，还在坚持构建“保险 + 养老 + 医疗”大健康生态圈。有的在养老社区内不仅建设了医疗机构，还建设了大型综合医院、专科医院，以完善医养结合的商业模式。

以泰康保险集团为例。泰康在建设持续照料退休社区的基础上，还建设了“医、养、康、宁”四位一体的大健康产业生态体系。率先完成全国 24 个核心城市的大型连锁医养社区和康复医院的布局，设立五大医学中心，泰康医疗已覆盖全国近 50 个城市。

综上所述，保险企业以其坚实可靠的资金储备和坚定不移的发展战略夯实了国人对养老社区的信心，同时也在逐步赶超世界先进养老企业的水平。未来刘先生和刘太太将迈着坚实的步伐，行走在遍布祖国各地的泰康长寿社区中，享受旅居养老、候鸟养老、活力养老带来的惬意。老人可以在山水之间感悟人生、抒发情怀、挥毫泼墨，在凡尘之外畅享人生、感受温暖、追求自我，在桃园之内把握人生、丰富内在、提升精神。

这一切必将建立在一套标准化、体系化、医养结合的养老社区基础之上，不同于以往的养老院、护理院，这将是一个全新的人生归宿，为长者提供独立生活、协助生活、专业护理、记忆照护四种生活服务区域，满足身体状况不同的长者的照护需求，实现一站式的长寿时代解决方案。

## 专家建议

针对本节所涉及的如何选择养老机构的相关问题，笔者提出如下建议：

1. 要针对自身经济承受能力以及身体状况（需要的护理级别）来挑选对应的养老机构。例如，在生活尚能自理的时候就未必需要住进以护理功能为主的养老院、护理院中；在身体机能降低、需要专业护理人员照顾的时候则不能选择以独立生活、活力养老为主要功能的养老机构。
2. 如果希望在退休时期既可以满足独立生活时期的活力养老需求，又希望在身体机能下降、需要专人照护的时候不再搬离自己熟悉的养老环境，则可以关注并选择持续照料型的养老机构。此类机构涵盖独立生活、协助生活、专业护理、记忆照护这四种全生命周期的生活业态，可满足中高净值人群一站式养老需求。
3. 在挑选持续照料退休社区的时候，应着重针对以下几点要素进行选择：养老社区的投资主体、所在地理位置、周边医疗资源与商配资源、内部的医养结合设施等。挑选一个在近郊风景环境优美、交通便利、周边有三级医疗资源和商超配套，并且内部医养结合完善的养老社区，这样才能让中高净值长者入住得更加放心。

# 06 信托编

本编作者：胡天翼[①]

---

① 胡天翼，美国金融学硕士，CFA（特许金融分析师）、FRM（金融风险管理师）、RFP（美国注册财务策划师）持证人，拥有逾 10 年财富管理工作经验。

# 编首语

美国信托业权威斯考特曾说："信托的应用范围可与人类的想象力相媲美。"作为一种兼具微观工具与宏观架构性质的结构安排，信托既可以用于保值增值，发挥投资与配置功能，也可以用于搭建家族财富保护与传承结构，为家族构筑避风港湾，更可以逐步纳入家族企业、不动产、艺术品等财产，让家族富过三代，甚至可以承载家风、慈善等精神内涵，团结家族、诗礼传家。本编将聚焦信托，解析其历史、结构、功能与应用，助力家族守护财富、规划传承，在家族和谐、基业长青的道路上稳步前行。

# 第十四章
# 构建家族财富的保险箱

## 引　言

基于信任而托付的行为在各国自古有之。罗马法中规定，在按遗嘱划分财产时，若继承人无力或无权承受，就可以把财产委托或转让给第三者处理。而我国三国时期，面对嗣君年幼、内忧外患，刘备将蜀汉江山托付诸葛亮，望其辅佐刘禅，白帝城托孤的佳话流传至今。

现代意义上的信托起源于英国的用益制度，英国著名的信托法学者佩纳曾如此描述信托："我们该如何认识信托？一种方法是将其当作一种精心设计的礼物。……人们想为心爱的人提供一种利益，但无法通过简单的转让财产权来实现，或者转让财产权是不明智的。"正是由于在守护与传承财富方面深刻的现实需求与广泛的应用场景，信托才不断发扬光大，并被称为英国人在法学领域取得的最伟大、最杰出的成就。

时间进入 19 世纪，随着社会、经济环境的发展变化，信托也开始融合越来越多的商业与金融属性，在投融资、资产管理领域起到越来越重要的作用。

我国自1979年成立改革开放后第一家信托机构以来，信托业见证了中国经济发展的风风雨雨、阳光彩虹，其承载的价值也从吸纳外资、支援建设，演化为理财投资、保值增值，又在近些年高举“回归本源”的旗帜，成为守护家族财富、规划传承安排的架构性工具。

面对历史悠久、内涵丰富，而在我国又如此新颖的信托，我们应当如何认知、如何运用？本章将聚焦信托领域，带你纵观信托的前世今生、区分信托的不同业务类型、分析信托的结构功用、详解可纳入信托的财产类型，为你灵活有效地运用信托工具与架构打下坚实的基础。

## 第一节　信托的发展与现状

### 案　例

王伯明是王氏集团的总经理，王氏集团早年由王总的父亲王刚及叔叔王强共同创建，涉足酒店、餐饮、房地产、外贸等多个领域。伴随改革开放的浪潮、中国经济的腾飞，集团不断发展壮大，为王氏家族创造了大量财富。王伯明与太太关系和睦，平时由王总对外，进行企业的经营管理；王太太主内，负责家庭财富的投资打理。

王总与王太太资产量巨大，是各家银行私行、券商、基金、保险竞相营销的对象。早年间，王太太购买过银行代销的信托产品，因此一直将信托当作固定收益类的理财产品。近期，王太太又频繁听到关于家族信托的信息，据说可以保护家族财产安全、规划财富长期传承。王太太很疑惑，家族信托和理财类信托的区别似乎很大，它们各自是做什么的？信托在中国发展的情况到底怎么样？是主流行业吗？受法律保护吗？

### 问题 1
信托是如何产生的？

#### 解　析

信托制度被法学家称作英国人在法学领域取得的最伟大、最杰出的成就。它产生于中世纪的英国，诞生的背景是中世纪英国的土地保有制。

在当时的土地保有制下，财富的安全和传承具有诸多限制和隐患。

长子继承：土地保有人不能按照自己的意愿遗赠土地，只能由其长子继承。衍生的问题是，一方面，如果长子没有管理资产的能力，或有挥霍、赌博等恶习，可能导致财富大量流失；另一方面，如果长子与其他家庭成员有矛盾，则其他家庭成员的未来生活难以得到有效保障。

禁止事项：13 世纪英国颁布了《没收法》，禁止对教会捐赠土地，导致这部分财产无法按照所有者的意愿进行传承。

领主监护权：在保有人去世而继承人未成年时，由领主来行使监护权，这就导致了财产被侵占的隐患。

继承金：发生继承时，要征收继承金。

因此，当时人们创造了用益制度，也就是日后信托制度的雏形。在这种模式下，土地和财产的所有人作为委托人，将土地和财产委托给自己信任的人，也就是受托人。受托人虽然是土地法律与名义上的所有人，但只是接受了委托人的托付，是为了受益人的利益代为管理的，对应的产出与收益要分配给受益人，甚至在将来的某个时点，譬如受益人长大成人之后，还要将土地移交给受益人。

太阳之下无新事，其实千年前的很多问题放在今天也依然存在。对于王太太来说，家族的财富不再以土地为主，但在传承过程中依然会面对家族内部关系变化、后代财富管理能力不可控、财富有被挪用或侵占的风险、可能需要缴纳税费等事项。也正因如此，家族信托对于王太太家族财富的守护与传承，具有重要的意义。

**问题 2**

**曾听说过理财性质的信托，这种信托是怎么来的？**

**解　析**

17 世纪以后，随着英国移民潮涌入美国，信托制度也随之被引入。19 世纪，信托的商业特征越发明显。此时信托逐渐由民事信托向商事信托演变，主要体现在三个方面。

第一，从他益信托（受益人为委托人以外的他人）到自益信托（受益人就是委托人自己）：受益人不再仅仅躲在幕后、等待利益分配，而是借由委托人的身份站在台前，通过与受托人的信托合同为自己设立权利，可以影响甚至支配信托事务的运行。

第二，从消极信托（信托机构根据委托人或其指定的人的指示，对信托财产进行管理、运用和处分，不承担积极管理职责的信托业务）到积极信托（信托机构在信托财产管理和运用中发挥主导作用、承担积极管理职责的信托业务）：传统信托主要适用于家庭财产领域，强调受托人对于土地等财产的照管看护；商事信托扩展到商贸领域，开始要求受托人对金钱、股票、债券等财产进行管理，实现保值增值。

第三，从无偿到有偿：在用益和早期的信托中，受托人是无私的奉献者，而此时受托人开始收取信托报酬。

此时，从事信托的机构逐渐成为一种专门的机构，而由于信托活动本身包含了资金融通功能，所以金融机构开始成为主要的受托人。而且由于金融的规模化，金融信托相比非金融信托在量上取得了明显优势，因此，如今信托业这一概念通常指的是金融信托。

不同于传统民事信托保障财富安全、规划财富传承的功能，商事信托主要以投融资、资产配置为导向。目前在国内，从王太太这样的高净值投资者的角度，这种理财性质的信托经常以信托公司发行的集合类信托计划为主要表现形式，也就是市场上经常看到的信托理财产品，它们和银行理财、公募基金、私募基金等资管产品类似，主要目的是通过投资实现保值增值。

问题 3

家族信托和理财性质的信托有什么区别?

解 析

首先，两者的目的不同。家族信托是为了帮助信托的委托人，也就是王太太，实现家庭财富的保护、传承和管理。而王太太之前购买的理财性质的信托，则是一种投资行为，以实现财富保值增值为主要目的。

其次，受益人不同。家族信托的受益人通常可以设置为包括委托人王太太在内的家庭成员，以及王太太的亲属。而对于理财性质的信托产品，委托人王太太则是唯一的受益人。

再次，隔离效果不同。如果家族信托的委托人王太太去世，信托会继续运行，信托财产不作为王太太的遗产。但如果王太太购买的是理财类信托产品，那么当王太太去世时，信托财产会作为她的遗产；当王太太负债时，信托财产会被用于偿债。

此外，家族信托可纳入不限于货币资金、保单、投资产品、股权、不动产、艺术品等在内的多种类资产。而理财性质的信托仅能通过货币资金来进行申购。

最后，信托期限不同。家族信托由于要承载王太太家族资产保护与传承的目的，所以期限通常较长，甚至可以设置为永续型。而理财性质的信托期限通常较短，大多不会超过 3 年。

参考资料

《中华人民共和国信托法》第十五条。

问题 4

信托在中国的发展情况如何?

解　析

中国信托业萌生于改革开放初期，当时我国各地都急需外国的资金，政府也允许通过多种渠道从国外融资。而且彼时的金融体系，中国人民银行既是中央银行，又是商业银行，基本垄断了国内存贷款和结算业务，工商银行在 1984 年才从中国人民银行中分离出来。因此，各地政府和各部委都希望成立自己的金融机构，以适应经济的市场化改革要求，推动金融体系改革。

在这种背景下，信托投资公司因其灵活性，成为破局之将。1979 年 10 月，中国国际信托投资公司正式成立，成为改革开放后中国第一家信托机构。1980 年 6 月，中国人民银行开办信托业务，信托业迎来快速增长期，机构数量最多时，达到 620 多家。时至 2007 年，我国信托行业历经六次大整顿，信托业与银行业、证券业、保险业并列为四大金融行业，国内信托机构数量稳定为 68 家。

规模方面，2017 年，信托业资产管理规模达到历史峰值 26.2 万亿元。而随着 2018 年资管新规的出台，信托业不断转型，行业资产规模有所下降。2019 年，随着监管清理整顿房产信托业务，信托业资产管理规模降至 23 万亿元。截至 2021 年第三季度末，信托业受托管理资产规模合计 20.44 万亿元，行业资产规模进入低位平稳期。

业务模式方面，自 2017 年第四季度以来，以通道业务为主的单一资金信托规模及占比逐年下降，而集合资金信托、财产信托保持平稳增长。截至 2021 年第三季度末，集合资金信托规模为 10.55 万亿元，规模占比 51.63%；单一资金信托规模为 5.12 万亿元，规模占比 25.04%；财产信托规模为 4.77 万亿元，规模占比 23.33%。

投向方面，截至 2021 年第三季度末，资金信托规模为 15.67 万亿元。工商企业投向规模为 4.55 万亿元，占比 29.02%；证券市场 3.06 万亿元，占比 19.50%；基础产业 1.96 万亿元，占比 12.52%；房地产业 1.95 万亿元，占比 12.42%；金融机构 1.90 万亿元，占比 12.12%。

转型创新方面，标品信托，即投资于公开市场发行交易的金融产品的信托业务，近年来无论是参与机构数量还是发行规模，均表现出倍速增长的态势；慈善信托，以公益慈善为目的开展的信托业务，伴随第三次分配的推动，开始彰显优势；家族信托，即回归信托本源，强调客户财产安全与财富传承的信托业务模式，也在持续迅猛发展。

不难发现，信托不仅在世界范围内具有悠久的历史，更是伴随着中国改革开放一道发展，见证了国内经济发展腾飞路上的风雨历程与辉煌成就。时至今日，作为中国金融体系的重要组成部分，它不仅受到规范严格的监管，为经济发展和共同富裕贡献着力量，更是因势而变转型创新，不断迸发出崭新的活力。

### 参考资料

《信托创新发展进入关键期》，邢成，《金融博览·财富》杂志，https://baijiahao.baidu.com/s?id=1722372446685505880&wfr=spider&for=pc。

### 问题 5

中国的信托受法律保护吗？

解　析

《中华人民共和国信托法》(简称《信托法》) 于 2001 年 4 月 28 日通过公布，2001 年 10 月 1 日生效施行。它兼具灵活性与前瞻性，不仅确立了信托财产的独立性，也制定了受托人义务规则。《信托法》确立了中国信托制度的基本架构，明确了信托分类、信托法律关系主体、各主体的权利与义务、信托财产的特征、信托成立生效规则等基本内容，为信托业经营和监管制度体系的搭建提供了法律基石。

以《信托法》为主要法律规范和基本逻辑框架，我国金融监管部门制定了《信托公司管理办法》《信托公司集合资金信托计划管理办法》等一系列监管规则，构建了较为完备的信托业务和监管法规体系。

《信托法》与相关管理办法的颁布，一方面有利于各家信托公司发挥信托财产独立性、破产隔离的功能，充分利用信托产品在资产、投资、配置领域丰富灵活的特性，开发出多种多样的以投融资为导向的营业信托产品；另一方面也促进了事务型信托、服务型信托、家族信托、保险金信托、慈善信托等的全面发展。

2021 年全国两会期间，全国政协委员、中国证监会原主席肖钢围绕尽快修订《信托法》，完善信托基本法律制度提交了提案。提案中建议建立与家族信托相配套的基础设施，建议相关部委研究拟定信托财产非交易性过户制度、信托登记实施制度、信托税收制度，解决股权信托、不动产信托设立难、税收过高的问题。家族信托是跨生命周期的产权安排和传承计划，必须保障信托财产的独立性，以及受托人破产倒闭后的连续性，以消除民营企业家的后顾之忧。

根据《人民政协报》的报道，这份提案于 2021 年底得到了中国人民银行的详尽答复。回复函表示："我们总体赞成您提出的完善信托基本法律制度、建立与家族信托相配套的基础设施、出台《信托法》司法解释、加强监管等建议。" 未来，在修改《信托法》时，有必要充分考虑我国特有的经济文化背景和法律传统，以适当方式明确信托财产所有权归属；有必要完善配套登记制度，促进行业发展。同时，可以研究借鉴相关国际经验，立足于我国实际，在《信托法》中对信托税收政策做出原则性或授权性的规定，以提升信托活动中税赋征收的科学性和规范性。家族信托存续期限较长、信托财产类型较为丰富、委托人需求较为多元，对受托人的管理能力、持续经营能力等都有着更高的要求。近年来，银保监会持续加强信托业风险防控、转型发展等各项监管工作，积极引导受托人坚守定位、夯实信托文化，在依法合规、风险可控的前提下，加强研究探索，提升服务能力，推动家族信托在内的信托本源业务持续发力。

因此，不难看出，对于王太太来说，中国信托与海外信托一样，都有着法律作为支撑。而随着家族信托业务的不断推广与深化，配套的法律法规、监管细则也将不断落地，为王太太家族信托的设立与运行提供更多规范与保障，为王太太家族财富的保护与有序传承提供坚实的顶层结构。

**参考资料**

《纪念〈信托法〉颁布20周年》，今日财富，https://baijiahao.baidu.com/s?id=1698338683498897413&wfr=spider&for=pc；《肖钢推动〈信托法〉修订的建议，人民银行这样回复》，今日财富，https://baijiahao.baidu.com/s?id=1721120740668903600&wfr=spider&for=pc。

## 专家建议

针对本节所阐述的信托发展与现状，笔者的归纳与建议是：

1. 由于信托制度有效优化了财产继承人选，降低了侵占风险，丰富了传承规划设计，其资产保护、财富传承功能得到了广泛的认可，因此不断发展壮大。

2. 由于家族信托与理财性质的信托在信托目的、信托结构、隔离效果等方面均有所不同，所以客户不可将二者混为一谈，而是需要根据自身隔离传承或投资理财的实际需要进行选择。
3. 2013年被称为家族信托元年，可见家族信托在中国尚属新兴事物。但由于它是国内财富和人口结构变化的必然产物，也是国内信托行业转型的重要方向，因此受到了政策、监管的关注与支持，也被越来越多的金融机构和客户所认可和使用。对于客户来说，需要关注的不是当前国内家族信托是否已经达到尽善尽美——事实上，海外家族信托发展至今，也尚在不断进化完善的过程中——而是面对外部宏观环境的波动、家族财富的积累及家族成员数量与关系的变化，搭建家族财富保护与传承的整体架构具有强烈的现实意义，其价值也将随着时间的演进越发凸显。

## 第二节 家族信托的功能与结构

### 案 例

---

通过对信托行业的了解，王太太增强了信心。但家族信托毕竟是比较新颖的东西，它能为王总的家族做些什么、实现怎样的功能？这些功能是通过怎样的结构实现的？其中各方的权利与责任又是怎样的？王太太希望能做进一步的了解。

### 问题 1

家族信托是什么？一个客户可以设置几个家族信托？

#### 解　析

2018 年 8 月 17 日，中国银保监会信托部下发了《关于加强规范资产管理业务过渡期内信托监管工作的通知》。文件从监管层面对家族信托做出了定义，即家族信托是指信托公司接受单一个人或者家庭的委托，以家庭财富的保护、传承和管理为主要信托目的，提供财产规划、风险隔离、资产配置、子女教育、家族治理、公益（慈善）事业等定制化事务管理和金融服务的信托业务。家族信托财产金额或价值不低于 1 000 万元，受益人应包括委托人在内的家庭成员，但委托人不得为唯一受益人。单纯以追求信托财产保值增值为主要信托目的，具有专户理财性质和资产管理属性的信托业务不属于家族信托。

对于王太太来说，她可以根据自身及家族的需要，设立一个或多个家族信托，通过不同的家族信托结构、信托财产，以及条款的个性化设计，实现不同的家族财富保护与传承功能。

#### 参考资料

《关于加强规范资产管理业务过渡期内信托监管工作的通知》。

### 问题 2

家族信托有什么样的功能？

#### 解　析

家族信托的功能主要体现在四大方面，即风险防护、财富传承、财产管理与信息管控（见表 14–1 至表 14–4）。王太太可以根据家族的具体需要，在设立家族信托时，设定针对性条款，以强化相应功能。

表 14-1　家族信托的主要功能——风险防护功能

| 功能 | 类别 | 内容 |
| --- | --- | --- |
| 风险防护功能 | 资产风险防护 | 隔离企业经营风险：在拼搏事业的同时，避免由于企业债务等问题，影响自己的家人和家庭 |
| | | 优化代持结构：降低资产代持风险，规划资金回流路径 |
| | | 防范失能问题：避免客户因生病、意外导致丧失民事行为能力后资产进入“冻结状态”，或被监护人侵占 |
| | 遗产风险隔离 | 避免成为遗产：避免相关财产成为遗产，预防遗产争议纠纷、传承无序失控 |
| | | 避免侵占争产：避免继承人的监护人对于财产的侵占、挪用 |
| | | 避免传承手续风险：避免烦琐的法定、遗嘱继承手续，提升传承效率，保障家人的资金需求 |
| | 婚姻风险隔离 | 婚前财产风险：避免财产混同，避免婚前协议伤及感情 |
| | | 子女婚姻风险：在祝福子女婚姻的同时，防范未来的婚变风险，保护子女利益 |
| | | 共同财产挪用风险：避免婚内共同财产被挪用，婚变时人财两空 |
| | | 婚姻继承风险联动：避免未来向子女传承财产时，受到子女婚变风险的影响 |

表 14-2　家族信托的主要功能——财富传承功能

| 功能 | 类别 | 内容 |
| --- | --- | --- |
| 财富传承功能 | 资产传承 | 定向传承：按照委托人意愿将财富以特定方式传承给特定家庭成员，可以实现隔代传承 |
| | | 保护弱势家庭成员：为全职太太、年幼晚辈、特殊子女预先安排，定期发放生活金，保障生活质量 |
| | | 避免挥霍：通过信托传承条款，定时定额分配资产，避免后代挥霍浪费 |
| | | 表达祝福：在新婚、生育、纪念日时都有长辈的祝福相伴左右 |
| | 家风传承 | 鼓励学习：设置奖学金条款，鼓励后代升学深造，可以对学业优异者提供额外奖励 |
| | | 鼓励生育：设置生育金条款，为生育、养育后代提供保障，鼓励开枝散叶、繁荣家族 |
| | | 鼓励创业：设置创业金条款，让后代在创业之初得到来自家族的支持 |
| | | 慈善安排：设置慈善信托，或在家族信托 / 保险金信托中设置慈善相关条款，回馈社会、弘扬向善家风 |
| | | 禁止犯罪 / 恶习：禁止后代刑事犯罪以及有吸毒、赌博等恶习，违者可自受益人列表中除名 |

表 14-3　家族信托的主要功能——财产管理功能

| | | |
|---|---|---|
| 财产管理功能 | 品质生活 | 养老安排：为未来生活预备充足的生活年金、学习旅行娱乐支出；结合养老社区，为自己的未来养老安排温馨的家、高品质医疗保健中心、开放的大学、优雅的活动中心、心灵和精神的家园 |
| | | 健康照护：结合医疗与康复机构，为自己预先规划医疗费用、全生命周期的健康维护、个性化治疗方案、主动型慢病管理 |
| | 弥补时间精力不足 | 对于事务繁忙、缺乏专业的客户，由信托公司或投资顾问进行专业的资产配置管理，以期实现财富的长期保值增值 |
| | 接手资产管理意愿 | 对于追求快乐、追逐梦想、不希望在投资理财方面花费太多心思的财富继承人，可善加利用受托人的信义义务，进行财产的有效管理 |
| | 跨越生前身后限制 | 对于安排身后事宜的所有者，或丧失行为能力的财富所有者 / 财富继承人，通过信托结构的设计与相关角色的安排，实现财产有序管理 |

表 14-4　家族信托的主要功能——信息管控功能

| | | |
|---|---|---|
| 信息管控功能 | 信息保密 | 不希望影响感情：婚姻财产公证、遗产分割可能导致信息的不必要外流，影响感情 |
| | | 不希望引起纠纷：信息的泄露可能埋下隐患，甚至直接导致纠纷 |
| | 信息传递 | 希望传递情感：希望通过家族信托的安排，体现长辈对晚辈、伴侣之间的长久陪伴和祝福 |
| | | 希望永久纪念：希望通过慈善信托等相关安排，将善念善举长久流传 |

## 参考资料

《长寿时代》，陈东升，第 109 页。

## 问题 3

家族信托的结构是什么样的？

## 解　析

家族信托的结构如图 14-1 所示。

委托人：王太太作为家族信托的设立者，只要不违背法律强制性规定和公共秩序，就可以根据各种目的创设信托，较为常见的目的是家族财富的隔离保护与传承规划。在这个过程中，王太太需要将初始信托财产转移给信托机构，订立信托合同，并通过合同条款约定信托财产的管理方式、运用范围、利益分配规则、受托人/受益人权限等内容。

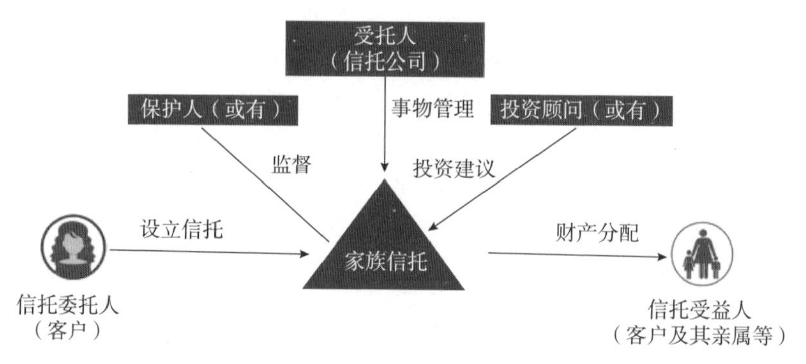


图 14-1　家族信托的结构与角色

受托人：通常是信托公司，它们会按照委托人的意愿，以公司的名义，为受益人的利益或者特定目的进行信托财产的管理或处分。在此过程中，信托公司需要遵守信义义务。所谓信义义务，是指财产持有者不是为自己，而是为他人的利益而管理财产、办理事务，需要忠实、勤勉、审慎地履行自己的职责。

受益人：通常是王太太的亲属，他们作为受益人，可以根据信托合同的相关约定，从信托中获得信托利益、获取财产分配。

保护人：有时也被称为监察人，通常是王太太在家族信托设立时指定的。保护人并非家族信托的必要角色，其职能与权限在信托文件内约定，权限可大可小。比较常见的保护人/监察人权利有：监督信托财产运用、与受托人协商调整信托投资范围、在授权范围内修改信托条款、在受托人违反信托义务时行使诉讼权等。

投资顾问：通常是王太太在家族信托设立时指定的。投资顾问并非家族信托的必要角色，通常由委托人或者信托公司聘任，依托自身专业，对信托财产的配置管理与投资运用享有决策权或建议权。

参考资料

《中华人民共和国信托法》第一章第二条。

问题 4

谁可以做国内家族信托的委托人？

解　析

根据我国《信托法》的要求，信托的委托人应当是具有完全民事行为能力的自然人、法人或者依法成立的其他组织。

在实际业务中，家族信托的委托人几乎均为自然人，通常为家族财产的所有者或共同拥有者（如配偶）。公司难以作为委托人设立家族信托。也就是说，王太太是一位典型的家族信托委托人，但她不能以家族企业作为委托人设立家族信托。

完全民事行为能力要求方面，通常委托人在设立家族信托时需要年满 18 周岁，且精神认知能力正常，能够完全辨认自己的行为，否则可能导致设立的信托无效。

国籍方面，理论上说无论委托人是哪国国籍，都可以设立家族信托。但在实际业务中，因为牵涉到美国《海外账户纳税法案》的税务要求，各家银行、信托公司等对于美籍人士，甚至美籍人士配偶作为委托人多持谨慎态度。

参考资料

《中华人民共和国信托法》第十九条，《中华人民共和国民法典》第十八条。

## 问题 5

国内家族信托的受托人是谁，它们可靠吗？

### 解 析

在海外，不同司法辖区对家族信托受托人资质要求不一，可选范围较为宽泛，银行、信托公司、律所甚至自然人均可以作为受托人。优势在于架构灵活、定制化程度高，缺点在于可能面临来自受托人的道德风险。

在我国，《信托法》对受托人的要求是“具有完全民事行为能力的自然人、法人”。在业务实践中，目前国内家族信托基本都是由境内 68 家信托公司成立并管理的。

中国的信托公司是特许设立的、持有金融牌照的、主要经营信托业务的非银行类金融机构。与银行一样，信托公司的监管机构是银保监会，受到的监管较为严格。银保监会下设信托部，专门监管信托机构。同时，银保监会对信托机构采取属地化管理原则，由各地银保监局在银保监会的总体要求下，按照属地原则进行监管。

信托公司通常注册资本充实，管理资产规模庞大。以五矿信托为例，其注册资本为 130.51 亿元，截至 2020 年底，公司管理资产规模累计达 3.4 万亿元，已完成兑付的清算规模为 2.69 万亿元，存续信托资产规模为 7 028.52 亿元。

由于信托牌照的稀缺性，信托公司的股东通常实力雄厚。以国投泰康信托有限公司为例，其主要股东为国投资本控股有限公司与泰康保险集团股份有限公司。其中，国投资本控股有限公司的上层主要股东国家开发投资集团有限公司成立于 1995 年，是由中央直接管理的国有重要骨干企业，也是中国最早的综合性投资控股公司，还是首批国有资本投资公司改革试点单位。国投注册资本 338 亿元，截至 2021 年末，集团资产总额 7 671 亿元，员工约 5 万人。2021 年集团实现营业总收入 1 947 亿元，利润总额 461 亿元。而泰康保险集团股份有限公司成立于 1996 年，总部位于北京，至今已发展成为一家涵盖保险、资管、医养三大核心业务的大型保险金融服务集团。截至 2022 年 5 月底，泰康保险集团管理资产规模超过 27 000 亿元，养老金管理规模超过 6 400 亿元，累计服务个人客户 4.2 亿人，服务企业客户超过 42 万家。此外，泰康保险集团连续 5 年荣登《财富》世界 500 强榜单。

总而言之，对于王太太来说，国内的信托公司通常受到严格监管，股东资质优越，注册资本雄厚，管理资产规模庞大，运营管控较为规范，是较为可靠的家族信托受托人。

**参考资料**

《中华人民共和国信托法》第二十四条；天眼查，https://www.tianyancha.com/company/123880311；五矿信托官方网站，https://www.mintrust.com/aboutUs/company/info；国家开发投资集团有限公司官方网站，https://www.sdic.com.cn/cn/zjgt/gsjs/A010101inde×_1.htm；泰康保险集团股份有限公司官方网站，https://www.taikang.com/about_cn.html。

## 问题 6

万一信托公司倒闭了，我的家族信托受不受影响？

**解　析**

首先，根据《信托法》第十六条的规定，信托财产与属于受托人所有的财产相区别，不得归入受托人的固有财产或者成为固有财产的一部分。这也就从法律层面将信托财产与信托公司的自有资产进行了区分。换句话说就是，王太太成立家族信托的财产和信托公司自己的财产是进行了明确区分的，家族信托的财产具有独立性。

其次，根据《信托公司管理办法》第二十九条的规定，信托公司应当将信托财产与其固有财产分别管理、分别记账，并将不同委托人的信托财产分别管理、分别记账。也就是说，从运营层面来讲，王太太成立家族信托的财产，不仅和信托公司的自有财产相区别，单独记账管理，与信托公司成立的其他集合类信托计划和家族信托之间也具有明确区分，不会混同。

极端情况下，即使信托公司出现了破产倒闭的情况，通常参照《信托法》第四十条的相关规定，王太太可以选任新的信托公司作为受托人，并将信托财产平移到新的信托公司。

**参考资料**

《中华人民共和国信托法》第十六条、第十七条、第四十条，《信托公司管理办法》第二十九条。

**问题 7**

**谁可以做家族信托的受益人？**

**解　析**

受益人是在信托中享有信托受益权的人。依据我国《信托法》第四十三条的规定，受益人可以是自然人、法人或者依法成立的其他组织。理论上说，王太太可以在家族信托中选择任何人成为信托受益人，无须与自己有血缘关系。但是在实际操作中，由于家族信托强调对于家庭财产的保护、传承和管理属性，因此通常会对受益人的范围做出一定的约束。

第一，基于《信托法》第十五条的相关规定，当委托人是唯一受益人时，一旦委托人死亡或破产，信托财产将作为其遗产或者清算财产。因此，在设立家族信托时，基于资产安全考虑，通常不建议将委托人设置为唯一的受益人。当受益人的人数超过两位时，委托人可以是其中一位受益人。

第二，根据《关于加强规范资产管理业务过渡期内信托监管工作的通知》的规定，受益人应包括委托人在内的家庭成员。在实际展业中，除委托人自己外，直系血亲方面，包括委托人的父母、子女、孙子女、外孙子女、祖父母、外祖父母；旁系血亲方面，包括委托人的兄弟姐妹、兄弟姐妹的直系血亲，即委托人的侄子、外甥等；配偶姻亲方面，包括委托人的配偶、岳父、岳母、公婆、儿媳、女婿，以及委托人配偶的兄弟姐妹、祖父母、外祖父母等，均可以作为受益人。此外，对于尚未出生的后代，可以在设立信托时，在信托合同条款里约定受益人范围是委托人子女及其直系血亲。待后代出生后，委托人/保护人/监察人可凭有效的身份证明（如户口簿、出生证明）按合同约定向信托公司申请增加受益人。

第三，非家庭成员能否设置为家族信托受益人，主要看是否具有合理的理由，以满足反洗钱、避免利益输送的要求。

非婚生子。由于非婚生子与委托人具有血缘纽带，理论上可以作为家族信托的受益人。但若委托人已婚，且纳入家族信托的财产为夫妻共同财产，建议在设立信托时由配偶签署同意函，以增强信托的稳定性与有效性。

离异配偶。要看离异双方是否存在扶养义务，或是否共同承担养育子女的义务。若存在上述关系，则可以作为家庭纽带，将离异配偶作为受益人。

同性恋人。根据我国的《民法典》，结婚的对象应当是男女双方，同性恋人并未被我国法律明确允许或禁止。但因为无法在境内领取结婚证，同性恋人双方并非彼此的家庭成员或具有血缘关系的人，所以难以直接作为家族信托受益人。建议同性恋人双方可在海外认可同性恋人婚姻状态的国家领取结婚证，在中国境内的公证处公证后，与信托公司协商，看能否接受为同性恋人办理相关受益人权利。

第四，外籍人士方面，除部分信托公司对美籍受益人持谨慎态度之外，大部分信托公司对于非美籍受益人持认可态度。需要强调的是，此处所说的外籍，主要指税籍，与国籍未必相同。因为可能涉及CRS报送，以及不同税籍下，国外政府税务机关对于财产、信托等在税务层面的认定及申报、纳税要求，所以建议客户在进行财产管理与信托结构搭建时，听取专业税务师的意见。

**参考资料**

《中华人民共和国信托法》第十五条，《中华人民共和国民法典》第一千零四十五条、第一千零四十六条、第一千零四十九条，《关于加强规范资产管理业务过渡期内信托监管工作的通知》。

### 问题 8
家族信托有必要设置保护人 / 监察人吗？

**解　析**

家族信托的保护人 / 监察人通常由委托人王太太指定，必须是具备完全民事行为能力的自然人，或者律师事务所之类的具有专业能力和公信力的机构。

保护人 / 监察人并非信托结构中的必要角色。之所以有时委托人会设置这个角色，是因为信托公司在家族信托存续期间，会基于信义义务，以自己的名义进行财产的持有、管理、分配。如果王太太作为委托人，希望自己在世时与去世后存在一个角色，能够监督受托人的行为，防止信托公司不严格遵循信托合同的约定、滥用职权或者怠于履行职责，做出有违受益人利益的行为，并且能够根据家族内部情况与社会法治环境的变化，适时调整信托结构，成为家族信托的守护者、监督者、保护者，那么设置保护人 / 监察人就有较大的必要性。

保护人 / 监察人的权限可以在一定范围内调整，比较常见的职能包括但不限于：协助制定信托文件、监督信托财产运用、与受托人协商调整信托投资范围、在授权范围内修改信托条款、在受托人违反信托义务时行使诉讼权等。

但需要注意的是，保护人 / 监察人的权限不能过大，否则很可能导致信托的有效性受到质疑，也就是说，信托有可能被认定为保护人 / 监察人的个人财产，这样会导致一系列不利后果。

## 专家建议

针对本节所阐述的信托功能与结构，笔者的归纳与建议如下：

1. 家族信托作为家族财富保护、传承与管理的架构性工具，可以对客户家族的物质财富、精神财富、隐私信息等多方面进行规划与管控，其架构可繁可简，规模可大可小。客户既可以利用相对简单的结构，满足家族的某项特定需求；也可以进行复杂的信托结构设计，以实现长期、复杂的功能，并对相关角色进行制衡；甚至可以将数个规模较小、功能单一的信托统筹在一个较大的信托结构之下，让财富传承在具备层次性的同时，不失整体把控统筹。
2. 中国文化讲求平衡之道，张弛有度方可长久，家族传承亦是如此。家族信托作为顶层架构，其中每个角色的定位均具有独特性。因此，不仅对角色本身需要谨慎选择，每个角色的权责也需要有序设定。角色权力过小，则难以协调足够的资源完成投资、分配等管理事项；角色权力过大，则会导致信托运行失控，甚至保护结构被击穿。如何取舍调节，一方面需要专业人士作为辅助，另一方面需要在信托运行过程中不断调整完善。

# 第三节　家族信托的财产

## 案　例

王总与王太太家族资产量巨大，除了王氏集团的股权之外，家族还持有大量现金、金融理财产品、保险，并且对外进行了众多的股权、房地产、艺术品投资。在了解了家族信托的功能与结构之后，王太太对于这种综合性的家族财富传承架构非常认可，但她很想知道，家族内部如此多类别的资产，是否都可以纳入家族信托框架之中？是必须一次性纳入，还是可以分期分批纳入？不同类别的资产纳入家族信托时，在便利性、流程、税收等方面是否有区别？

问题 1

可以纳入家族信托的资产有哪些？未来可以追加资产吗？

### 解　析

根据《信托法》第七条，设立信托，必须有确定的信托财产，如果信托财产不能确定，则信托无效。此外，该信托财产必须是委托人王太太合法所有的财产，否则同样可能导致信托无效。

然而，作为信托财产的资产范围很广泛，通常除了法律、行政法规禁止流通的财产不得作为信托财产之外，能够形成可评估市场价值的资产和权利，诸如王太太家族的货币资金、保单、基金等金融理财产品，以及上市公司股票、未上市公司股权、债券、不动产、艺术品、贵金属，甚至用益物权、知识产权等，理论上说均可以纳入家族信托（见图 14–2）。

现实中，货币资金、保单、理财类信托受益权、私募证券投资基金份额等较为常见，王太太可以通过较为便利的流程，将上述资产纳入家族信托结构。

家族信托设立之后，王太太作为委托人，可以根据需要将额外的财产次第追加至信托之中，以扩大家族信托规模，丰富家族信托功能。

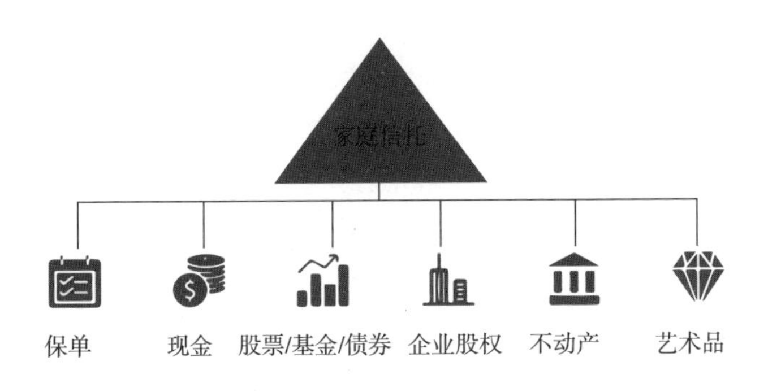


图 14–2　可纳入家族信托的财产（示例）

参考资料

《中华人民共和国信托法》第七条、第十一条、第十四条。

问题 2

货币资金纳入家族信托有什么具体要求？

解　析

目前市场上所说的家族信托，多数以货币资金为主要信托财产。根据《关于加强规范资产管理业务过渡期内信托监管工作的通知》的要求，家族信托财产金额或价值不低于 1 000 万元。因此，在实际展业中，如果王太太想成立以资金为信托财产的家族信托，信托公司通常会要求王太太交付至少 1 000 万元作为设立家族信托的初始信托财产。交付方式通常是一次性的，或仅给予王太太较短的交付期限，在此期限内王太太需完成全部初始资金的交付。

如果王太太希望设立定制化的资金类家族信托，也就是条款超出标准化信托合同制式内容，对纳入资产、管理与投资、受益人设置及分配方式等方面进行个性化的设计，那么初始交付的资金规模还会根据信托目的的可实现性、定制化要求的复杂程度进一步上升。

信托公司在设立家族信托后，通常会按照信托合同的规定进行投资管理。除了由受托人信托公司自主决策来进行资产配置外，还可以设定为信托公司根据委托人王太太或投资顾问的指令，对货币资金进行投资，投资方向多为货币基金、银行理财、集合类信托计划（理财类信托）、公募基金、私募基金等资产管理产品。

### 参考资料

《关于加强规范资产管理业务过渡期内信托监管工作的通知》。

> 问题 3
>
> 家族信托的投资管理方式与投向是怎样的？可以保证收益吗？

### 解　析

资金进入家族信托专户之后，可以通过以下三种模式进行财产管理：全权委托型管理、咨询型管理和指令型管理。全权委托型管理是委托人全权委托信托公司进行投资和资产管理；咨询型管理是信托公司、投资顾问向客户提供配置建议，由客户进行决策；指令型管理是信托公司完全按照委托人或投资顾问的具体指令执行操作。

除保留货币现金或投资于货币基金以保持高度流动性之外，具体投向方面，家族信托还可投资于各类金融与非金融产品，如固定收益类资产（如债券等）、权益类资产（如公募基金、私募基金等）、混合类资产（分散投资多类资产）、另类资产（如REITs[①]、不动产、艺术品、贵金属等）、海外资产、保障类资产（包括各类年金险、终身寿险等）。总的来说，投资方向非常广泛。

《信托公司管理办法》第三十四条规定，信托公司开展信托业务，不得承诺信托财产不受损失或者保证最低收益。《关于规范金融机构资产管理业务的指导意见》第二条也规定，金融机构开展资产管理业务时不得承诺保本保收益。因此，无论是对于王太太成立的家族信托，还是王太太购买的理财性质的信托产品，信托公司均不承诺保证投资本金不受损失、保证最低收益回报，而且对信托财产投资标的也不会承担任何兜底义务。

**参考资料**

《关于规范金融机构资产管理业务的指导意见》第二条，《信托公司管理办法》第三十四条。

**问题 4**

**理财产品是否都可以纳入家族信托？**

**解　析**

不一定。

对于王太太而言，如果她希望将理财产品纳入家族信托，通常需要将对该产品的受益权转让给家族信托，这样未来产品本金及收益部分会直接流入信托结构。

虽然家族信托可纳入资产的范围广泛，但信托公司在实际展业中，会对委托人王太太希望纳入的财产进行审核，仅接受信托公司认

① REITs 指不动产投资信托基金。

可的财产。

举例而言，如果王太太之前购买了某些 P2P（互联网借贷平台）产品，并希望将其纳入家族信托，信托公司在审核财产的过程中，通常会判断该类产品风险过高，存在兑付风险，会导致信托财产具有较高的不确定性，因此通常会拒绝纳入该 P2P 产品。

此外，如果王太太希望纳入的理财产品，其投资领域与监管对于信托公司的展业调控有冲突，譬如该理财产品主要投资于房地产，而监管对于信托公司在特定时期开展房地产相关业务有限制，这也有可能导致信托公司拒绝将相关产品纳入家族信托。

**问题 5**

**保单是否可以纳入信托？所谓的 1.0、2.0、3.0 模式分别指什么？**

## 解　析

保单可以通过以下几种方式纳入信托结构，以此方式设立的类家族信托结构被称为保险金信托（见图 14–3）。

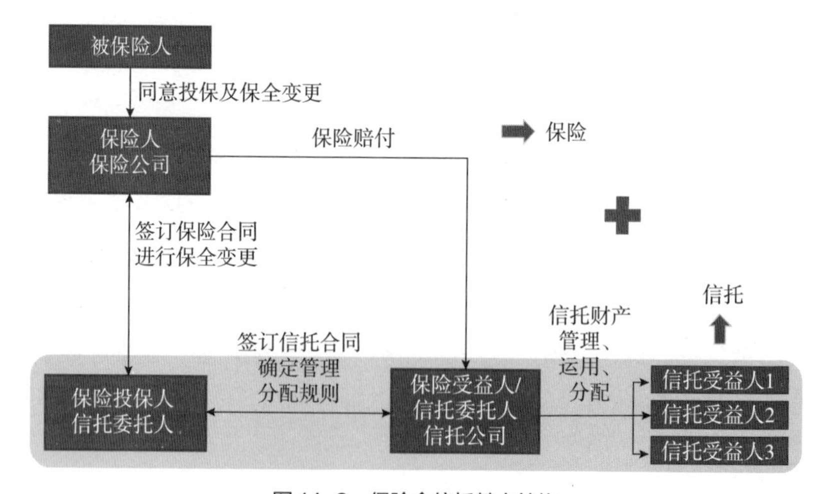


图 14–3　保险金信托基本结构

保险金信托 1.0 模式：比较适合对财产把控欲较高的客户。此模式下，王太太作为信托委托人交付保单设立保险金信托，并将保单受益人变更为信托公司。未来保单赔付后，相关资金进入保险金信托结构，按照信托合同的约定，向受益人进行有计划的分配。其优势在于，王太太作为投保人，保留了部分保单的相关权利，对于保单的把控度较高。缺点在于，由于保单依然由自然人，即王太太持有，因此王太太自身的风险，诸如生老病死、债务婚变等，依然会影响保单的所有权、现金价值，可能产生不确定性。

如果在成立上述模式的保险金信托的同时，王太太将部分货币资金一并纳入信托结构，那么此时的模式被市场上部分从业机构称为保险金信托 1.5 模式。另外一些机构则将保险金信托 1.5 模式定义为客户将投保人与被保险人并非同一人（譬如投保人是王太太，被保险人是其丈夫王总）的保单纳入保险金信托。

保险金信托 2.0 模式：比较适合风险隔离需求较强的客户。此模式下，王太太以保单设立保险金信托，同时将保单的投保人与受益人均变更为信托公司。其优势在于，此时保单投保人为信托公司，所以保单与原投保人，即王太太自身的生老病死、债务婚变风险形成了隔离，资产保全效果相对会比较好。但是因为王太太把投保人变更成了信托，所以未来希望行使基于投保人的一些权利，就要与信托公司协商。此外，由于此时保单的投保人为信托公司，未来信托公司要代替王太太交纳保费，因此王太太需要在保险金信托设立时，把相当于待交保费总额的货币资金一次性纳入信托。

保险金信托 1.0、2.0 模式结构如图 14–4 所示。

保险金信托 3.0 模式：此模式下，王太太首先以货币资金设立资金类家族信托，然后直接以家族信托作为投保人购买保单，家族信托同时作为保单受益人，在保单赔付后接受相关赔付资金，按照信托合同的约定，向受益人进行有计划的分配。由于《保险法》第十二条规定，“人身保险的投保人在保险合同订立时，对被保险人应当具有保险利益”，而信托与被保险人之间的保险利益并未受到国内保险机构的广泛认可，所以此模式并未在国内广泛开展。

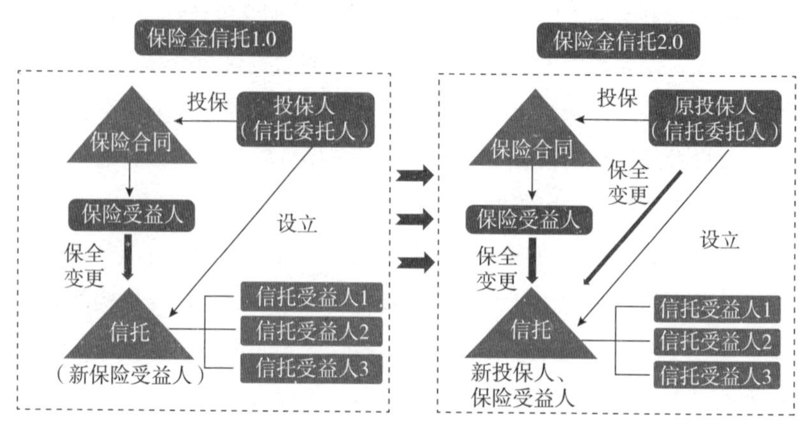


图 14-4　保险金信托 1.0、2.0 模式结构

参考资料

《中华人民共和国保险法》第十二条。

问题 6

股权是否可以纳入家族信托？

解　析

将委托人的股权纳入家族信托，是境内家族信托行业发展的前沿。目前展业中，信托公司已经为客户成功落地了非上市公司股权、上市公司股份在家族信托下的结构化设计，2021 年在 IPO 领域也实现了历史性突破。

将股权纳入家族信托对于客户的意义在于：第一，利用信托财产的独立性，为客户创建具有资产隔离保护功能的股权持有结构，避免未来家族成员的婚姻风险、继承风险、债务风险等；第二，将家族企业股权投票权，即决策权，通过家族信托结构进行统筹，避免分散，从而确保能以同一声音一致对外，提升企业经营效率；第三，通过股票投票权与受益权的分离，在保证掌舵人能够控制企业的同时，将股利分红在家族各支系、各代际进行合理分配，兼顾到家族成员整体利益；第四，利用专业机构优势，将家族积累的财富进行资产配置投资，有效实现保值增值；第五，利用受托机构（境内主要为持牌信托公司）的严监管性与稳定性，确保信托结构能够长久延续，相关事务的管理工作能够得到充分有效执行。

具体落地方面，如果王太太或者王总希望将家族企业的股权纳入家族信托，将会涉及较为复杂的信托结构设计，有时还涉及王太太家族内部决策机制的梳理，所以此类家族信托对于大部分信托公司属于定制化业务，其结构、设立费、管理年费等都是一事一议的。对于王太太或者王总而言，除了需要交纳信托相关费用之外，由于目前国内需通过交易过户的方式将股权纳入家族信托结构，所以相关税费，尤其是个人所得税成本需要另行评估。

不难看出，股权纳入家族信托可以实现诸多功能，但想要设计一个完善的股权家族信托结构具有一定难度，不仅对相关机构的专业程度和运营水平有要求，还需要王总和王太太家族对于家族信托理念有深刻认识。因此，建议王总和王太太从相对基础且成熟的工具和结构出发，提升对于传承模式的认识，选择可靠专业的机构，逐步纳入更多种类的资产，设计更多个性化条款，最终构建完整的传承体系。

### 问题 7

房产是否可以纳入家族信托？

解　析

理论上来讲，王太太可以将不动产纳入家族信托结构之中。不动产类家族信托对于客户家族的传承规划具有重大意义，其主要的应用场景有三个：一是王太太可以将别墅、住宅等的所有权与居住权相分离，允许某些家庭成员居住，但不允许其处置、变卖相关财产；二是王太太可以将其拥有的写字楼、商业不动产等“生金蛋的鸡”进行传承，为家族打造源源不绝的财富来源，但是不希望后代“杀鸡取卵”，变卖相关不动产；三是王太太可以为后代建立类似祖宅、祠堂类的精神归属，未来成为家族成员定期聚会、增强家族向心力的实体依托。

实际操作中，目前家族信托计划通常无法直接持有不动产，因此会以以下两种方式进行变通：一种是信托公司设立一个 SPV（特殊目的载体）公司，以家族信托持有该 SPV 公司股权，再以该 SPV 公司持有不动产；另一种是以信托公司的名义持有不动产，将该不动产作为家族信托的财产。

目前直接将委托人名下的不动产以非交易过户的形式置入家族信托具有较大难度，因此上述两种模式通常采用交易过户的形式将不动产置入家族信托，即王太太先以现金设立家族信托，再以现金通过交易的形式购入不动产。在此过程中，由于王太太相当于既是卖方又是买方，所以需要同时承担买卖双方的相关税费，可能包括个人所得税、增值税、城建税及教育费附加、契税、印花税等。除此之外，机构持有不动产，在持有期间会被持续征收房产税。

信托公司对家族信托中不动产的管理分为事务管理与主动管理两种方式。

事务管理模式下，信托公司主要根据委托人指令或信托文件约定，负责对不动产进行信息梳理与记录，对相关契约、权属证书、租赁、出售等合同，以及税单、保单等原始文件进行保管，还有对不动产的日常维护、定期审查与评估，分配信托利益等工作。

主动管理模式下，信托公司还需要按照家族信托文件的要求，根据不动产的特性，引入相应的不动产经营、服务、评估机构，对不动产进行管理、经营和处分，如针对商业不动产等，通过出租等方式来获得较稳定的信托收益，并在适当时机进行出售，将收回的资金用于其他投资、收益分配等。

基于以上原因，不动产纳入家族信托对于大部分信托公司属于定制化业务，其结构、设立费、管理年费等都是一事一议的。建议王太太在搭建完现金类家族信托、保险金信托等基础架构之后，再考虑将不动产纳入家族信托架构。

### 问题 8

艺术品是否可以纳入家族信托？

**解　析**

王太太与王总家族的艺术品理论上可以纳入家族信托。近 10 年以来，中国艺术品市场名家精品的价格不断攀升，艺术品已经成为高净值人群家族财富的组成部分。但与此同时，艺术品在传承方面障碍不少，一方面，人们对于艺术品的欣赏具有强烈的主观偏好，比如王总的儿子对现代艺术情有独钟，因此可能将父亲王总视若珍宝的泼墨山水画丢在仓库角落；另一方面，名家精品的持有者或者艺术家的去世，常常引发家族内部对艺术品巨额遗产的争夺，司法纠纷屡见不鲜。

在实际展业中，艺术品纳入家族信托落地较少，主要难点在于能否与专业机构形成紧密合作，打通业务关键节点。具体来说，信托公司需要联合艺术品鉴定、拍卖、策展、文物保护、艺术品储藏、保险等专业机构，在确真、确权、估值、流转四大环节提供强大的专业支持，从而将艺术品与传承规划、慈善捐赠、艺术赞助、家族与企业的社会形象和长远发展联系在一起，需要通过搭建财富保全与传承的顶层结构，解决艺术品如何在家族代际流传，如何保存、展示、变现的问题。

## 问题 9

设立家族信托会涉及哪些费用？

### 解　析

家族信托设立阶段的费用由客户承担，而在运作过程中发生的费用通常由信托财产承担。

家族信托设立阶段可能需要向信托公司支付信托设立费，这通常是针对保险金信托，以及股权、不动产信托等定制化信托的。以终身寿险成立保险金信托1.0模式为例，因为自保单纳入信托到保单赔付，相当长的时间内不产生任何现金流，所以客户无须交纳信托管理年费。但由于信托公司需要承担相关责任，所以通常会在设立信托时，向客户收取固定金额的设立费。而股权、不动产等定制化家族信托，由于其结构设计具有复杂性，因此信托公司也会收取一定的设立费。除此之外，客户根据实际情况，可能还需要支付律师事务所/税务师事务所等咨询机构的服务费用、财产过户纳入信托的相关税费等。

信托存续期间可能涉及的费用包括信托公司收取的信托管理年费，保管银行收取的保管费，投资/财务顾问收取的投资/财务顾问费，律师事务所、会计师事务所以及税务师事务所收取的相关服务费，以及其他信托财产管理、运用、处分过程中所发生的相关费用。其中，信托管理年费、保管费、投资/财务顾问费通常会以信托中的资金以及资管产品的总规模为基数，按照一定比例计算，并逐年收取。

## 专家建议

针对本节所提到的家族信托财产方面的事项，笔者提出如下建议：

1. 作为客户家族财富的保险箱，家族信托可以纳入的财产类型多种多样，纳入信托的时间也可以灵活选择。但是不同财产纳入家族信托的门槛与复杂程度、相关财产的管理方式、涉及的税费均有所不同，因此，顺序与节奏至关重要。
2. 对于客户而言，将已经购置的保单纳入家族信托是最为容易的。首先，因为目前保险金信托并不像资金类家族信托有1 000万元设立门槛的硬性要求。其次，由于保险本身分期交付保费的特性，以交费期为10年的年金险为例，如果客户要成立总保费为1 000万元的保险金信托，每年只需要交纳100万元，有效平滑了流动性。最后，家族财富的保护，本质上就是增加未来的确定性因素，对冲可能发生的风险，由于终身寿险自身具有杠杆，赔付金额具有确定性，而年金险可以创造稳定的现金流，也具备确定性这一属性，因此作为信托的基础性资产是非常合适的。
3. 通过搭建保险金信托作为家族财富传承的入门级架构，不仅可以将现有保单功能最大化，更为重要的是，客户在这一过程中，将理念由产品层面提升到了架构层面，并开始利用传承架构统筹自己的各类资产、进行长期规划。此时，信托架构的功能与边界就可以被客户熟悉与使用。未来随着客户对于信托认知的不断加深，也可以将其他种类的家族财产纳入其中，并对信托的架构进行丰富与细化，使之愈加贴合客户家族的整体需求，实现基业长青、家族长宁的美好愿景。

# 第十五章
# 家族财富的守护者与执行人

## 引　言

一方面，“创业艰难百战多”。作为家族财富的创造者，要面对宏观环境的变化、政策监管的调整、行业格局的演变、竞争对手的挑战、日常经营的业务与财务风险，白手起家、几经起落，才能将企业由小做大、由弱做强。但在企业本身的风险之外，还有可能因为企业融资时自己被要求签署无限连带责任担保、公私财产混同引起公司“有限责任”被穿透，导致企业债务转化为家庭与个人债务，经营风险向家庭与个人蔓延。如何让多年的拼搏、辛勤的付出能够落袋为安，为后人留下遮风避雨的参天大树？

另一方面，“创业容易守业难”。面对财富的诱惑，曾经上进的后辈可能躺在金山上坐吃山空，原本和谐相处的家人可能在传承中争产反目，本应美好的爱情土壤可能化为析产的战场。如何让家族的财产更加安全，让传承的旅程平稳顺畅，让财富成为润物无声、催化后人上进的春雨，让家风具备凝聚众人、奖惩并举的力量？

无论是创业还是守业，美好的愿望都需要财富的创造者进退有度、未雨绸缪，也需要与继承者充分沟通、齐心协力，更需要专业的架构设计、工具使用。让稳定的规则制约多变的人性，方能使财富的守护与传承超脱一人一事一代的限制，让家族的福泽长久延绵。

## 第一节　家族信托与传承规划

### 案　例

王氏集团早年由王刚、王强两兄弟共同创建，涉足酒店、餐饮、房地产、外贸等多个领域，资产庞大、实力雄厚。目前王刚 66 岁，为王氏集团董事长，与太太育有两子一女。长子王伯明 40 岁，作为总经理已接手集团的运营管理。王伯明已婚，育有一子，儿子目前 10 岁。长女王仲丽 33 岁，为王氏集团首席财务官，已婚，育有一子，儿子目前 5 岁。次子王季明 29 岁，无业未婚，有挥霍倾向，并有聚众斗殴的劣迹。

王刚手中拥有大量现金、房产、股权，希望未来财产能在几位子女之间有序分配，为赚钱能力欠佳的次子提供更多经济支持，同时鼓励其扭转生活方式、早日结婚生子，并避免因继承出现争产纠纷。另外，由于长子身体欠佳，王刚希望能为长孙留下一笔资金，且避免未来被长孙的监护人侵占。此时，王刚可能面对的问题有：

1. 如何通过信托结构让财富的代际传承更加安全？
2. 如何通过信托结构让财富传承规划能够落到实处？
3. 如何通过信托结构引导家风？
4. 信托的传承结构是否稳定，信托财产最终归属何方？

**问题 1**

**如何避免遗嘱继承中的烦琐手续？**

## 解　析

如果财产所有者去世前没有进行过任何财产传承安排，那么遗产将按照法定继承，由配偶、父母、子女平分。换句话说，如果王刚去世，生前又没有进行任何安排，那么他的遗产将会平均分配给太太和三位子女。因为不能反映财产所有者内心的意愿，如更多支持次子、传承部分财富给孙辈，所以通常只是作为其他传承方式的补充兜底。

遗嘱继承是指财产所有者订立遗嘱，根据自己的意愿，将个人财产分配给不限于法定继承人的个人、组织等，其效力优先于法定继承。也就是说，王刚可以订立遗嘱，实现支持次子、隔代传承等意愿。但在实际执行过程中，王刚去世后，部分财产的继承程序可能需要经过继承权公证环节。此时不仅需要提供王刚的死亡证明和注销户口证明、婚姻证明，所有继承人的身份证、户口簿，以及继承人与王刚的亲属关系证明、王刚的财产凭证等复杂繁多的材料，还需要所有继承人亲自到场，要放弃继承权的人到公证处签署放弃继承权的声明。如果在此过程中法定继承人、遗嘱继承人等对遗嘱本身的真伪、效力等无法达成一致，则有可能导致继承权公证无法顺利进行，需要转而通过耗时费力的诉讼程序解决。

此外，根据《信托法》第十五条，有效设立信托（主要指家族信托、保险金信托等）后，即使委托人王刚去世，只要王刚不是唯一受益人，信托依旧会存续，信托财产不会作为他的遗产。也就是说，此时信托财产无须经历遗产继承过程中的烦琐手续，可以按照信托条款的约定进行有效管理与分配。

## 参考资料

《中华人民共和国民法典》第一千一百二十三条、第一千一百二十七条，《中华人民共和国信托法》第十五条。

## 问题 2

如何通过家族信托避免监护人侵占家族年幼成员的财产？

## 解　析

根据我国《民法典》的规定，父母是未成年子女的监护人，如果父母已经去世或没有监护能力，则由祖父母、外祖父母和兄、姐等，或者其他愿意担任监护人的个人或组织担任监护人。也就是说，如果王刚的长子去世，长孙大概率由王刚的儿媳作为监护人进行照顾。

作为监护人，王刚儿媳的职责是代理被监护人，也就是王刚的长孙，实施民事法律行为，保护王刚长孙的人身权利、财产权利以及其他合法权益等。虽然法律要求监护人按照最有利于被监护人的原则履行监护职责，除非为了维护被监护人利益，否则不得处分被监护人的财产，但现实中，挪用、侵占、私自处分家族年幼成员财产的案件不胜枚举。这些案件通常发生在财产原本所有者去世，继承人年幼，监护人再婚、再育，或监护人本身就有挥霍、赌博等恶习的情形中。而这不仅将导致家族财富迅速流失，更是让原本需要照护的家族年幼成员失去了经济上的依托。此外，监护人身份通常为家族年幼成员的亲属，相关挪用、侵占、私自处分行为具有一定隐秘性，而且诉讼不仅会伤及感情，更为关键的是，由于未成年人受制于年龄与心智，所以其维护自身合法权益的能力和现实渠道是有限的。

此时，家族信托可以发挥很强的财产保护功能。首先，因为此时相关财产是由信托公司进行管理的，并且每个信托计划独立记账、相互隔离，所以财产的安全性有较好保障，难以被监护人挪用、侵占。

其次，受益人范围、受益人取得信托利益的形式方法等内容是记录在信托合同中的，规则明晰，相对来说不受人为因素的影响。再次，相关财产的管理、处置、分配都是由信托公司而非监护人执行的，而信托公司本身受银保监会监管，作为金融机构运行较为规范，非常适宜担任执行人的角色，如定期为受益人发放生活金、适时发放学业金等。不仅如此，委托人甚至可以设定受益人成年且心智成熟（如40岁）之后，获得提取全部信托财产的权利，这样不仅考虑到了财产安全性，更是对传承的时机做出了精准把握。最后，家族信托可以设立监察人，监督信托运行，确保财富传承的规范性。

具体来说，王刚可以设立家族信托，将保单、现金、资管产品等家族财产放入其中，将长孙作为唯一的受益人，每年由信托公司为长孙发放生活金、适时发放学业金等。由于儿媳不是家族信托的受益人，对于信托架构内的财产没有管控权，从而避免了儿媳大量挪用信托财产的可能性。同时，王刚可以设置条款，允许长孙在35岁时有权提取家族信托中的一半财产，60岁时可以提取家族信托中的全部财产。通过这样的安排，拉长了传承的周期，为长孙培养心智、积累经验留出了时间，待其打好基础、准备充分时，再通过信托财产的支持，助力其展翅高飞。

**参考资料**

《中华人民共和国民法典》第二十七条、第三十四条、第三十五条，《中华人民共和国信托法》第九条。

**问题 3**

**如何通过家族信托分配条款进行传承安排？**

## 解　析

信托合同中，可以载明受益人范围、受益人取得信托利益的形式方法等内容。通过适当的安排，以支持受益人日常生活所需，并在其人生重要时间节点表达祝福。

目前国内家族信托资产多为资金、理财产品和保险，比较常见的分配条款有以下几种。

一是固定分配，类似于发工资，委托人可以约定，每年向某个受益人分配一定数额的资金。对于有些希望将通货膨胀纳入考虑范围的客户，可以进一步约定，分配金额每年上涨一定百分比，以确保受益人的生活质量。

二是条件分配，比较常见的有教育支出、结婚礼金、生育支持等。通常会约定在受益人发生特定事项时，由信托公司对其发放相应数额的资金。

三是临时分配，有些家族信托会约定，委托人可向信托公司进行书面申请，向受益人进行财产分配，以满足其临时性需求。

由于家族信托可纳入的财产类型种类丰富，所以委托人可以要求信托公司向受益人分配多种形态的信托资产。对于非现金资产，委托人可以在信托合同中约定，由信托公司在特定时间点向受益人分配资产本身，也可以选择分配处分该资产后取得的收益。

王刚可以为次子王季明设立家族信托，通过固定分配条款，每年向其提供一定金额的基本生活支持。通过设定结婚与生育分配条款，在其结婚、生子时进行较大金额的信托分配，这样一来，一方面，王季明可以免除经济方面的压力，在结婚、生育时减少了后顾之忧；另一方面，相关条款亦可以起到鼓励效果，促使其安定生活、开枝散叶。

参考资料

《中华人民共和国信托法》第九条。

问题 4

如何通过家族信托引导后代行为、传承家风？

解　析

曾国藩在其家书中曾说过："凡家道所以持久者，不恃一时之官爵，而恃长远之家规，不恃一二人之骤发，而恃大众之维持。"近200年来，曾氏后裔有成就的超过240人，大多成为学术、科技、文化领域的精英，成为中国家族史上的奇观，这与曾氏家族的精神传承息息相关。

但是在现实中，经验、教训、善诱、棒喝，如果缺乏体系化的建设，最终也会像穿堂清风，匆匆而过不留痕迹。因此，善用家族信托对于分配条款的设计，对促进家风传承意义重大。

委托人可以设置正向激励条款，譬如在学业方面，设置博士、硕士、学士阶段不同的激励措施，甚至根据不同档次的院校设置阶梯形的分配方案，一方面让后代在求学之路上具备物质保障，另一方面以物质激励引导其精神追求，敦促后代读书上进、诗礼传家。类似地，委托人也可以在婚姻、生育、创业、家族团聚等方面设置条款，引导家风向上向善。

此外，委托人可以设置逆向惩罚条款，譬如受益人如果出现刑事犯罪，则无法获取分配，甚至会被取消受益权。类似地，在受益人沾染赌博、吸毒等恶习时，进行分配上的限制，从而有效约束家庭成员、惩恶扬善。通过疏堵结合的方式，让家族的物质与精神财富长久绵延。

以王刚家族的实际情况来看，次子王季明便存在无业、有挥霍倾向的问题。如果仅仅采用规劝、说教、批评等方式，通常难以达到改变其生活轨迹的目的。一旦王刚去世，相关财富若直接一次性传承给次子，则更加难以对其行为进行把控。为了应对这种情况，首先，王刚可以设置家族信托，在条款中规定，次子需要找到一份全职工作，并每年向信托提交五险一金证明，作为获取信托分配的先决条件，从而鼓励其积极向上、自力更生。其次，通过每年进行固定金额生活费的分配，有效限制其挥霍。最后，设置惩罚条款，即当次子出现刑事犯罪时，停止对其分配，甚至在受益人名单中将其除名，通过这种方式，警醒其远离负面行为。

参考资料

《中华人民共和国信托法》第九条。

问题 5

委托人不在了，家族信托会怎么样？

解　析

根据我国《信托法》，信托财产与委托人未设立信托的其他财产相区别。设立信托后，委托人如果死亡，则分为两种情况处理。对于理财类信托产品，因为委托人是唯一受益人，信托终止，则信托财产成为委托人的遗产。而对于家族信托，因为委托人不是唯一受益人，信托存续，则信托财产不作为其遗产。也就是说，委托人即使不在了，家族信托依旧会按照信托合同的约定持续运行，直至信托合同约定的期限届至或发生其他信托终止事项。

此外，委托人可以提前设置保护人/监察人等角色，将自身的某些权利，如投资决策权、增减受益人、更改受益条件等，在特定时间点（如自己身故时）转由保护人/监察人行使。

也就是说，如果王刚作为委托人，在生前设立了较为完备的家族信托结构，以三位子女作为受益人，那么即使未来王刚出现意外，信托也依然会继续运行，并且按照其设定好的管理与分配计划，得到有效执行。

**参考资料**

《中华人民共和国信托法》第九条、第十五条。

**问题 6**

**受益人不在了，家族信托会怎么样？**

**解　析**

信托存续期间，如果某个受益人去世，通常可以在信托合同中设置条款，按如下几种方式处理：委托人、保护人或监察人可以根据权限修订信托合同，增减受益人；委托人可在信托成立时设定每个受益人的后续顺位受益人，当前受益人身故时，其信托受益权将由后续顺位受益人自动获取；若不存在后续顺位受益人，则身故受益人的信托利益分配停止，信托公司将该身故受益人的剩余受益权按一定比例（如其他在世受益人在信托终止时的信托财产分配权重）划分给其他在世受益人。

举例而言，王刚作为委托人设立家族信托，三位子女作为受益人且受益比例完全相同。如果未来长子去世，王刚可以主动联系信托公司，将长孙加入受益人名单，其受益份额设定为与长子相同。王刚也可以预先在信托条款中约定，长孙作为长子的后续顺位受益人，在长子去世时，可自动获取其受益权。如果王刚设立此信托是专门为了保障第二代家族成员的生活，则也可以不为长子设定后续顺位受益人，并约定长子去世后，其受益权由长女、次子平分。

参考资料

《中华人民共和国信托法》第九条、第十五条。

问题 7

家族信托的期限可以设置多长？

解　析

家族信托从信托成立生效之日，即信托合同约定的成立生效要件都满足时，开始计算期限。

目前境内法律与监管并没有规定家族信托存续期限的上限，也就是说，王刚可以设立永续型家族信托，实现家族财富的长期保护与跨代传承。

如果王刚希望为家族信托设立固定的期限，通常也不会短于 20 年，因为无论是资产隔离保护还是财富传承规划都是长期的，过短的期限不利于家族信托财产与王刚的其他资产实现有效区隔，也不利于家族财富实现有序传承。

参考资料

《中华人民共和国信托法》第九条。

问题 8

家族信托终止以后，信托财产会怎么处理？

解　析

当出现信托期限届满、全部信托财产分配完毕，或者委托人王刚及全部受益人均身故、信托财产净值低于 100 万元等信托合同中约定的情形（各家信托公司条款有所不同）时，家族信托的终止条款将被触发。

此时，家族信托会按照信托文件约定的情形进行清算与分配。如果信托财产全部为货币形态，则应当按照约定进行信托利益分配与清算（家族信托通常在设立时，便会设置清算时各受益人的财产比例）。信托终止事项发生时，如果存在还没有变现的信托财产，如股权、房产等，信托公司可进行信托财产现状返还，也就是直接将财产返还给相关受益人，或者经委托人王刚、全体剩余受益人与信托公司协商一致同意，信托可进行延期，直至全部信托财产变现。

家族信托终止时，信托公司会制作清算报告，并发送给委托人王刚和受益人。

### 问题 9

**慈善信托是什么？家族信托是否可以实现慈善功能？**

#### 解　析

慈善信托指"委托人基于慈善目的，依法将其财产委托给受托人，由受托人按照委托人意愿以受托人名义进行管理和处分，开展慈善活动的行为"。其核心在于满足各类慈善目的，如扶贫、济困、扶老、救孤、恤病、助残、优抚，以及救助自然灾害、事故灾难和公共卫生事件等突发事件造成的损害等。

通过参与慈善，高净值家族在回馈社会的同时，可以达到马斯洛需求理论的最高层次——自我实现，还能够调动和引导社会资源，践行为社会解决某些问题的良好意愿。此外，公益慈善具有强大的广告效应，能够有效提升企业形象与品牌价值，增加消费者对企业的认同感，对家族企业起到正向推动作用。不仅如此，高净值家族成员在参与慈善活动的过程当中，可以增加正面曝光度，塑造向善有爱的社会形象，在赢得社会敬意的同时，发现与其他慈善家族沟通与合作的机会，还可以帮助家族、企业与政府建立良好关系，改善企业营商环境。更为重要的是，慈善活动可以帮助家族搭建教育平台，为家族成员塑造正能量的人生观，培养家族成员的执行力、创造力和进取心，有助于家族形成具有凝聚力和向心力的和谐价值观。

正因为以上种种，再加上2016年《中华人民共和国慈善法》的颁布、相关政策法规的完善、政策导向的日益强化、信托行业的大力推动，我国慈善信托行业规模迅速提升。根据中国慈善联合会慈善信托委员会发布的《2020年中国慈善信托发展报告》，仅2020年，就新增慈善信托257单，财产规模约3.90亿元，累计备案慈善信托537单，财产规模约33.19亿元。

如果王刚希望能够回馈社会，但不愿花太多时间精力专注在慈善事业上，慈善信托会是不错的选择。王刚可以作为慈善信托的委托人，在信托合同中约定慈善目的和捐赠对象的范围，并由受托人（一般为信托公司）来管理信托财产并执行慈善事务（见图15–1）。

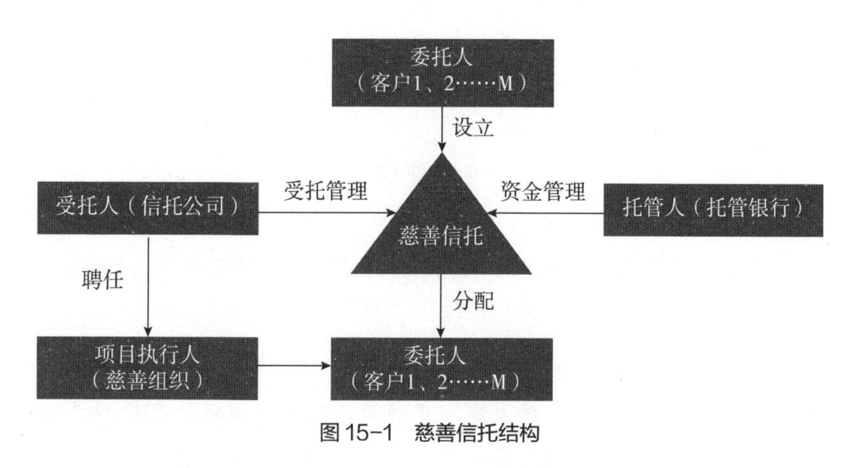


图15–1 慈善信托结构

此外，王刚也可以将家族/保险金信托与慈善相结合（见图15–2），一方面，利用家族/保险金信托，有效防护债务、婚姻、传承风险，做好传承筹划；另一方面，将家族/保险金信托与慈善基金会/慈善信托进行连接，在向后代传递丰富的物质财富的同时，赋予财富正念、善念的慈善内涵，让子孙后代把公益慈善的传统传承下去，家风永续、诗礼传家。

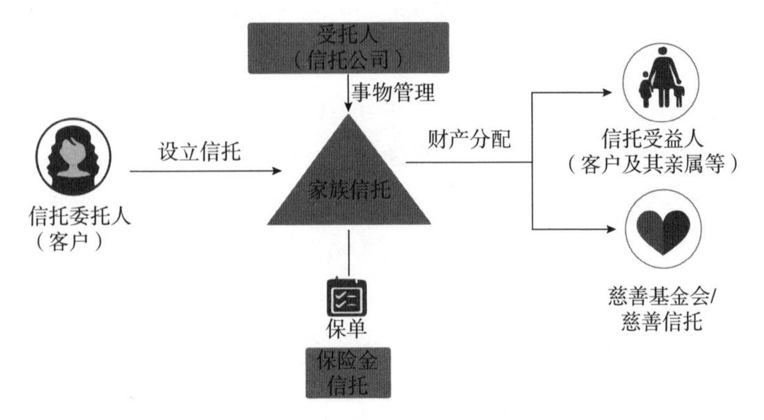


图 15-2　家族/保险金信托（设置慈善功能）

参考资料

《中华人民共和国慈善法》第四十四条。

## 专家建议

针对本节所涉及的财富传承规划方面的问题，笔者提出如下建议：

1. 创业辛苦，守业艰难。如何将财富代代传承下去，对于每个家族来说都是一件大事。正因为这项工作同时具有长期性与重要性，所以需要每位高净值人士提早规划、落地实行、不断调整，才能避免出现家族分裂、亲人反目、争夺家产的不和谐局面。
2. 在此过程中，赠与、遗嘱、保险等工具均是进行财富传承的有效工具，需要根据不同情形进行妥善选择。而家族信托作为架构性工具，在财富传承的过程中具有统筹性作用。它不仅可以将客户的各类资产纳入其中，更可以通过受益人、受益方案的设计，让客户从整体视角俯瞰家族财富传承蓝图，以数十年为单位模拟家族财富传承路径，从而做出更为全面长久的计划。

3. 家族中的弱势成员，如年迈长辈、年幼子女、全职太太等，在传承中可以通过家族信托给予特别照护。这一方面体现在安全性方面，即避免相关财产被侵占挪用；另一方面体现在计划性方面，避免由于大量财富一次性传承，导致毒化家族成员，助长其不良习惯。让财富形成长期支持，泽人有道、润物无声。

4. 最后，精神的传承与物质的传承同样重要，对于家族长期发展的重要性甚至有过之而无不及。通过家族信托激励与惩罚条款的安排，可以有效引导子女向善、远离恶习。后续还可以与家族宪章、家族办公室设计相叠加，进一步夯实家族精神内核、落地执行机制，让家风永续、诗礼传家成为可能。

## 第二节　家族信托与婚姻保护

### 案　例

---

王氏集团早年由王刚、王强两兄弟共同创建，涉足酒店、餐饮、房地产、外贸等多个领域，资产庞大、实力雄厚。目前王刚是王氏集团董事长，王强是集团副董事长。王强今年 60 岁，已在多年前和太

太离婚，两人婚姻存续期间育有两女。长女王清35岁，与丈夫张总结婚10年，育有一女。张总的家族历史悠久，他自己也是成功的企业家，可近年来随着产业规模不断扩大，出差应酬越来越多，夫妻双方感情逐渐冷淡。王清作为全职太太，不参与家族企业经营，对丈夫在外的情况也不甚清楚，因此充满不安全感，尤其担心一旦发生婚变，自己会人财两空。次女王艳25岁，是服装设计师、模特，与摄影师男友闪婚，儿子刚刚一岁。由于两人都非常感性，且在性格、育儿理念、生活方式等方面存在巨大差异，因此结婚不久便经常争吵激烈，多次考虑离婚。王强自己目前正在考虑与认识5年的李女士结婚。李女士40岁，目前单身，在前一段婚姻中生育了一个儿子，已经12岁。

此时，王强及其两个女儿可能面对的问题有：

1. 如何通过信托结构消除大女儿的焦虑，让大女儿未来的生活更有保障？
2. 如何通过信托结构让小女儿的婚姻更加稳定？
3. 如果小女儿的婚姻注定破裂，是否可以让其对孩子的抚养更有保障？
4. 王强准备再婚，应当如何平衡两段婚姻中的子女关系？
5. 信托结构应该什么时候做？是否可以不让配偶知晓？

**问题1**

**对于全职太太，如何通过信托保障自己与子女的生活、提升安全感？**

### 解　析

对于王清来说，希望消除婚姻中的焦虑，保障自身与女儿的生活，方式是多种多样的。长期来看，比较有效的方式是改善自己与先生的关系，可以尝试学习与工作，甚至未来可以逐步参与企业的经营等。

但是以上事项都是自内而外的，短期之内难以实现。未来一旦出现婚变，王清可能面临先生将婚内财产转移走，自身陷入人财两空的境地。这时如果通过法院诉讼来追回相关财产，一方面，根据民事诉讼“谁主张、谁举证”的原则，需要王清提供相应证据，而王清对于企业经营情况和家庭财务情况都不甚了解，所以在追回财产方面存在不确定性；另一方面，由于诉讼程序本身耗时费力，需要做好持久作战的准备，而在这个过程中，王清依然需要负担自己和孩子的日常生活、学业等持续性开销，因此提早安排规划便非常重要。

具体而言，婚内财产协议是解决方案之一，可以划定哪些财产是属于王清的个人财产，未来即使出现婚变也不会被切割掉，从而保障王清和女儿的基本生活。不过这种方式相对比较生硬，可能会进一步影响夫妻关系。

保险也是一种有效的工具，譬如由王清作为投保人，以张总作为被保险人投保终身寿险。通过这样的设计，王清可以凭借投保人身份，掌控保单所有权。但是，由于王清需要逐期交纳保费，而未来一旦发生婚变，王清手中如果没有足够的现金交纳保费，就可能导致保单失效。此外，如果未来张总的企业经营出现问题，并涉及无限连带责任担保等情况，可能导致企业债务转化为夫妻共同债务，此时保单作为夫妻共同财产的一部分，其现金价值可能会被用于偿债。

因此，建议采用家族信托或保险金信托的方式，进行规划设计。此时，王清可以与丈夫一起商议，将家族财产中的一部分现金拿出来，成立家族信托，将王清与女儿作为家族信托的受益人。通过这种方式，王清可以提前给自己和孩子搭建避风港，未来无论是出现婚变，还是家庭财富主要创造者张总出现意外，家族信托里的资产都可以保障王清与女儿的日常用度。由于家族信托通常以1 000万元作为设立门槛，且要求趸交，王清与张总也可以用保险金信托的方式来落地，通过保险的分期交付与终身寿险的杠杆功能，降低流动性支出压力、增大保障规模。进一步，通过适时将保险金信托由1.0模式向2.0模式转换，可以更加有效地将保单与夫妻共同财产隔离开，避免潜在债务风险，实现更为有效的保护。而在设立家族信托、保险金信托的过程中，王清也可以和先生进行深入交流，诉说自身隐忧与家族的需求，为改善夫妻关系创造契机。

参考资料

《中华人民共和国民事诉讼法》第六十七条。

问题2

对于婚姻存续期间的夫妻，如何进行信托安排，保护自身权益?

解　析

由于王艳与先生目前尚处于婚姻中，根据我国《民法典》的相关规定，她的工资、奖金、劳务报酬，生产、经营、投资的收益，甚至从父亲王强处继承或者受赠的财产，都有可能成为夫妻共同财产，因此未来一旦离婚，就可能被析产分割，导致资产外流。

婚内财产协议当然是解决方案之一，但是面对当前恶劣的夫妻关系，提出这个要求无异于火上浇油。此外，虽然王强可以通过书写遗嘱、订立赠与协议等方式，避免财富从交付伊始便成为王艳夫妻的共同财产，但随着时间的流逝，遗产与受赠财产也难免会与王艳夫妻的共同财产相混同，增加变数。因此，从王艳的角度，将属于自己的个人财产尽早纳入信托结构，实现隔离，是很有必要的。

具体而言，王艳可以作为委托人，将父亲定向赠与自己的财产，以及未来获得的属于自己个人财产的遗产作为信托财产纳入家族信托架构，此时需要向信托公司提供对应的赠与协议、遗嘱等材料作为佐证。通过信托的资产隔离效果，有效地将纳入财产与夫妻共同财产形成区隔，避免混同，同时，通过将自己与儿子设定为受益人，保证未来权益。不仅如此，王艳还可以在信托合同中约定，受益人根据合同享有的信托受益权及因此所获得的财产属于个人财产，具有专属性，为受益人个人所有，不属于受益人夫妻共同财产，从而确保丈夫对于信托财产不拥有所有权。未来即使离婚，丈夫也不能要求对信托财产进行分割。

**参考资料**

《中华人民共和国民法典》第一千零六十二条。

**问题 3**

**婚姻期间成立家族信托，可否不让配偶知道？**

**解　析**

成立家族信托是否可以不让配偶知道，要分具体情况。

如果是问题 2 中的情形，王艳在设立信托、纳入财产的同时，可以提供相关材料，证明纳入信托的财产是个人财产而非夫妻共同财产。此时王艳无须告知丈夫，也无须丈夫同意，信托公司即可协助王艳完成信托的设立。

但是，如果王艳无法有效证明设立信托时纳入的财产是个人财产，那么根据我国《民法典》的规定，夫妻对共同财产有平等的处理权，此时信托公司需要王艳的丈夫签署配偶同意函，同意王艳完成家族信托成立、财产纳入、受益人及受益条件设置等事项，并录音录像。此时王艳需要事先和丈夫说明，取得丈夫的同意，否则可能导致丈夫拒绝签署配偶同意函，信托公司拒绝家族信托的设立。此外，即使信托公司出于种种原因，并未要求出具配偶同意函，未来一旦王艳与丈夫离婚，丈夫发现家族信托的存在，亦可能通过诉讼的方式请求法院进行相关财产的分割。

**参考资料**

《中华人民共和国民法典》第一千零六十二条、第一千零六十六条。

**问题 4**

**对于父母而言，是否有可能通过家族信托，保护家族财产、稳定夫妻关系？**

**解　析**

父母希望保护儿女、避免家财外流，需要在物质与精神双方面进行设计。以王强的家庭为例，王艳性格偏感性，结婚、离婚均更多受感情引导。因此，王强在王艳结婚前说服她签署婚前财产协议，或在她婚内夫妻关系良好的时期劝其签署婚内财产协议，都具有较大难度，催逼太急甚至会引发父女间的对抗，导致家族关系不和谐。而当王艳夫妇感情趋于恶化时，签署婚内财产协议的难度又会急剧增大。此时，王强需要的是在不影响父女感情和女儿的夫妻感情的前提下，完成对女儿婚姻风险的有效防护。

遗嘱和保单显然都是不错的工具。一方面，两者均可以由王强独自操作，无须女儿、女婿同意。另一方面，遗嘱可以通过指定王艳作为继承人，明确遗产属于其个人财产而非夫妻共同财产，保单则可以更进一步，以王强作为被保险人的终身寿险为例，其赔付不仅可以作为王艳的个人财产，更是可以避免复杂冗长的遗产继承程序。但是二者的缺陷也较为明显，那就是虽然财产给予王艳时属于其个人财产，但是随着时间的流逝，容易与二人的夫妻共同财产混同，未来一旦涉及婚变，依然有部分外流的可能性。

因此，通过信托架构统筹保单、现金等财产，进行婚姻财产隔离，便具有一定的优越性。首先，家族/保险金信托架构的搭建仅需要财产所有者，也就是王强的同意，同样可以达到不影响父女感情的目的，有利于维护家族关系。其次，纳入的财产不会作为遗产，提升了传承效率。最后，由于信托的隔离效果，财产不会与王艳夫妇的共同财产混同，能够长期保护家族财富安全。

在此基础上，王强甚至可以设定条款，如在王艳夫妇结婚 10 周年时发放一定数额的结婚纪念金，鼓励他们维持稳定的婚姻关系；或在王艳夫妇结婚 20 周年时，将王艳的先生加入信托受益人列表，像其他家人一样，每年分配一定数额的资金，增强其家族归属感。此外，约定一旦二人离婚，王艳丈夫自动从信托受益人列表除名，从而鼓励其维系婚姻关系，增强稳定性。

**参考资料**

《第八次全国法院民事商事审判工作会议（民事部分）纪要》第五条。

**问题 5**

**如果婚姻感情确已破裂，家族信托能做些什么？**

**解　析**

面对生活的变数，尽管双方都付出了努力，一段曾经美好的婚姻也依然可能走向终结。而此时，除了常规的离婚析产程序以外，如何守护子女，保障其未来成长，是两个人都需要考虑的重要问题。

以王艳为例，一旦她与丈夫最终劳燕分飞，选择离婚，那么除了对于儿子抚养权的争取以外，另一件重要的事情是孩子未来抚养费的问题。根据我国《民法典》的规定，离婚后，子女由一方直接抚养的，另一方应当负担部分或者全部抚养费。负担费用的多少和期限的长短，由双方协议；协议不成的，由人民法院判决。但是在履行阶段，王艳前夫能否按照协议的内容按时打款，存在一定变数，目前很多抚养费纠纷的起因就是对方没有按照约定办事。但是通过诉讼的途径解决，一来比较劳神费力，二来只能解决已经发生的欠费问题。而且，即使诉讼解决了过去的问题，未来对方是否会再次出现拖欠，依然难以保证。有些离异家庭甚至会陷入每过几年就要打一次抚养费官司的怪圈。

这种时候，家族信托不失为一种解决矛盾的有效工具。王艳与丈夫可以在离婚前，将部分家庭财产纳入家族信托，将儿子作为受益人，并设定信托财产的管理模式和支付规则。首先，基于信托结构的隔离性，这部分财产可以独立运作管理，不会被王艳及前夫任意一方侵占、挪用，长期稳妥地保障儿子的生活。其次，信托公司作为执行者，能够保证抚养费按时到账，不用担心拖欠，解决了双方的信任缺失问题。最后，避免了王艳与前夫每次就抚养费进行沟通时的不愉快接触，从此二人各自安好，能够更好地向新生活迈进。

参考资料

《中华人民共和国民法典》第一千零八十五条、第一千一百二十七条。

**问题 6**

**离异家庭如何进行家族信托安排？**

## 解　析

王强除了要为两个女儿的婚姻操心之外，自身的再婚问题同样需要预先筹划。由于涉及两个家庭的重组，尤其是女友李女士在前段婚姻中有孩子，未来亦有可能生育。因此，此时如何征得两个女儿的同意，平衡重组家庭的关系，同时避免过多家族财富婚后成为夫妻共同财产，便意义重大。

此时王强可以善加利用家族信托，将自身婚前财产提早隔离，避免婚后混同为夫妻共同财产。同时，可以为两个女儿搭建保护性的信托结构，长久保障两个女儿的生活。通过此结构，可以让两个女儿更加安心，从而有助于改变女儿将李女士作为“财富争夺者”的敌视态度，更有利于王强顺利再婚。不仅如此，王强还可以为李女士设立家族信托，保障李女士及其前段婚姻中儿子的生活，以这种方式提升李女士的安全感，从而提升签署婚前财产协议的可能性和顺畅度。未来如果王强与李女士生下孩子，还可以将其追加至家族信托受益人列表，从而在家族财富不外流的前提下，确保家族成员获得长久照顾。

### 问题 7

婚前成立家族信托，可否不让配偶知道？

## 解　析

对于王强来说，其再婚前的所有财产，均属于个人财产，是可以进行自由支配的。事实上，婚前是最佳的家族信托设立时间。王强可以与信托公司进行沟通，出示前段婚姻的离婚证，签署单身声明，并提供材料，证明相关财产不存在权属争议，即可推动家族信托的设立。此时，由于李女士并非财产相关人员，因此其对于王强设立家族信托的行为没有知情权，更无权干涉。而且通过对于信息的管控，王强不仅保护了自身财富的隐私，更是可以避免因信息泄露导致的与李女士的潜在纠纷，从而使再婚更加顺利。

## 专家建议

针对本节所涉及的婚姻相关问题，笔者提出如下建议：

1. “爱情是盲目的，恋人们看不到自己做的傻事。”莎士比亚在《威尼斯商人》中如是说。事实上，面对爱情，少有人能保持理智。热恋时，很多人恨不能倾其所有，换伊人一笑。然而梦醒时分，“爱情的坟墓”可能同时化作“财富的掠夺者”。而防范风险的最佳方式，是未雨绸缪。无论是在自身婚前搭建结构，还是为子女婚姻做出安排，提早规划，善于利用婚前 / 婚内财产协议、遗嘱、保险等工具，通过信托作为顶层架构加以统筹，将更有利于家族的稳定与团结、财富的安全与传承。
2. 相对于婚姻中的财富强势方希望通过家族信托避免财富外流，婚姻中的财富弱势方更多情况下则是希望能够通过家族信托保障自身及子女的生活。事实上，信托不是单维度的工具，而是平衡的艺术。通过家族 / 保险金信托对弱势方进行保障，使其获得更多安全感，更有利于其全心投入家庭生活，与家人们建立正向关系，为家族繁荣贡献自己的力量。家和，福则自生。

## 第三节 家族信托与企业经营

### 案 例

通过了解家族信托在传承规划方面的作用，王刚对信托有了更近一步的认识，他准备设立家族信托，将三位子女作为受益人。现在他将目光转向了王氏集团，这个由王刚、王强两兄弟联手创建、经营的企业目前发展良好，66 岁的王刚持股 51%，60 岁的王强持股 49%。但是随着最近几年国际形势的变化，集团外贸板块的经营起起伏伏；由于国内新冠肺炎疫情反复，酒店、餐饮经营也时好时坏；因为国家“房住不炒”的宏观政策，房地产板块的发展也存在变数。此外，王刚也在考虑企业接班的问题，未来应该对三个子女如何安排？此时，王刚可能面对的问题有：

1. 如何通过信托结构隔离委托人、受益人的债务风险？
2. 如何通过信托结构的设计，进一步加强家族信托的隔离效果？
3. 如何通过股权信托安排，保留家族的经营决策权？
4. 如何通过股权信托安排，让企业红利在家族成员间共享？

**问题 1**

家族信托是否可以隔离委托人的债务？

## 解析

王刚前些年已经完成了企业股权的梳理和企业财务的规范化，但面对企业融资需要，依然会遇到需要签署无限连带责任担保的情况。这些情况会严重侵蚀有限责任公司/股份有限公司结构与企业家个人及家庭资产间的隔离效果，一旦企业产生负债，风险就可能向家庭蔓延。此外，民营企业家相互之间时常有通过互保增信获取贷款的行为，这也可能造成一人欠债跑路、亲戚朋友遭殃的后果。因此，王刚希望企业经营所得能够落袋为安，面临的第一个问题就是，如何找到足够安全的袋子？

家族信托作为一种法律结构，可以为王刚的家族有效构建区别于其未设立信托的其他财产的独立财富保险箱，这种隔离性是受到法律保护的。根据我国《信托法》的明文规定，王刚设立家族信托之后，信托财产与他没有设立信托的其他财产相区别。而只要王刚并非家族信托结构的唯一受益人，根据我国《信托法》，未来王刚即使面临欠债或被宣告破产（如果王刚在深圳），家族信托依旧会存续，信托财产不会被作为王刚个人的责任财产。

我国《全国法院民商事审判工作会议纪要》第九十五条也在司法审判领域对信托财产与委托人之间的隔离效果进行了肯定。如果王刚合法有效地设立了家族信托，即使未来他欠债，债权人向法院申请对信托公司专门账户中的信托资金采取保全措施，通常情况下人民法院也是不会准许的。

## 参考资料

《中华人民共和国信托法》第十五条，《全国法院民商事审判工作会议纪要》第九十五条。

## 问题 2

家族信托是否可以隔离受益人的债务？

### 解　析

如本章第一节“家族信托与传承规划”中对王刚家庭成员的描述，次子王季明 29 岁，无业未婚，有挥霍倾向，并有聚众斗殴的劣迹。这种情况下，家族信托财产能否与受益人债务进行有效隔离便非常重要。

根据我国《全国法院民商事审判工作会议纪要》的阐述，受益人对信托财产享有的权利表现为信托受益权，信托财产并非受益人的责任财产。当事人申请对受益人的受益权采取保全措施的，人民法院应当根据《信托法》第四十七条的规定进行审查，决定是否采取保全措施。换句话说就是，对于王刚设立的家族信托，次子王季明虽然是受益人之一，但他享有的仅仅是信托受益权，信托财产本身并不会作为承担王季明民事清偿责任的财产。当王季明的债权人进行诉讼时，法院会先根据《信托法》第四十七条进行审查，该条内容为“受益人不能清偿到期债务的，其信托受益权可以用于清偿债务，但法律、行政法规以及信托文件有限制性规定的除外”。也就是说，王刚可以在信托条款中进行约定，王季明作为受益人不能以信托受益权清偿其所欠债务，甚至还可以做出进一步规定，即在王季明处于诉讼期间，暂停对其进行分配，从而避免分配出的家族财产成为王季明的个人财产，被用于抵偿债务。

### 参考资料

《中华人民共和国信托法》第四十七条，《全国法院民商事审判工作会议纪要》第九十五条。

## 问题 3

## 信托的债务隔离效果有什么前提？

### 解　析

《民法典》规定，违背公序良俗的民事行为无效；行为人与相对人恶意串通，损害他人合法权益的民事行为无效。无效的民事法律行为自始没有法律约束力。欠债还钱天经地义，并且法律也有相关规定，因此一旦委托人的初始目的是逃避债务，那么设立的信托本身就是没有法律约束力的。

与此形成呼应的是，《信托法》第十二条也规定，"委托人设立信托损害其债权人利益的，债权人有权申请人民法院撤销该信托"。具体而言，设立信托前，拟设立信托的财产归委托人所有。而如果这个时候债权人对这部分财产享有权利，那么委托人就不能利用设立信托的方式来转移财产，否则就会损害债权人的利益。即使委托人通过对信托公司隐瞒事实的方式成立了家族信托，债权人一旦发现，也可以请求法院予以撤销，此时信托财产将被强制执行。也就是说，如果信托目的、信托财产本身存在瑕疵，那么家族信托将无法起到应有的保护作用。

如何界定设立信托的行为是否会损害债权人的利益呢？我们可以从以下两个角度进行分析。

第一，信托设立时间。如果先发生债务，再设立信托，那么信托的设立便有可能侵害到债权人的利益。但如果先设立信托，再发生债务，是不是就一定万无一失呢？也未必。因为如果设立信托与发生债务的时间过于接近，信托的设立目的也有可能被认定为逃避债务。因此，未雨绸缪至关重要，在自身和家庭财务状况健康时，尽早设立信托结构，便可以有效拉开与未来债务的时间间隔，提升隔离有效性。

第二，资产债务情况。即使先发生债务，后设立信托，信托也未必就是无效的。此时需要判断设立信托时委托人资产与负债的具体情况。如果委托人能够提供充足的证据，证明其资产足以偿还全部债务，那么依然可以证明债权人的利益没有受到损害。

总而言之，只要委托人在设立信托时，信托目的、信托财产、信托安排均合法，没有违背公序良俗或损害债权人的利益的行为，信托便是合法有效的，其隔离性便会大大增强。

**参考资料**

《中华人民共和国民法典》第一百五十三条、第一百五十四条、第一百五十五条，《中华人民共和国信托法》第十二条。

**问题 4**

**信托公司会如何进行尽职调查？**

**解　析**

关于信托设立目的的尽调。根据我国《信托法》的规定，如果设立信托的目的违犯了法律、行政法规，或者损害了社会公共利益，则信托无效。因此，设立信托时，信托公司通常会要求委托人书面承诺设立信托时没有债权人，或设立信托没有损害债权人的利益。此外，信托公司有时会要求客户提供征信报告作为佐证。不仅如此，信托公司有时会在中国裁判文书网、中国执行信息公开网等网站进行查询，确保委托人并未涉及重大诉讼、并非失信被执行人员。

关于家庭关系的尽调。设立家族信托时，信托公司一般会调查委托人的身份、税收居民身份、婚姻状况、子女状况等信息。此时委托人可以通过身份证、户口簿、出生证明、结婚证、离婚证等材料，对相关信息进行说明和佐证。

关于个人 / 夫妻财产的尽调。如果客户是单身，则需要签署单身声明，证明相关财产属于个人财产。如果客户处于婚姻关系存续期间，则通常需要对纳入信托的财产属性进行说明。客户可以出示赠与协议、婚前财产协议、婚内财产协议等文件，证明财产属于个人财产，可以进行全权支配处置。如果不能出具证明，则相关财产会被默认为夫妻共同财产，此时需要签署配偶同意函，以避免擅自处分夫妻共同财产的风险，否则即使信托成立，未来也可能导致陷入诉讼，使信托财产被用于析产分割。

关于财产合法性的尽调。我国《信托法》规定，委托人以非法财产设立信托的，信托无效。因此，委托人需要说明资金收入的来源，譬如企业经营所得、工资收入、投资所得等，同时需要提供存款证明、银行流水、金融机构理财产品情况、完税证明、房产证、房屋买卖合同等材料作为佐证。如果委托人希望将非上市公司股权、上市公司股票纳入信托，还需要提供相关公司的章程、出资凭证、股东名册、证券账户信息、股票资产证明及其他股东证明文件。同时，客户需要签署文件，声明相关财产来源合法。

**参考资料**

《中华人民共和国信托法》第十一条。

**问题 5**

**可撤销与不可撤销信托是什么？在资产保护功能方面有什么差异？**

**解　析**

如果委托人王刚在设立家族信托时，保留了可以单方面撤销信托的权利，那么此时家族信托便可称为可撤销信托，反之，则称为不可撤销信托。

在境外家族信托，尤其是英美法系信托相关法律中，通常会将可撤销信托与不可撤销信托在当事人权责和资产保护效果方面进行以下区分。

在可撤销信托中，一方面，委托人享有衡平法上的复归权，也就是请求受托人返还相关信托财产的权利，而此时受托人则负有返还财产的义务；另一方面，虽然信托结构存在，但由于此时委托人实质上依然是相关财产的实际拥有或控制人，法律上仍视委托人为信托财产的所有人，所以可撤销信托的资产保护效果较差，信托财产有可能被法院认定为债务追偿财产，也就无法实现债务隔离功能。

在不可撤销信托中，由于委托人放弃了撤销条款，信托财产更加脱离委托人的控制，所以能够更好地实现资产与委托人其他财产的隔离效果。

在我国家族信托的实际落地操作中，在王刚成立家族信托时，信托公司通常会在合同中约定，家族信托为不可撤销信托。也就是说，信托一经成立，如果没有经过信托公司同意，委托人王刚通常情况下不得以任何理由单方面变更、解除、撤销、中止、终止信托。

## 问题 6
## 如何通过家族信托结构保留企业的经营决策权？

### 解　析

王氏集团作为一家民营企业，其企业股权的现有配置与传承安排具有一定典型性。作为一家兄弟齐心、白手起家的家族企业，王刚与王强的股权比例相差不大，王刚以 51% 的股权和兄长的身份，保持着对企业的控制。但是随着兄弟二人年纪渐长，当各自的家族财富需要向下传承时，问题便会逐渐显现。

王刚有三个子女，其中有两个在家族企业工作。如果未来王刚将自己持有的集团 51% 的股权平均分配给三个子女，则每人仅能得到 17% 的股权，持股比例都不高，对于企业的控制力将大大减弱。尤其是对于王刚的长子王伯明而言，他作为家族培养的下一代接班人，虽然身为集团总经理，对日常经营具有把控性，但由于缺少足够的股权，所以在面对重大决策时势必会因为投票权不足而力不从心。此外，王刚的小儿子王季明从不参与企业经营、无业且有恶习，将企业股权直接传承给他，会造成企业决策不畅、家族企业股权外流等一系列风险。

王强方面，两个女儿一个是家庭主妇，一个不在家族企业任职，所以未来 49% 的股份可能会长期持有在王强手中。此时的潜在风险包括但不限于：王刚与王强兄弟二人关系甚笃，但王强和侄子侄女间未必能形成默契，王强持股比例远高于王刚的三个子女，一旦产生意见分歧，王刚家族，尤其是家族继承人王伯明的话语权便明显不足。此外，王刚的小儿子王季明未来可能出于种种原因出售家族企业股权，而此时王强只需要收购其中的 2%，便可以在家族企业中形成控股，这不仅改变了企业的主导权，更会让两个家族间的主次强弱逆转。一旦王刚去世，失去长兄的协调与制约，以上不可控性便会进一步放大。即便王强顾全大局，确保不与王刚家族形成竞争，但在未来的传承中，把 49% 的股权平均分配给两个女儿后，每个女儿的股权比例依然会高于王刚的三个子女，且依然存在着股权外流的风险。

此时，比较稳妥的方案是，王刚通过家族信托架构，持有属于自己的王氏集团 51% 的股权，并通过有限合伙等细化结构设计，结合遗嘱、一致行动人协议等工具，将股权投票权集中在自己身上，未来再将权利交给长子王伯明。因为避免了股权拆分，使投票权集中，保证了王刚家族对于家族企业的控制力以及在两个家族间的主导性，同时也降低了家族企业股权外流的风险。

更进一步，王刚与王强兄弟甚至可以坐下来，对王氏大家族进行通盘考虑，一方面通过家族信托持有家族企业 100% 的股权，实现上述集中投票权、避免股权外流的效果；另一方面成立王氏家族办公室，统筹内外部专家。所谓家族办公室，是由专业且高素质的顾问机构，基于家族基业长青、永续经营的长远目的，将家族成员、家族企业于目前及未来可能遇见的问题和事务集合起来，通过协调各方面的专家，为家族成员、家族以及家族企业提供全方位的服务。此时，王氏大家族可以更进一步，以家族办公室为专业顾问，协助家族建立由家族内部成员组成的家族委员会，制定家族宪章、梳理议事规则、形成决策机制，并与家族信托所持家族企业投票权形成连接，构建长者指导建议、能者落地引领、对外口径一致、家族企业长久管控的治理模式。

**参考资料**

《家族办公室的秘密》，郑锦桥。

**问题 7**

**如何通过家族信托结构实现企业经营成果在家族内的共享？**

**解　析**

通过“法律工具 + 家族信托 + 家族办公室 + 家族治理委员会”的方式，王氏家族可以有效避免股权外流，集合投票权，实现对家族企业的长期治理。此外，虽然家族与企业的决策通常是由家族中的少数佼佼者做出的，但是家族企业的经营所得却需要在家族成员内部形成有序分配，从而实现家族的整体繁荣。此时，可以将家族信托作为家族企业股权分红的蓄水池，在实现财富回流家族、落袋为安的同时，对家族内财富的运用与分配做出进一步安排。

具体来说，王氏家族可以在信托分配端进行设计，在向家族内部核心成员倾斜资源的同时，通过设立专项信托或特定条款的形式，兼顾家族成员的整体利益，包括但不限于以下几点。

第一，生活保障。通过家族信托分配条款，对所有家族成员提供基本的生活保障，确保家族成员在遭遇意外或人生逆境时，能够得到来自家族的有力支持，渡过难关。

第二，家族教育。曾国藩曾说："吾不望代代得富贵，但愿代代有秀才。"家族成员整体素质的提升，对于家族的和谐、有序、繁荣发展至关重要。王氏兄弟可以为家族后代设立教育专项信托，确保家族后代在接受教育阶段均能得到有力支持。此外，可以通过家族办公室整合外部资源，逐步建立家族核心成员培养机制与路径，为家族治理培养骨干，为家族企业储备接班人，提升家族人力资本与文化资本。

第三，婚嫁生育。历史上著名的家族如美第奇家族，最终就是因为后代凋零而归于寂灭的。因此，人丁兴旺对于一个家族的重要性不言而喻。通过设立家族婚育专项信托，或在家族信托分配条款中对婚育分配做出有效约定，可以让后代更有动力结婚生育，为家族开枝散叶，提升家族人力资本。

第四，创业基金。家族之所以兴旺，是因为有前代人的"筚路蓝缕，以启山林"。作为继承了企业家精神的后代，其中的佼佼者自然也有动力和能力去创造属于自己的事业。此时可以为家族成员设立创业支持，通过创业金分配、无息/低息贷款等方式，鼓励、支持后辈为家族开拓版图，提升家族金融资本。

第五，家族慈善。通过家族信托、慈善信托、慈善基金会的设计，家族可以有效助力公益、反哺社会。一方面可以为家族积累名望，改善政商关系，提升社会资本；另一方面可以让后辈树立正向财富观，甚至参与慈善事务的处理与运营中，使其理论知识与实践经验有机结合。

第六，家族仪式。我国的孔氏家祭是孔氏家族纪念孔子等祖先的祭祀活动，2 500 多年来未曾间断。它是目前世界上最大的家族祭祀活动之一，也是我国第一批国家级非物质文化遗产。家族仪式绝非形式或者封建糟粕，它通过家族祠堂 / 祖宅、家徽、族谱、家训、家史、器具、服饰与程序，构建了维持家族秩序与道德关系的一种伦理手段，强化了家族的凝聚力。家族越大、传承越久，家族仪式便愈加重要。通过仪式，家族前辈为家族后辈的团聚提供了场所，为家族代际与分支的熟悉、互动、合作提供了契机，也为每一位家族成员的心灵创造了归属。而通过家族信托持有相关物业、提供相应资金、整合内外部服务资源，便能使仪式具有稳定性、延续性，让家魂常在、家族齐心、福泽多代成为可能。

## 专家建议

针对本节所阐述的家族企业经营与家族内部治理，笔者的归纳与建议是：

1. 企业的经营为家族的崛起奠定了基础，而通过保险、法律、信托等工具和结构，将企业经营风险与家族进行隔离也至关重要，否则随着商海沉浮，家族的财富也会剧烈波动，难以稳定长久。通过家族信托构建财富避风港，则可以在商海波澜翻滚时，让家族有喘息休养的港湾，可以等待时机，再次扬帆启航。
2. 法律的原则是实质重于形式，因此，在设计信托结构进行财产保护与债务隔离时，需要提早部署，避免逃债嫌疑。同时，委托人需要平衡信托各角色的权责，避免因某一方权力过大，导致信托结构被击穿、信托财产被认定为其个人财产。

3. 家族企业的创立，往往是源于家族成员的勠力同心。然而，随着家族财富的积累、新一辈成员的诞生成长，以及家族成员在全国甚至世界范围内移居与移民，成员间的关系将日趋复杂，而这也将对家族企业的精英产生重大影响。因此，需要通过法律、信托、家族办公室、家族委员会等方式，构建家族内外部治理结构，建立家族企业经营决策与利益共享机制，实现家族的良性发展。
4. 家族的物质财富传承固然重要，精神财富传承的重要性也不遑多让。洛克菲勒曾说："我不能用财富埋葬我心爱的孩子。"如何运用家族财富在个体层面促进后代向上向善、在家族层面形成内部向心力，也需要通过家族信托、家族办公室等机制进行长期且有效的设计。
5. 既然家族治理是一项长期且复杂的工程，时间与耐心便是必不可少的。一味地求快求全，可能欲速则不达，甚至导致瑕疵与隐患。因此，活用家族现有资源，以相对便捷的流程、相对简明的模式搭建家族信托的初级架构，便是良好的开端。由于保险与家族风险对冲、财富传承的天然匹配性，以及在确定性、流动性方面的相对优势，所以通过保险金信托的方式，将家族现有保单纳入信托结构，实现从产品选择到家族规划的提升，便是家族长久守护与传承的千里之行中，坚实踏出的第一步。

# 附录

## 《金融从业规范　财富管理》[1]

① 本文件为2021年12月29日中国人民银行发布的规范性文件，从服务流程、职业能力、职业道德与行为准则、职业能力水平评价等方面对财富管理从业者的职业要求进行了详细界定。

# 前 言

本文件按照GB/T 1.1—2020《标准化工作导则　第1部分：标准化文件的结构和起草规则》的规定起草。

请注意本文件的某些内容可能涉及专利。本文件的发布机构不承担识别专利的责任。

本文件由中国金融教育发展基金会提出。

本文件由全国金融标准化技术委员会（SAC/TC 180）归口。

本文件起草单位：中国金融教育发展基金会、中国人民银行、中国银行保险监督管理委员会、中国证券监督管理委员会、国家开发银行、中国农业发展银行、中国进出口银行、中国银行业协会、中国工商银行股份有限公司、中国农业银行股份有限公司、中国银行股份有限公司、中国建设银行股份有限公司、交通银行股份有限公司、中国人民保险集团股份有限公司、中国人寿保险（集团）公司、华夏银行股份有限公司、青岛银行股份有限公司、北京市隆安律师事务所、亚太菁英财富管理学院、银贝（北京）国际管理咨询有限公司、湖南大学、西南财经大学金融学院、湖北经济学院金融学院。

本文件主要起草人：杨子强、万迎军、王微微、罗立群、陈敏宏、柏高原、毛元杰、苏培焱、张永宏、屈刚、梅雨方、景文光、王羿凯、米振超、丁璐莎、王修华、蔡栋梁、李正旺、杨学东、娄丽丽。

# 引 言

随着2020年小康社会的全面建成，人均财富持续增长，人民对财富管理的需求日益迫切，但现阶段国内财富管理业务在服务理念和服务能力上与国际相比还有差距。因此，借鉴国际、国内经验，制定符合中国国情的财富管理从业规范，培养满足金融机构发展需要的财富管理专业人才，具有必要性、紧迫性和可行性。

本文件可为财富管理从业人员职业教育、职业培训和职业能力水平评价提供科学、规范的指导，有助于建立健全我国财富管理从业人员行为、知识和技能的规范要求体系，提升财富管理从业人员专业素养，使财富管理从业人员能够更好地服务于人民，满足人民日益增长的财富管理需求，促进金融行业稳定发展。

# 金融从业规范　财富管理

## 1. 范围

本文件规定了财富管理从业人员的职业要求，包括服务流程、职业能力、职业道德与行为准则和职业能力水平评价等。

本文件适用于银行业金融机构、保险业金融机构、证券公司、信托公司、金融租赁公司等金融机构，以及开展财富管理业务的前、中、后台相关人员和参与财富管理业务的相关专业人员。

## 2. 规范性引用文件

本文件没有规范性引用文件。

## 3. 术语和定义

下列术语和定义适用于本文件。

3.1 财富管理 wealth management

贯穿于人的整个生命周期，在财富的创造、保有和传承过程中，通过一系列金融与非金融的规划与服务，构建个人、家庭、家族与企业的系统性安排，实现财富创造、保护、传承、再创造的良性循环。

3.2 金融资产 financial assets

在金融市场上进行交易、具有现实价格和未来估价的一种索取实物资产的无形权利。

3.3 家族 family

以血统关系为基础，由血缘、婚姻、生命共同体构成的社会群体。

注：通常表现为以一个家庭为中心。

3.4 传承 succession

家族资产和内部文化等在两代人之间传授与继承的过程。

## 4. 总体原则

### 4.1 概述

为明确财富管理从业人员所需具备的能力，本文件对财富管理从业人员的职业级别及所服务客户进行了较详细的划分，供相关金融机构和人员参考。

### 4.2 客户分类

根据客户在财富管理从业人员所属金融机构或个人名下的金融资产规模情况，将客户分为以下几类：

a）社会公众：在财富管理从业人员所属金融机构的金融资产规模在60万元人民币以下的自然人。

b）富裕人士：在财富管理从业人员所属金融机构的金融资产规模达60万元（含）至600万元人民币的自然人。

c）高净值人士：在财富管理从业人员所属金融机构的金融资产规模达600万元（含）至3000万元人民币的自然人。

d）超高净值人士：在财富管理从业人员所在金融机构的金融资产规模达3000万元（含）人民币以上或个人名下金融资产规模达2亿元（含）人民币以上的自然人。

注：超高净值人士多以家族为单位进行财富管理，成为金融机构的家族客户。

### 4.3 职业级别

财富管理从业人员根据所服务客户的金融资产规模及所提供服务的不同，分为个人理财师、理财规划师、私人银行家、家族财富传承师四个职业级别。

### 4.4 角色定位

不同职业级别的财富管理从业人员角色定位如下：

a）个人理财师：服务社会公众的财富管理从业人员，能根据客户的不同理财需求提供相应的理财产品。

b）理财规划师：服务富裕人士的财富管理从业人员，在个人理财师的基础上，能为客户提供符合生命周期需求的财富管理方案。

c）私人银行家：服务高净值人士的财富管理从业人员，在个人理财师以及理财规划师的基础上，能为客户提供财富保全、财富移转及其他非金融服务。

d）家族财富传承师：服务超高净值人士的财富管理从业人员，在个人理财师、理财规划师以及私人银行家的基础上，能为客户提供家族企业治理与家族治理方面的金融与非金融服务。

## 5. 服务流程

### 5.1 了解客户背景

了解客户在个人、家庭、事业及家族等方面的过往经历、当前情况及未来规划，例如了解客户在生命周期不同阶段的财务目标、客户对风险的认知以及客户主观与客观的风险承受能力等。

### 5.2 发掘客户需求

通过了解客户的背景，判断客户的潜在需求，并通过实务案例试探客户，找出客户的真实需求。

5.3 确定客户目标

客户的需求有急有缓、有先有后，通过与客户沟通，协助客户明晰需求的先后顺序，确定财富管理目标。

5.4 拟定方案

根据客户现况及财富管理目标，拟定多个合适的财富管理方案（以下简称方案）供客户选择。

5.5 选择方案

向客户说明各方案的策略与内容，并分析其利弊，协助客户选择最佳方案。

5.6 执行方案

协助客户执行方案，努力实现客户财富管理目标。

5.7 监督与再平衡方案

在方案执行过程中不断监控进度，并根据客户情况和需求的变化，更新和改进初始方案。

5.8 维持客户关系

随时与客户保持联系，解决客户提出的新问题、新需求。

## 6. 职业能力

6.1 基本能力

各职业级别的财富管理从业人员均应具备下述基本能力：

a）建立正确态度的能力：在合法合规的基础上，应以了解、满足及实现客户在生命周期不同阶段的财富管理需求为出发点开展财富管理业务活动。

b）获取客户信息的能力：通过情景式引导，获取与客户财富管理需求相关的详细信息。

c）了解财富管理产品的能力：清楚掌握固定收益类、权益类与保障类等财富管理产品的定位、功能与特性。

d）基本沟通能力：向客户清楚传达服务内容与产品的基本信息。

6.2 专业能力

各职业级别的财富管理从业人员应具备下述专业能力：

a）个人专业形象塑造能力：运用顾问式营销获得客户的尊敬与信赖，凭借客户的反馈与口碑，塑造个人专业形象。

b）高质量沟通能力：通过经济数据及实际案例等，分析目标客户当前面临的问题及潜在风险，使客户感同身受并愿意进一步沟通。

c）客户需求分析与挖掘能力：挖掘客户的核心痛点，分析客户在生命周期的不同阶段对资产保值与增值的需求。

d）客户人格特质与决策风格的分析及应用能力：在与客户的互动过程中，通过逻辑推理或科学实证，判断客户的人格特质与决策风格，确定客户财富管理目标，实现高效营销。

e）宏观趋势分析与经济数据解读能力：梳理影响全球市场的宏观趋势，分析国内外重要经济数据的意义及对资产走向的影响，解读相关政策，洞察投资机遇。

f）产品的选择与应用能力：熟悉各种金融产品的优劣势及适用场景，根据不同的客户需求，选择最能满足客户目标的产品或产品组合。

g）资产评价与资产配置能力：评价股票、债券、汇率、天然资源、房地产的基本面、资金面、法人面，根据不同资产的收益和风险特性，配置短期、中期、长期投资策略。

h）法务与税务筹划能力：熟悉国内外重要法务与税务规定及政策动向，为客户提供合理的法务建议或最佳的税务筹划方案。

i）家族传承分析与规划能力：应用家族传承分析工具，了解家族客户面对的传承挑战并提出满足客户对家族财富永续、基业长青、人才辈出及家族和谐的方案。

j）专业简报能力：通过撰写专业简报，高效地向客户传达沟通的重点与目标。

## 6.3 专业知识

### 6.3.1 专业知识体系

#### 6.3.1.1 财富管理市场与行业发展

##### 6.3.1.1.1 财富管理概述

财富管理具体包括：

a）财富管理的核心竞争力是客户满意度。财富管理从业人员应根据客户关系、信息提供、专业服务、客户激励四个营销组合要素进行自身定位，结合自身竞争优势，提供高质量服务，提升客户满意度。

b）财富管理与资产管理的区别：财富管理贯穿人的整个生命周期，不限于金融服务，目的还包括财富创造、保护、传承等；资产管理业务（产品）属性是金融服务，目的是资产保值增值。

c）财富管理在银行中的实践：以客户为中心，根据客户金融资产规模，满足客户投资理财、资产配置、退休、传承、税务与风险管理等需求，协助客户实现理财目标与财富自由。

##### 6.3.1.1.2 财富管理部门（或组织）运作的理论基础

“服务金三角”理论包含内部营销、外部营销和关系营销。金融机构财富管理部门（或组织）可使用该理论，通过内部营销让财富管理从业人员有能力和意愿对客户进行关系营销，完成金融机构财富管理部门（或组织）对客户外部营销的目标，具体包括：

a）内部营销：金融机构财富管理部门（或组织）通过激励制度、培训制度、组织架构等方式，使财富管理从业人员有足够的意愿和能力对客户进行关系营销。

b）外部营销：财富管理从业人员通过产品、服务与品牌等传递渠道与客户进行互动，建立信任关系。

c）关系营销：通过专业服务建立客户信任，实现客户、财富管理从业人员及金融机构财富管理部门（或组织）三赢的目标。

#### 6.3.1.2 金融科技时代下的财富管理

##### 6.3.1.2.1 金融科技的发展与应用

金融科技的发展与应用具体包括：

a）金融科技的发展路径：通过学习金融功能理论、市场结构及参与人群的特征，了解金融科技的发展趋势。

b）金融科技的应用场景主要包括：

——支付：使用新兴支付手段，交易便捷。

——保险：包括价值链解聚与保险串接。

——存（贷）款：包括自动化流程、虚拟银行等。

——筹资：包括另类仲裁、授权天使投资者等。

——投资管理：包括社群交易、客户零售算法交易等。

——资讯提供：包括固定收益商品平台、基金平台或组合型基金平台等。

c）金融科技的应用与案例：金融科技可提高财富管理从业人员的精准营销能力。一方面，通过大数据分析对客户数据进行挖掘，准确定位有财富管理需求的客户群体，提高获得客户的效率；另一方面，通过金融科技手段，根据客户在生命周期不同阶段的财富管理需求，提供最合适的财富管理方案，实现客户和产品的精准匹配。

##### 6.3.1.2.2 金融科技在客户营销中的创新应用

金融科技在客户营销中的创新应用具体包括：

a）精准营销：在精准定位的基础上，依托金融科技建立个性化的客户沟通服务体系，实现更精准、可衡量和高投资回报的客户营销。

b）客户区分：利用金融科技分析客户数据，根据不同的需求和特征，把客户分成若干个不同的群体，提高客户营销管理效率。

c）智能客服：采用语义理解、语音识别和语音合成等人工智能技术替代人工客服，有效降低客户培训成本与人工客服成本。

##### 6.3.1.2.3 金融科技在财富管理领域中的创新应用

金融科技在财富管理领域中的创新应用具体包括：

a）智能财富管理（本小节中简称前者）与传统财富管理（本小节中简称后者）的对比主要体现在以下几点：

——价值主张：前者通过数据与科技驱动为客户服务；后者通过营销人员的经验提供服务。

——客户：前者的客户为价格敏感型，追求便利；后者的客户拥有可观的可投资资产，对综合服务需求高。

——产品：前者的产品易于理解、信息透明、标准化；后者的产品种类繁多、复杂，定制化是其主要特点。

——服务：前者的服务不限时间、地点，为客户提供高效率、便利、透明的体验；后者通过与客户建立良好关系提供增值服务与专属服务。

——渠道：前者与客户交流主要通过互联网及移动设备；后者与客户以面对面交流为主，以线上交流为辅。

b）金融科技在投资管理方面的创新应用：通过人工智能、大数据等技术，实现与完善证券分析、算法交易、风险管控等投资管理功能。
c）金融科技在资产配置方面的创新应用：通过人工智能、大数据等技术，实现与完善对投资组合的诊断与优化、自动调仓及再平衡等资产配置功能。

6.3.1.3 全方位财富管理

6.3.1.3.1 财富管理产品

财富管理产品具体包括：
a）投资产品：包括股票、基金、债券、资产管理产品等，财富管理从业人员应了解投资产品的特性、渠道及市场结构。
b）保险产品：分为人身保险、财产保险、理财保险三类，财富管理从业人员应了解保险市场的业务结构、主体结构、准入监管，了解保险销售渠道、核保与理赔等。

6.3.1.3.2 保险规划

保险规划具体包括：
a）个人保险需求包括：
——个人风险：由于人的死亡、失能、疾病、失业、离婚等导致的风险。
——财产风险：由于实物财产（如不动产、汽车等）的贬值、损毁或者灭失导致的风险。
——过失责任风险：由于个人或单位的疏忽、诽谤、污蔑、业务过失等行为，造成他人的财产损失或人身伤害，依法律法规或合同承担赔偿责任的风险。
b）保单规划包括：
——测算所需的风险保障额度。
——确定适当的保额。
——选择保险产品类型及保险产品组合。

6.3.1.3.3 资产配置

资产配置需宏观分析政府经济政策，理解进行基金评价、投资组合管理及大类资产评价的方法，具体包括：
a）宏观分析政府经济政策应整体考虑的内容主要包括：
——宏观环境模型分析工具：宏观环境模型是综合社会、科技、经济、政治、人口结构、环境、法律、道德操守等因素，分析企业的宏观环境，以了解产业的成长状况、企业所处的生命周期与运营方向。
——宏观周期循环：包括人口周期、民粹周期、经济周期、科技周期。
——宏观经济指标分析：经济指标分为领先指标、同步指标、落后指标。根据经济指标数据，从经济成长的产出缺口与通货膨胀两方面，分析在经济周期中复苏、过热、滞胀、衰退四个阶段的投资策略。
——政府经济政策解析：运用总生产函数、总和需求方程式、费雪交易方程式进行政府经济政策解析。
b）基金评价具体包括：
——量化评估：评估对象包括基金经理人、绩效、最大回撤、波动率、夏普比率。

——投资策略：包括价值投资、环球宏观策略、管理期货策略、股票长（或短）仓策略等。

c）投资组合的管理方法具体包括：

——资产配置与策略选择：包括恒定混合策略、均值方差策略、风险预算策略。

——风险分析与对策：包括市场风险与独特风险、压力测试、敏感度分析、投资组合再平衡。

——投资组合限制：包括资产规模、流动性、投资期限、租税、监管。

d）大类资产评价具体包括：

——股票：成长型股票，营收及获利成长性高于市场平均值，具备较高的市盈率和市净率，通常处于前景较优势的行业；价值型股票，营收及获利成长性较低，具备较低的市盈率和市净率，通常处于前景较劣势的行业或者管理体制较差的公司；质量型股票，具有较稳定的营收及获利，资产负债表健康，通常需支付较高的股息。

——债券：关注到期收益率、价格波动率等。

——汇率：关注两国经济表现差异、货币政策差异、国际收支表现、资金动向。

——不动产投资信托：使用直接资本化法、现金流量折现法评估其价值。

——原油：通过美国、沙特阿拉伯、俄罗斯的三国博弈，分析油价的顶部压力与底部支撑。

——黄金：关注美元及日元汇率、美国公债殖利率、黄金交易所交易基金（Exchange Traded Funds，ETF）持仓量、美国商品期货交易委员会黄金期货净仓位。

6.3.1.3.4 退休规划

退休规划指为保证未来拥有自尊、自立、保持水准的退休生活，从现在起开始实施的财务方案。退休规划具体包括：

a）退休需求分析：包括期望的退休生活方式、日常生活支出需求测算、医疗需求测算等。

b）退休金测算：包括退休金和医疗金额的测算等。

c）退休规划方案：包括养老保险、养老信托、养老理财等。

6.3.1.3.5 法律风险规划

法律风险规划具体包括：

a）婚姻家事的财富法律风险规划：由于夫妻存在共同财产，夫妻任何一方的法律问题均可能危及另一方的财富，应注意的问题主要包括：

——夫妻共同债务及个人债务的认定和承担。

——夫妻共同财产与个人财产混同的法律风险。

——涉外婚姻家庭关系与财产分割等。

b）资产代持的财富法律风险规划：资产代持指家族成员不直接持有家族财富，而将公司的股权、不动产、金融资产等委托他人（比如亲戚、朋友等）代持，并且以他人名义进行财富管理。出于对资产保护、法规限制、隐私维护等目的，资产代持因其隐秘性和灵活性而被大量使用。

c）家庭传承安排的法律风险规划：家庭传承使用的主要工具包括遗嘱、保险与信托。各项工具在法律上均有其生效条件，使用家庭传承工具时应注意符合法律规定，确保传承安排的有序进行。

6.3.1.3.6 税务筹划

税务筹划用于规避税务合规风险，具体包括：

a）国际税务合规概述：从自然人居民与法人居民课税管辖权、主流移民国税收管辖权等方面着手，向客户介绍税收管辖权发生冲突时协调的方法以及财富管理的国际税务合规要求。

b）国内税制概述：着重向客户介绍税务筹划需求较大的所得税、流转税、财产税及税收征管制度等。

c）国内税务新形势：及时了解国税、地税机构改革，营业执照、组织机构代码证、税务登记证、社会保险登记证和统计登记证的"五证合一"，外部数据接口标准化，银行账户分类及支付结算管理，个人财产数据整合及境外收入信息交换等最新政策或规定，向客户介绍相关税务知识。

d）个人涉税活动的税务筹划：包括对个人所得、金融投资、不动产投资、购买保险、慈善捐赠以及移民前后的税务筹划，向客户提出相应的风险点并给出合理的解决方案。

6.3.1.3.7 不动产投资规划

不动产投资规划具体包括：

a）不动产价值评估：遵循估价原则，按照估价程序选用适宜的估价方法，综合分析影响不动产价格变化的因素，估算和判定不动产在估价时点的合理价格或价值，估价方法包括：

——收益还原法。

——成本法。

——假设开发法。

——基准地价法与路线价法。

——特征价格法。

b）不动产投资管理：不动产投资指投资者为获取预期不确定的收益而将一定的现金收入转为不动产或证券化商品的经营行为，投资过程应考虑人口、利率、政策等多种因素。

6.3.1.3.8 收藏品规划

收藏品规划具体包括：

a）收藏品市场概述：介绍国际核心收藏品市场及市场机制。

b）收藏品鉴赏：提供中国书画、瓷器、传统珠宝、古典家具、古玩杂项、佛像、青铜器、西方雕塑、油画、名酿、钟表、邮票等收藏品的鉴赏专业知识。

c）收藏品价值评估：运用价值评估的基本原理与基本方法分析市场行情，为客户提供科学的价值评估体系。

d）收藏品投资：提供收藏品投资的入门指导，具体包括：

——投资渠道。
——税务筹划。
——资金管理与投融资模式。
——投资运作与收益。

e）收藏品经营管理：分析拍卖行、艺术馆、画廊、收藏品展览馆等场所的收藏品经营模式。

6.3.1.3.9 家族财富传承

利用传承工具实现家族财富传承，具体包括：

a）家族传承概论：理清家族的范围与传承的内涵，家族传承应包括财富、企业、人力、社会资源四方面。

b）家族传承分析工具：包括家谱图、股权图、三环图、传承规划图。

c）家族财富传承的税务筹划：家族财富通过传承安排与相应的信托架构设计，实现合法节税。

d）家族保险计划：通过大额保单规划为家族提供稳定的财富传承服务，同时应注意规避相应的法律风险。

e）全球不动产规划：借鉴欧美家族普遍对不动产进行全球布局的经验，财富管理从业人员应了解国外不动产规划的相关知识。

f）家族传承工具具体包括：

——控股公司：通过持有某公司一定数量的股份，对该公司进行控制的公司。
——私募股权基金：从事私人股权（非上市公司股权）投资的基金。
——企业资源规划：以信息技术为基础，为企业提供决策的管理平台。
——信托：将家族财富委托于可靠的受托人管理，保证财富能够世代相传。
——基金会：通过家族财富成立基金会，以实现家族物质财富和精神财富的世代传承。
——家族办公室：对家族客户的资产负债表进行全面管理和治理的机构，包含对金融资本、家族资本、人力资本与社会资本的治理。

6.3.1.4 服务超高净值客户的特殊专业知识

6.3.1.4.1 天然资源规划

天然资源规划具体包括：

a）天然资源的种类：自然界中人类可以直接获得用于生产和生活的物质，包括金属、化石燃料、生物、土地、海洋等资源。

b）天然资源价值评估：评估方法包括成本核算法、市场价格法和假设市场法。

c）天然资源投资方式包括实体投资与投资证券化产品两种，具体特点包括：

——实体投资：所需资金巨大，风险高，除非有经营意图否则应谨慎考虑。
——投资证券化产品：如不动产投资信托等，投资规模小，流动性佳，可作为多元化资产配置工具。

6.3.1.4.2 创业规划

创业规划具体包括：

a）企业运营：指与产品生产和服务创造密切相关的各项工作的总称，包括如何组建核心团队、设计组织架构与制度、设计股权架构等。

b）财务及风险管理：财务管理指在一定的整体目标下，对资产的购置、资本的融通和经营中对现金流量、利润分配的管理。风险管理指在风险环境中把风险可能造成的不良影响降至最低的管理过程。财务风险的来源包括与投资人签署文件的风险、与投资人对赌的风险和资金长短期配置的风险。

c）人事管理：企业为实现一定的目标，对所属工作人员进行选拔、使用、培养、考核、奖惩等一系列的管理活动。

6.3.1.4.3 企业经营规划

企业经营规划具体包括：

a）企业在经营过程中应规避法律风险，主要包括：

——股权结构设计不当。

——股东注册资本未足额缴纳。

——股东滥用股东权利。

——股东资产与公司资产混同。

——公司增减资。

——公司引入投资者签署对赌协议。

——企业清算中股东承担责任。

b）企业在经营过程中应进行税务优化，主要包括：

——企业架构设计。

——企业组织形式。

——企业融资。

——购销过程。

——薪酬激励。

——企业重组。

c）企业在经营过程中为规避股权风险进行架构设计时应考虑的内容主要包括：

——甄别合适的公司合伙人。

——制定股权的限制条件。

——明确股权代持相关事宜。

——信托持股架构设计。

——基金会持股机构设计。

d）企业在经营过程中应制订保险计划，宜通过风险评估，为经理人、股东、员工等购买企业人身保险（包括重要经理人保险、股东互保、员工团体保险等）；为企业财产购买企业财产保险（包括责任保险、保证保险、应收账款保险等）。

6.3.1.4.4 家族传承规划

家族传承规划具体包括：

a）家族传承的内涵包括：

——家族：以血统关系为基础，由血缘、婚姻、生命共同体构成的社会群体，通常表现为以一个家庭为中心。

——传承：家族资产和内部文化等在两代人之间传授与继承的过程，其内容包括资金、企业、人脉、知识、价值观（国家意识、家族意识）。

b）家族传承的挑战：从国内外经济环境、法律与政策环境、家族内部传承困局、家族财富与家族成员规模是否同步增长、家族路障与稀缺资源等五方面着手，分析当前国内家族传承面临的挑战。

c）家族传承成败的关键因素：家族传承的成败是创一代、二代接班人与二者间关系动态变化的结果，具体分为：

——创一代情境：传承动机和意愿、代际关系质量、人格特质及需求。

——二代接班人情境：代际关系质量、动机（兴趣、对家族永续经营价值的承诺、不干扰家族企业的自由）、综合竞争力（管理能力、天赋、经验、信誉等）。

——家族对后代培育和发展规划：学位教育、在外工作经验、参与企业的时机与学徒制。

——家族成员互动品质：合作动力、分工效能、防止纷争、促进和谐、家族成员的归属与认同。

——传承过程：一代退出企业经营管理核心，并找到新的角色定位，二代接班人开始成为企业核心。

——传承的基础：建立共同愿景、传承规划与时机、回馈与沟通机制。

——家族企业董事会。

d）家族治理机制：由家族内部分工、决策、监督及信息共享四部分组成，运用家族宪章、家族委员会、家族基金、家族信托及家族慈善基金会等工具进行个性化设计，为家族的金融财富、企业财富、社会财富、人力财富建立分工、分享、分权的规范机制，实现家族的永续。

e）家族企业的治理：应通过家族企业传承分析工具，了解家族企业在不同阶段的家族所有权及控制权和外部环境的互动关系、家族企业的决策与监督机制、家族企业的冲突来源，对家族企业进行评估，制定并落实完善的治理机制，包括但不限于建立家族成员与家族企业高管的工作协同机制。

6.3.1.5 顾问式营销

6.3.1.5.1 客户关系管理

客户关系管理指为企业提供全面的管理视角，赋予企业更完善的服务客户的能力，提升客户对财富管理从业人员及所在金融机构的满意度、忠诚度，进而提高金融机构的收益。客户关系管理应注意服务客户的五大缺口与维系优质客户关系的基础，具体包括：

a）服务客户的五大缺口。服务质量差距模型指出，客户是服务质量优劣的决定者，企业要满足客户的需求，应针对此模式的五项缺口进行完善，具体包括：

——客户期望与经营管理者之间的认知缺口。

——经营管理者与服务品质之间的缺口。

——服务品质与服务传达过程的缺口。

——服务传达过程与外部沟通的缺口。

——客户期望与客户体验后的服务缺口。

b）维系优质客户关系的基础。客户的信任是财富管理业务成交、维护优质客户关系的基础，具体可分为以下三个阶段：

——仁慈的信任：客户相信财富管理从业人员能够尽心尽力，以客户需求为己任。

——专业能力的信任：客户相信财富管理从业人员具备完成所承诺事项的专业能力。

——正直的信任：客户认同财富管理从业人员的处事原则与做法。

6.3.1.5.2 制定高效营销策略

在服务客户的过程中，财富管理从业人员应以客户利益为先，通过精准营销提升客户信任度和满意度，实现金融机构的使命愿景，制定高效营销策略，应遵循以下步骤：

a）客户细分：将客户根据不同特征划分为不同客户群体，再根据自身优势选择特定的客户群体进行深入经营。

b）认识客户：通过情景式引导，获取与客户财富管理需求相关的详细信息。在与客户的互动过程中，通过逻辑推理或科学实证，判断客户的人格特质与决策风格，作为营销客户的基础。

c）产品的选择与应用：掌握各种金融产品的优劣势及适用场景，根据不同的客户需求，选择最能满足客户目标的产品或产品组合，建立客户对财富管理从业人员的专业信任。

d）营销技巧：掌握客户人格特质及决策风格，针对客户在生命周期不同阶段的财富管理需求，提供最合适的财富管理方案，获得客户的信任，达到双赢的效果。

e）客户发展与客户关系维护：评估客户质量，区分维系客户关系的目的，采取高效能营销策略，巩固或扩大客户现有资产规模。通过顾问式营销提升客户对财富管理从业人员服务的满意度，提升客户对财富管理从业人员及其所在金融机构的满意度、忠诚度，进而提高金融机构财富管理部门（或组织）的收益。

6.3.2 专业知识要求

不同职业级别的财富管理从业人员应具备相应的专业知识，具体包括：

a）个人理财师应掌握 6.3.1 中财富管理概述、金融科技的发展与应用、金融科技在客户营销中的创新应用、财富管理产品、保险规划、客户关系管理的内容。

b）理财规划师应掌握个人理财师的专业知识，同时还应掌握 6.3.1 中金融科技在财富管理领域的创新应用、宏观分析政府经济政策、基金评价、投资组合、退休规划、法律风险规划、税务筹划、制定高效营销战略的内容。

c）私人银行家应掌握理财规划师的专业知识，同时还应掌握 6.3.1 中财富管理组织运作的理论基础、大类资产评价、不动产投资规划、收藏品规划、家族财富传承的内容。

d）家族财富传承师应掌握私人银行家的专业知识，同时还应掌握 6.3.1 中服务超高净值客户的特殊专业知识内容。

## 7. 职业道德与行为准则

### 7.1 概述

财富管理从业人员应熟悉并遵守国家有关法律法规和监管规定，遵循相关职业道德与行为准则。

7.2 职业道德

7.2.1 守法合规

财富管理从业人员应积极配合监管机构的监管，主动向监管机构提供违法违规的线索，举报违法违规的行为，避免自己实施或参与违法违规的行为，避免为他人违法违规的行为提供帮助。

7.2.2 廉洁从业

在开展财富管理相关业务活动中，财富管理从业人员不应谋取不正当利益或者向公职人员、客户、正在洽谈的潜在客户及其他利益关系人输送不正当利益。

7.2.3 独立客观

财富管理从业人员应基于客户自身情况及其利益的考虑提供财富管理方案，应充分发挥专业判断能力，避免他人不当干预和其他不当因素的影响。

7.2.4 诚实守信

财富管理从业人员应坦诚地为客户服务，承担提供完整准确信息的义务，如实告知客户可能影响其利益的重要情况，正确向其揭示风险，不应做出不当承诺或保证。

**7.3 行为准则**

7.3.1 保守秘密

财富管理从业人员应依法妥善保管并严格保守客户信息，除属于法律要求披露的信息外，不得公开或披露该信息。

7.3.2 专业胜任

财富管理从业人员应具备与其开展财富管理业务相适应的知识与经验，并保持和提高专业胜任能力，不应做出任何与专业胜任能力不相称的行为。

7.3.3 严谨审慎

财富管理从业人员应严肃审慎、细致、周全、周密开展服务，提高风险识别和管理能力，不应从事自己力不能及的工作。

7.3.4 勤勉尽责

财富管理从业人员应本着对客户高度负责的精神、秉持勤勉的工作态度，切实履行应尽的职业责任，向客户提出具有高度专业见解的财富管理规划建议，不应出现遗漏或疏忽。

7.3.5 客户至上

财富管理从业人员的执业活动应一切从客户的合法利益出发，不应从事与客户有利益冲突的业务。遇到自身或相关方利益与客户利益发生冲突或可能发生冲突时，应及时向所在机构报告，当无法避免利益冲突时，应确保客户利益得到公平对待。

7.3.6 公平竞争

财富管理从业人员应尊重同业人员，公平竞争，不应贬损同行或以其他不正当竞争手段争揽业务。

## 8. 职业能力水平评价

### 8.1 概述

依据从业人员的专业知识水平、专业能力和职业道德与行为准则，财富管理从业人员分为个人理财师、理财规划师、私人银行家和家族财富传承师。

### 8.2 个人理财师

个人理财师能力水平评价具体规定如下：

a）申请人应参加个人理财师考试，以 6.3.2 中要求的范围对个人理财师进行考核。

b）考试合格者可提交个人理财师职业级别申请，经所属金融机构就学历、从业经验与职业道德审查通过后，授予个人理财师资格，考试成绩自通过认证考试时起保留五年，申请人应符合下述要求：

——学历：具备大专（同等学力）或以上学历。

——从业经验：具备从事财富管理或与财富管理相关业务的从业经验；递交认证申请的近十年中至少具备一年从业经验；提供相应经历的证明人，证明人须是申请人的单位、已获得个人理财师、理财规划师、私人银行家、家族财富传承师认证的专业人士或其他认可的专业人士；申请人需提供有效的从业经验证明材料。

——职业道德：申请人不能有诉讼或其他受调查的案件经历，不能有违反财富管理从业人员的职业道德规范的情形；同意遵守财富管理从业人员的职业道德规范并签订职业道德规范声明书；提交专业人士推荐书，专业人士须是申请人的单位、已获得个人理财师、理财规划师、私人银行家、家族财富传承师认证的专业人士或其他认可的专业人士。

c）取得个人理财师职业级别的从业人员认证证书的有效期为五年，在证书有效期内，应参加继续教育并遵守职业道德，具体包括：

——继续教育：在认证资格有效期内，应进修认可的课程最低 30 小时并通过考核，课程内容应包括财富管理客户需求分析、大类资产评价与展望、政策法规变动及其影响解读等。

——职业道德：不能有诉讼或其他受调查的案件经历，不能有违反财富管理从业人员职业道德规范的情形。

### 8.3 理财规划师

理财规划师能力水平评价具体规定如下：

a）申请人应参加理财规划师考试，以 6.3.2 中要求的范围对理财规划师进行考核。

b）考试合格者可提交理财规划师职业级别申请，经所属金融机构就学历、从业经验与职业道德审查通过，授予理财规划师资格，考试成绩自通过认证考试时起保留五年，申请人应符合下述要求：

——学历：具备大学（同等学力）或以上学历。

——从业经验：具备从事财富管理或与财富管理相关业务的从业经验；递交认证申请的近十年具备两年从业经验；提供相应经历的证明人，证明人须是申请人的单位、已获得理财规划师、私人银行家、家族财富传承师认证的专业人士或其他认可的专业人士；申请人需提供有效的从业经验证明材料。

——职业道德：申请人不能有诉讼或其他受调查的案件经历，不能有违反财富管理从业人员的职业道德规范的情形；同意遵守财富管理从业人员的职业道德规范并签订职业道德规范声明书；提交专业人士推荐书，专业人士须是申请人的单位、已获得理财规划师、私人银行家、家族财富传承师认证的专业人士或其他认可的专业人士。

c）取得理财规划师职业级别的从业人员认证证书的有效期为五年，在证书有效期内，应参加继续教育并遵守职业道德，具体包括：

——继续教育：在认证资格有效期内，应进修认可的课程最低45小时并通过考核，课程内容应包括财富管理客户需求分析、大类资产评价与展望、政策法规变动及其影响解读等。

——职业道德：不能有诉讼或其他受调查的案件经历，不能有违反财富管理从业人员的职业道德规范的情形。

8.4 私人银行家

私人银行家能力水平评价具体规定如下：

a）申请人应参加私人银行家考试，以6.3.2中要求的范围对私人银行家进行考核。

b）考试合格者可提交私人银行家职业级别申请，经所属金融机构就学历、从业经验与职业道德审查通过，授予私人银行家资格，考试成绩自通过认证考试时起保留五年，申请人应符合下述要求：

——学历：具备大学（同等学力）或以上学历。

——从业经验：具备从事财富管理或与财富管理相关业务的从业经验；递交认证申请的近十年具备三年从业经验，且拥有五十位高净值客户或管理高净值客户金融资产规模达5亿元人民币；提供相应经历的证明人，证明人须是申请人的单位、已获得私人银行家、家族财富传承师认证的专业人士或其他认可的专业人士；申请人需提供有效的从业经验证明材料。

——职业道德：申请人不能有诉讼或其他受调查的案件经历，不能有违反财富管理从业人员的职业道德规范的情形；同意遵守财富管理从业人员的职业道德规范并签订职业道德规范声明书；提交专业人士推荐书，专业人士须是申请人的单位、已获得私人银行家、家族财富传承师认证的专业人士或其他认可的专业人士。

c）取得私人银行家职业级别的从业人员认证证书的有效期为五年，在证书有效期内，应参加继续教育并遵守职业道德，具体包括：

——继续教育：在认证资格有效期内，应进修认可的课程最低60小时并通过考核，课程内容应包括财富管理客户需求分析、大类资产评价与展望、政策法规变动及其影响解读等。

——职业道德：不能有诉讼或其他受调查的案件经历，不能有违反财富管理从业人员的职业道德规范的情形。

8.5 家族财富传承师

家族财富传承师能力水平评价具体规定如下：

a）申请人应参加家族财富传承师考试，以6.3.2中要求的范围对家族财富传承师进行考核。

b）考试合格者可提交家族财富传承师职业级别申请，经所属金融机构就学历、从业经验与职业道德审查通过，授予家族财富传承师资格，考试成绩自通过认证考试时起保留五年，应符合下述要求：

——学历：具备大学（同等学力）或以上学历。

——从业经验：具备从事财富管理或与财富管理相关业务的从业经验；递交认证申请的近十年具备五年从业经验，且拥有三十位家族客户或管理家族客户金融资产规模达10亿元人民币；提供相应经历的证明人，证明人须是申请人的单位、已获得家族财富传承师认证的专业人士或其他认可的专业人士；申请人需提供有效的从业经验证明材料。

——职业道德：申请人不能有诉讼或其他受调查的案件经历，不能有违反财富管理从业人员的职业道德规范的情形；同意遵守财富管理从业人员的职业道德规范并签订职业道德规范声明书；提交专业人士推荐书，专业人士须是申请人的单位、已获得家族财富传承师认证的专业人士或其他认可的专业人士。

c）取得家族财富传承师职业级别的从业人员认证证书的有效期为五年，在证书有效期内，应参加继续教育并遵守职业道德，具体包括：

——继续教育：在认证资格有效期内，应进修认可的课程最低75小时并通过考核，课程内容应包括财富管理客户需求分析、大类资产评价与展望、政策法规变动及其影响解读等。

——职业道德：不能有诉讼或其他受调查的案件经历，不能有违反财富管理从业人员的职业道德规范的情形。

8.6 专业知识和能力的评定方式

财富管理从业人员专业知识和能力的评定应依据考试相关规定、继续教育相关规定、从事财富管理或与财富管理相关业务的从业经验相关规定、其他认可的专业人士规定等。前述相关规定如需报行政主管部门审批后方可实行的，则应先报行政主管部门审批。

## 参考文献

[1] GB/T 23697—2009 个人理财 理财规划师的要求

[2] GB/T 32313—2015 商业银行个人理财服务规范